海洋生态环境保护系列丛书

北海海域海洋倾倒区现状与形势研究

主　编：李彦卿　胡　振
副主编：宋　鑫　刘玉玮　石晓梦

U0259473

天津大学出版社
TIANJIN UNIVERSITY PRESS

图书在版编目（CIP）数据

北海海域海洋倾倒区现状与形势研究 / 李彦卿, 胡振主编; 宋鑫, 刘玉玮, 石晓梦副主编. -- 天津: 天津大学出版社, 2023.12

（海洋生态环境保护系列丛书）

ISBN 978-7-5618-7676-3

Ⅰ.①北… Ⅱ.①李… ②胡… ③宋… ④刘… ⑤石… Ⅲ.①北海－海洋倾废－影响－海洋环境－生态环境－研究 Ⅳ.①X145

中国国家版本馆CIP数据核字(2024)第046921号

出版发行		天津大学出版社
地 址		天津市卫津路92号天津大学内（邮编：300072）
电 话		发行部：022-27403647
网 址		www.tjupress.com.cn
印 刷		北京虎彩文化传播有限公司
经 销		全国各地新华书店
开 本		787 mm×1092 mm　1/16
印 张		12.5
字 数		312千
版 次		2023年12月第1版
印 次		2023年12月第1次
定 价		60.00元

编委会

主　编：李彦卿　胡　振

副主编：宋　鑫　刘玉玮　石晓梦

参　编：刘保占　石瑞强　周绪申　刁维强　武婷婷

　　　　代晓亮　沈娇虹　王茂君

海洋倾倒是指从船舶、航空器、平台或其他海上人工构造物向海洋处置废物或其他物质，以及将废物或其他物质储藏在海底及其底土中；向海洋弃置船舶、航空器、平台和其他海上人工构造物；向海洋处置海底矿物资源的勘探开发及相关的海上加工而产生的废物和其他物质。需要倾倒废弃物的，产生废弃物的单位应当向国务院生态环境主管部门海域派出机构提出书面申请，并出具废弃物特性和成分检验报告，取得倾倒许可证后，方可倾倒。国务院生态环境主管部门会同国务院自然资源主管部门编制全国海洋倾倒区规划，并征求国务院交通运输、渔业等主管部门的意见，报国务院批准。国务院生态环境主管部门根据全国海洋倾倒区规划，按照科学、合理、经济、安全的原则选划海洋倾倒区并向社会公告。

海洋倾倒区是为各类海岸、海洋工程等建设项目所产生的废弃物倾倒而设立的日常性海上倾倒区域。海洋倾倒区的选划有利于限制废弃物倾倒后对海上环境敏感区的影响，有利于海上工程合理地安排倾倒活动，有利于降低对海洋生物和生态的负面影响。

本书结合国内外海洋的倾倒情况及北海海域倾倒情况，对北海海域现有的倾倒区进行逐一分析，详细分析了每个倾倒区的使用现状及分布情况，周边环境敏感区情况及周边海域的环境调查现状；重点分析了北海海域的倾倒区使用需求，并对倾倒区未来发展进行了展望分析。

本书由海河北海局监测科研中心组织编写，第1章介绍了国内外海洋倾废研究进展，由李彦卿编写；第2章对北海海域的倾倒区及其使用现状进行了概述，由胡振编写；第3章对北海海域的重要倾倒区区域进行了详细的介绍，由周绪申、胡振、李彦卿、石瑞强、石晓梦编写；第4章分析了北海海域倾倒区的使用需求，由胡振编写；第5章对倾倒区未来的发展进行了展望分析，由李彦卿编写。

由于作者水平有限，书中难免存在不妥，望广大读者给予批评指正。

作者
2023 年 5 月

目　录
CONTENTS

第 1 章
国内外海洋倾废研究进展

1.1　我国海洋倾废研究　　　　　　　　　　　　1
1.2　国际海洋倾废研究　　　　　　　　　　　　3
1.3　我国海洋倾倒区选划历史及发展情况　　　　8

第 2 章
北海海域倾倒区现状分析

2.1　北海海域可用倾倒区概况　　　　　　　　　11
2.2　北海海域倾倒区使用现状　　　　　　　　　19
2.3　北海海域重点倾倒区识别　　　　　　　　　22

第 3 章
北海海域重要倾倒区域

3.1　北黄海辽宁段　　　　　　　　　　　　　　24
3.2　辽东湾　　　　　　　　　　　　　　　　　36
3.3　渤海湾　　　　　　　　　　　　　　　　　80
3.4　莱州湾　　　　　　　　　　　　　　　　　120
3.5　北黄海山东段　　　　　　　　　　　　　　132

第 4 章
北海海域倾倒区使用
需求分析

4.1	北海海域港口经济发展现状	177
4.2	北海海域倾倒区使用需求总体情况	177
4.3	辽宁省倾倒区使用需求分析	179
4.4	河北省和天津市倾倒区使用需求分析	180
4.5	山东省倾倒区使用需求分析	180
4.6	倾倒区选划及扩容评估小结	182

第 5 章
倾倒区发展展望

5.1	我国废弃物海洋倾倒面临的新形势	183
5.2	疏浚物资源化利用	184
5.3	未来倾倒展望	187

参考文献

第1章　国内外海洋倾废研究进展

1.1　我国海洋倾废研究

1.1.1　我国海洋倾废历史

我国向海洋倾倒废弃物的历史最早可以追溯到 100 多年前的清朝末期,海洋倾倒活动出现在上海,向海洋倾倒的主要是航道、港池的疏浚物。由于吴淞内沙的淤积阻碍了黄浦江航道,清政府曾于 1882 年向英国购买了"安定号"挖泥船,并于 1883 年 3 月起疏浚吴淞外沙(位于吴淞口外的黄浦江与长江交汇处),从而开始了海上倾倒活动,该项工程断断续续地进行了 6 年之久,挖出的疏浚物被倾倒在吴淞口外海域;1889—1891 年又添造了"开通号"拖轮继续疏浚,两年间向海洋倾倒疏浚物 24 万多吨;1912—1941 年的 30 年间,疏浚物倾倒总量约为 4 900 万吨,平均年倾倒量 160 万多吨。

此后,根据各地港口史,青岛、天津、安东、广州、营口等港口相继开始了疏浚及倾倒活动。青岛港从 1901 年开始对航道、港池进行疏浚,疏浚物被倾倒在附近海域,至 1931 年青岛港 3 号码头疏浚物倾倒量在 45 万吨以上。天津港于 1904 年开始使用"北河号"挖泥船进行疏浚作业,当时的疏浚物只是倾倒在航道两侧的浅滩上,此后 40 多年倾倒量一直较小,直到 1947 年因码头、闸口和航道进行疏浚,倾倒量增长至 165 万立方米。广州港的疏浚及倾倒从 1905 年开始。烟台港的疏浚及倾倒始于 1925 年,最早使用的为自航式开底船,倾倒地点大都位于港口外海域。安东港的疏浚及倾倒始于 1900 年,由于经费、设备和管理上的原因,倾倒作业一直间断进行,倾倒量较小。营口港的疏浚及倾倒始于 1930 年,至 1945 年的 16 年间几乎每年都向海中开展倾倒作业。从有限的历史资料来看,我国在新中国成立以前,由于港口和航道的疏浚需求,已经开始向海洋倾倒相当数量的疏浚物,但海洋倾废活动缺乏有效的管理,并且疏浚作业没有计划性。

新中国成立以后,我国经济开始进入复苏和发展阶段,随着国民经济和海上对外贸易的发展,港口和航道建设也逐渐进入正轨。相对应地,利用海洋空间处置疏浚物的规模也随之迅速扩大,由 1950 年的 300 多万立方米,到 20 世纪 60 年代末已达到近 800 万立方米,70 年代初则上升到近 2 000 万立方米,而进入 80 年代后全国的海洋倾废量已发展到近 5 000 万立方米,30 多年间倾废量增长速度十分迅速,大量的疏浚物倾倒入海。虽然利用海洋空间资源处置废弃物为国民经济发展和港口、航道建设提供了条件,但也存在一些问题。其中最主要的是国家没有相应的法规,海洋倾废缺乏有效的管理。尤其是有些企业和单位缺乏海洋环境保护意识,注重追求商业利润和贪图方便,把海洋当成垃圾桶,随意向海洋倾倒废弃物。有毒有害物质在没有科学论证和管理的情况下向海洋倾倒,不可避免地对海洋环境和海洋资源造成污染和危害。

1983 年 3 月 1 日《中华人民共和国海洋环境保护法》正式生效实施, 1985 年《中华人民共和国海洋倾废管理条例》正式实施生效,同年 11 月我国正式加入《防止倾倒废弃物及其他物质污染海洋的公约》(简称《1972 伦敦公约》),标志着我国的海洋倾废结束了无法无序的状态,正式进入法制化管理的轨道。根据相关条例和公约的有关规定,将拟向海洋倾倒的废弃物,按其有害物质的含量、毒性及其对海洋环境产生的影响分为 3 类:废弃物禁止向海上倾倒;废弃物需事先获得特别许可证,按要求采取特别注意的措施,在指定的区域内进行倾倒;废弃物需事先获得普通许可证,即可在指定区域即选划的倾倒区进行倾倒。此后 30 多年的时间里,一直由中华人民共和国国家海洋局及其派出机构负责对海洋倾废相关事务的管理。

2006 年,《〈1972 伦敦公约〉1996 年议定书》正式生效后,我国于同年 6 月 29 日,由全国人大常委会批准《〈防止倾倒废物及其他物质污染海洋的公约〉1996 年议定书》,我国成为东亚国家中第一个加入该议定书的国家。我国于 2007 年开始陆续启动《海洋倾废管理条例》《倾倒区管理暂行规定》的修订工作,以及《海洋可倾倒物质名录》《海洋倾倒区选划技术导则》《海洋倾倒物质评价规范 疏浚物》《海洋倾倒物质评价规范 惰性无机地质材料》等法律法规和技术标准制定工作,配合《1996 年议定书》在我国的顺利实施。十多年来,我国的海洋倾废管理建立了较为完整的法规体系、海洋管理和监察队伍、倾倒许可证审批和倾倒区选划制度,规范了倾倒区选划和监测技术。

2018 年 9 月底,由于机构改革原因,国家海洋局并入自然资源部,并终止受理由原国家海洋局海区分局承担的海洋环境保护行政审批事项"废弃物海洋倾倒许可证核发"。为保证正常履职,生态环境部海洋生态环境司在过渡期内暂时承接上述审批事项。但废弃物海洋倾倒的事中、事后监督管理由生态环境部海域派出机构流域海域局(即北海海域、东海海域、南海海域)承担。

2022 年 6 月 1 日,"废弃物海洋倾倒许可证核发"审批事项正式下放至三大流域海域局。至此,废弃物海洋倾倒事前、事中、事后监督管理全部由流域海域局承担。最新修订的《中华人民共和国海洋环境保护法》自 2024 年 1 月 1 日起施行,同时进行相关法规和技术标准的制修订工作,海洋倾废管理不断迈向规范化、科学化的道路。

1.1.2 我国海洋倾废现状

近十年来,由于港口经济的迅速发展,港池、泊位、航道疏浚需求与日俱增,使我国海洋倾废的规模和数量大大增加。同时,自 2017 年以来围填海政策收紧,海洋倾倒已成为疏浚物处置方式的首要路径。根据《中国海洋生态环境状况公报》,我国疏浚物海洋倾倒量从 2013 年的 16 085 万立方米跃升至 2022 年的 32 366 万立方米,如图 1-1 所示。

2013—2015 年我国疏浚物海洋倾倒量呈下降趋势,2015—2022 年总体呈上升趋势。2015 年达到近十年来的最低点,约 1.36 亿立方米,2018 年开始突破 2 亿立方米,2019 年略有下降,2020 年反弹至 2.6 亿立方米,到 2022 年疏浚物海洋倾倒量较 2015 年已翻倍突破至 3.2 亿立方米。

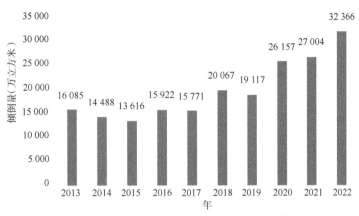

图 1-1　2013—2022 年全国疏浚物海洋倾倒情况

1.2　国际海洋倾废研究

全球海洋倾废已有 100 多年的历史,最早是美国于 1875 年在南卡罗来纳州的查尔斯顿开始向海洋倾倒疏浚物,以后倾倒的规模就越来越大,并且于 1946 年开始向海洋倾倒放射性废弃物,其中在太平洋 5 个地区共倾倒 5.5 万桶放射性废弃物,在大西洋倾倒 13.4 万桶放射性废弃物。目前,美国环保局已在海上划出约 140 个倾倒区,用来处理垃圾、污泥、化学药品、军工废物、放射性废弃物等,其中 3 个用于有毒废物倾倒,另有 2 个作为海上废物焚烧区。日本、英国、法国、荷兰、意大利、新西兰、韩国等沿海国家也都向海洋倾废。日本在其国土东西海域划定了 3 种类型的海上倾废区。而英国、比利时、荷兰、瑞士四国在大西洋中心的放射性废物处理场面积达 4 000 km²,其所处水深达 4 400 m。

据《1972 伦敦公约》组织统计,世界范围内开展海洋倾倒活动的主要国家在 2001—2009 年每年约颁发倾倒许可证 1 400 份,平均每年向海洋倾倒约 5 亿吨废弃物,绝大部分为疏浚物。

通过对国外倾倒状况的分析可以看出,目前各国海洋倾倒以疏浚物为主,其他物质如惰性无机地质材料、人工构造物、渔业加工废物等倾倒入海量较少,并且各国倾倒区设置主要以近岸为主,少数离岸距离较远;发达国家和地区的海洋倾倒量基本呈现稳中趋减的态势,包括中国在内的经济处于快速发展期的发展中国家的倾倒量虽呈现增长势头,但增量并不显著。

1.2.1　亚洲倾废状况

1.2.1.1　日本

日本作为发达国家,其海洋倾倒的历史比较久远,由于其已进入后工业化发展时期,故海洋倾倒需求有所下降,2010 年日本使用海洋倾倒区 48 个,2013 年使用海洋倾倒区数量减少至 14 个,其中大多数倾倒区是距岸 12 海里(1 海里 =1.852 km)以内的近岸倾倒区,少数倾倒区(不足 20%)是距岸 12 海里以外的远海倾倒区,并且倾倒区主要分布在太平洋沿岸,日本海沿岸相对分布较少,这与日本主要港口的分布特点基本一致。

日本海洋倾倒废弃物主要包括疏浚物、天然有机物、惰性无机地质材料和污水污泥(自2008 年起,污水污泥停止倾倒),2004 年倾倒量为 1 310 万吨,其中疏浚物约占倾倒量的70%,2004 年后海洋倾倒总量逐年下降,至 2013 年日本海洋倾倒量下降比例达 70%,如图1-2 所示。

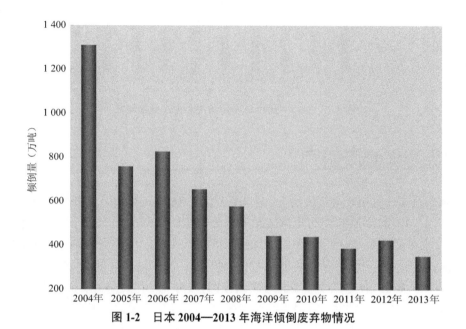

图 1-2　日本 2004—2013 年海洋倾倒废弃物情况

1.2.1.2　韩国

韩国近年来约使用倾倒区 18 个,其中 1 个为疏浚物倾倒区,距岸相对较近,其余倾倒区可倾倒疏浚物、渔业废料及污水污泥,距岸较远,最远甚至达 100 km,且面积较大。

韩国海洋倾倒废弃物主要包括污水污泥、渔业废物、天然有机物、惰性地质材料等。近十年韩国海洋倾倒量变化较大,2008 年起海洋倾倒废弃物总量显著下降,污水污泥也逐步停止向海洋倾倒,2009 年海洋倾倒废弃物总量仅为 2008 年的 17% 左右,至 2013 年海洋倾倒废弃物总量降至 83 万吨,仅占 2008 年倾倒量的约 8%,如图 1-3 所示。

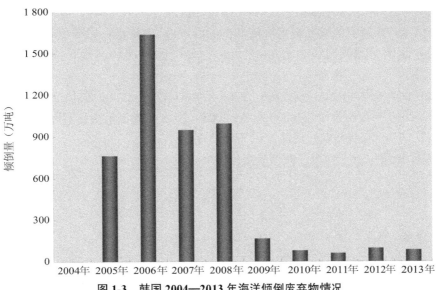

图1-3　韩国2004—2013年海洋倾倒废弃物情况

1.2.2　欧洲倾废状况

1.2.2.1　英国

英国约有海洋倾倒区150个,其中大多数倾倒区在距主要港口或湾口数千米的范围内,近10%的倾倒区距岸超20 km,个别倾倒区距岸约50 km。由于考虑到对海洋环境的保护,近年来很多选划的倾倒区距岸很远,如为威尔士米尔福德港和伦敦泰晤士河选划的疏浚物倾倒区分别距岸45 km和85 km。

英国海洋倾倒以疏浚物为主,包括极少量渔业废料。英国2004年海洋倾倒量为1 582万吨;2005和2006年倾倒量显著增加,总量超3 000万吨;2007—2013年倾倒量基本保持稳定,与2004年相当,年均倾倒量约为1 500万吨。

1.2.2.2　德国

德国约有海洋倾倒区100个,其中大多数倾倒区距岸较近,不足20%的倾倒区距岸超12海里,且分布较密集,尤其是北海沿海基本均匀布设。

德国海洋倾倒物质均为疏浚物,2004—2012年德国海洋倾倒量变化趋势呈倒"V"形,2004年倾倒量为972万吨,2004—2008年倾倒量呈上升趋势,2008年达4 500万吨,2008—2012年倾倒量呈下降趋势,2012年约为2 900万吨。

1.2.2.3　比利时

比利时是最先实施覆盖其领海和专属经济区的且具有操作性的多用规划体系的国家之一,其海洋空间规划包括疏浚区域和倾倒区域,其中设置的7个倾倒区域全部分布在距岸12海里内的海域,且大多数集中在距岸6海里内的海域,同时这些倾倒区域均设置在港口或疏浚工程附近。比利时对用海之间的冲突从"时间、空间和重复的易管理"到"相互排斥"进行了分类并做了具体规定,如在倾倒区域和军事练习区域冲突的海域内,应禁止在军事练习期间进行倾倒活动;在倾倒区域和捕捞区域冲突的海域内,应禁止在捕捞活动期间进行倾倒活动,并将部分倾倒区域同时设为海砂或沙滩养护区,这样两种活动可以起到相互促进的作用。

比利时的海洋倾倒物质均为疏浚物,2004 年倾倒量约为 2 200 万吨;2004—2007 年倾倒量大幅增加,2007 年倾倒量达到 9 000 万吨;2008—2012 年倾倒量变化不大,年均倾倒量约为 4 200 万吨;2013 年倾倒量剧增,超过 2007 年倾倒量。

欧洲各国 2004—2013 年海洋倾倒量变化情况如图 1-4 所示。

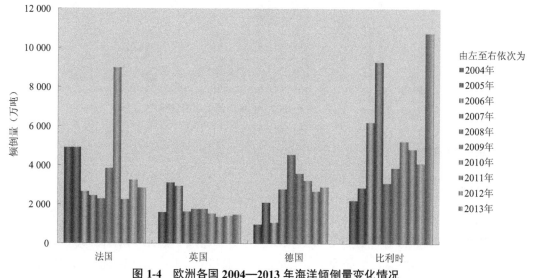

图 1-4　欧洲各国 2004—2013 年海洋倾倒量变化情况

1.2.3　北美洲倾废状况

1.2.3.1　美国

美国海洋倾废条例中规定了倾倒区的位置,也对倾倒区选划的一般性原则和具体标准进行了原则性规定。美国目前有选划倾倒区 91 个、临时倾倒区 30 余个,倾倒区分布在 9 个区域,主要为沉降型倾倒区,水深条件较好,且基本均匀分布在海岸线上,尤其是港口众多的近岸海域。

美国海洋倾倒废弃物主要包括疏浚物、渔业废料、船舶等海上人工结构物,2004 年废弃物倾倒量约为 5 900 万吨,其中疏浚物倾倒量约占总倾倒的 99.2%;2004—2010 年倾倒量保持平稳,略呈下降趋势;2011 年由于大量渔业废料倾倒入海,总倾倒量剧增,达 1.3 亿吨,其后倾倒量下降至平均水平,年均倾倒量约 4 000 万吨,如图 1-5 所示。2004—2013 年美国疏浚物海洋倾倒量保持稳定,年均倾倒量约 4 200 万吨。

1.2.3.2　加拿大

加拿大要求海洋倾倒区距岸距离最少 2 km,且每个倾倒区每年最大倾倒量不超过 200 万吨。

目前,加拿大有倾倒区 90 余个,且大都位于离岸较近的区域,仅少数倾倒区距岸有一定距离。

加拿大海洋倾倒物质主要包括疏浚物、惰性地质材料、渔业加工废物、天然有机物、船舶和平台等海上人工结构物等。其中,2004 年海洋倾倒总量约为 400 万吨,且 76% 为疏浚物,2004—2013 年加拿大倾倒量变化不大,除 2007 年因惰性无机地质材料倾倒量达 120 万吨,倾倒总量为 510 万吨,其余各年基本保持在平均水平,年均 320 万吨,如图 1-6 所示。

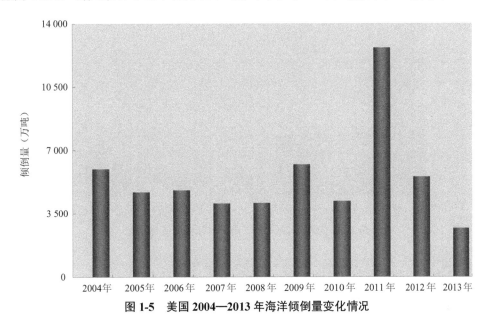

图 1-5 美国 2004—2013 年海洋倾倒量变化情况

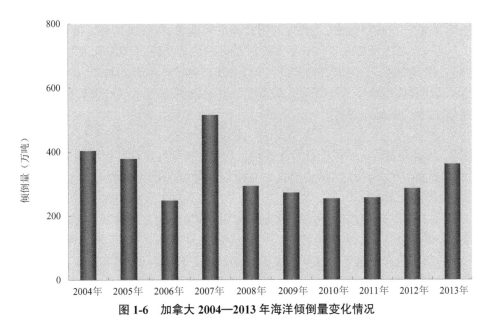

图 1-6 加拿大 2004—2013 年海洋倾倒量变化情况

1.2.4 非洲倾废状况

非洲海洋倾倒量较多的国家以南非为代表,南非 2009 年使用海洋倾倒区 10 个,基本均匀分布在距港口 10 km 的海域内。南非海洋倾倒物质主要为疏浚物,此外还包括极少数肥料等腐烂物质和船舶等海上人工结构物。其中,2004 年海洋倾倒量约为 2 400 万吨,2005—2013 年倾倒量变化不大,为 299~630 万吨,年均倾倒量 440 万吨,如图 1-7 所示。

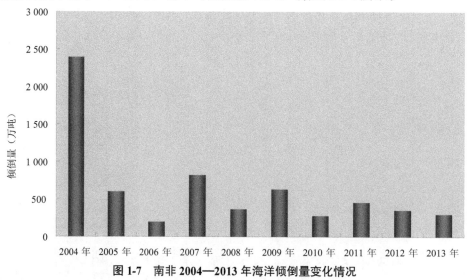

图 1-7 南非 2004—2013 年海洋倾倒量变化情况

1.3 我国海洋倾倒区选划历史及发展情况

海洋倾倒区是指为满足海洋废弃物倾倒需求而划定的海域。海洋倾倒区规划和选划是依据《中华人民共和国海洋环境保护法》《中华人民共和国海洋倾废管理条例》《倾倒区管理暂行规定》建立起来的一项管理制度,是合理利用海洋空间资源、有效保护海洋生态环境的重要依据及手段。我国自 20 世纪 80 年代开始海洋倾倒区的法律体系和倾废管理制度等建设工作,至 2010 年,首次编制了《全国倾倒区规划(2011—2015 年)》,再到 2017 年原国家海洋局为贯彻落实"简政放权、放管结合、优化服务(放管服)"精神而开展的一系列规章制度、技术标准制修订,海洋倾倒区规划及选划制度的建立经历了一个逐步完善并朝着生态文明建设目标迈进的过程。

1982 年,全国人大常务委员会通过了《中华人民共和国海洋环境保护法》,其中第六章为"防止倾倒废弃物对海洋环境的污染损害",首次对海洋倾废行为和管理做了法律上的规定,初步建立了倾倒区选划制度。

1985 年,为顺应全球防止海洋倾废活动污染海洋环境的潮流,依据《防止倾倒废弃物及其他物质污染海洋的公约》(《1972 伦敦公约》),我国政府颁布并实施了《海洋倾废管理条例》,进一步明确了倾倒区选划制度及原则。倾倒区选划为分级选划,即国务院审批长期使用的海洋倾倒区,原国家海洋局审批限期、限量的临时性海洋倾倒区;倾倒区选划原则为"科学、合理、安全、经济",尽可能合理利用海洋空间资源和海洋环境容量,做到社会、经济和环境三个效益的统一,并要求实施倾倒作业对倾倒区附近的海洋环境及其他功能的影响是最小的,干扰是暂时的,并且是可以恢复的。《海洋倾废管理条例》的发布正式结束了我国海洋倾废无序无度的状况,使我国海洋倾废管理进入了法制化阶段。

1986年,原国家海洋局在对全国海洋倾废进行全面普查核实后,根据沿海倾倒需求,在科学论证的基础上选划了第一批海洋倾倒区。

1990年,原国家海洋局发布了《中华人民共和国海洋倾废管理条例实施办法》,作为《海洋倾废管理条例》的配套规定,对海洋倾废管理做出了更为细致和更具操作性的规定。《海洋倾废管理条例》第5条规定:海洋倾倒区由主管部门商同有关部门,按"科学、合理、安全和经济"的原则划出。海洋倾倒区分为一、二、三类废弃物倾倒区及试验倾倒区和临时倾倒区。

一、二、三类倾倒区是为处置一、二、三类废弃物而选划确定的,其中一类倾倒区是为紧急处置一类废弃物而选划确定的;试验倾倒区是为进行倾倒试验而选划确定的(使用期限不超过两年),如经倾倒试验确定对海洋环境不造成危害和明显影响,商有关部门后报国务院批准为正式倾倒区;临时倾倒区是因工程急需等特殊原因,由工程单位申请而选划的一次性专用倾倒区。

一、二类倾倒区由国家海洋局组织选划,三类倾倒区、试验倾倒区、临时倾倒区由海区主管部门(即北海分局、东海分局、南海分局)组织选划。一、二、三类倾倒区经商有关部门后由国家海洋局报国务院批准,国家海洋局公布;试验倾倒区由海区主管部门商海区有关单位后报国家海洋局审查确定,并报国务院备案;临时倾倒区由海区主管部门审查批准,报国家海洋局备案,使用期满,立即封闭。

海洋倾倒区选划在"科学、合理、安全、经济"的八字原则基础上,尽可能合理利用海洋空间资源和海洋环境容量,做到社会、经济和环境三个效益的统一,并要求实施倾倒作业对倾倒区附近的海洋环境及其他功能的影响是最小的,干扰是暂时的,并且是可以恢复的。

1999年,全国人大常务委员会通过了修订后的《中华人民共和国海洋环境保护法》,将"防止倾倒废弃物对海洋环境的污染损害"调整为第七章,关于海洋倾废的条文数从三条增加到了七条,增加了废弃物的分类,倾倒区的选划、监测,禁止海上焚烧,禁止倾倒放射性物质等条文,并明确要求主管部门制定海洋倾倒废弃物评价程序和标准,拟定可以向海洋倾倒的废弃物名录。在管理上按照废弃物的类别和数量实行分级管理,第一次将临时性海洋倾倒区在法律中明确。新修订的《中华人民共和国海洋环境保护法》的颁布施行标志着我国的海洋倾废立法工作开始走上了一个新的发展阶段,开始更加注重法制保障、更加务实、更加符合国际立法趋势。

2003年,原国家海洋局发布实施《倾倒区管理暂行规定》,重点针对倾倒区的选划、审批和管理等进行了具有可操作性的规定,并首次提出依据全国海洋功能区划、全国海洋环境保护规划及沿海经济发展需要制定倾倒区规划,为我国倾倒区规划的编制奠定了基础。

2008年,经过数年海洋倾废管理实践,针对工作中存在的一些不适应形势发展的问题,包括倾废过程不规范、监管不到位、倾倒区选划工作缺乏统筹考虑等问题,原国家海洋局发布了《关于加强海洋倾废管理工作若干问题的通知》,其中进一步强调了海洋倾倒区规划及选划的关系及重要作用。

2010年,原国家海洋局组织监测中心及各海区分局编制首项《全国倾倒区规划(2011—2015年)》,在全国范围内统筹布设156个倾倒区,尽管因该项规划与《全国海洋功能区划(2011—2020年)》协调性和兼容性有待完善,最终并未正式发布实施,但各海区分局仍将其作为倾倒区选划工作的重要考虑之一。

2015年以来,中央持续深入推进"放管服"体制改革,为贯彻中央要求,政府主动选划倾倒区,并向企业提供倾倒公共服务,同时为最大限度地发挥单个倾倒区的可容纳量,节约利用海域资源,本着"简化程序、量化管理、结果说话"的原则,将倾倒区原来的工程导向型管理转变为容量导向型管理,不再根据具体工程开展倾倒区选划、监测与管理,而是根据倾倒区的容量统筹考虑倾倒项目,实施控制倾倒量和最大倾倒强度等倾倒区指标化管控模式,摒弃了僵化的工程叠加增量论证模式与倾倒区固定使用期限模式,转而由主管部门根据监督性监测和倾倒区评估,采取动态化、精细化管控措施,避免倾倒区过多过散、使用期限过短、重复选划频繁等问题。

第2章 北海海域倾倒区现状分析

北海海域范围北起辽宁鸭绿江口,南至山东和江苏交界的绣针河口,为我国管辖的渤海和黄海中北部海域,沿岸毗邻辽宁省、河北省、天津市、山东省等三省一市。

2.1 北海海域可用倾倒区概况

北海海域目前可用倾倒区有 24 个,其中辽宁省 7 个、河北省 3 个、天津市 2 个、山东省 12 个,疏浚物倾倒区 22 个、骨灰倾倒区 2 个(分别位于山东省青岛市和日照市),具体见表 2-1。

表 2-1 北海海域可用倾倒区基础信息一览表

序号	所属省	倾倒区名称	近岸/远海	位置	面积/(km²)	批准日期	水深情况	管控措施
1	辽宁省	丹东疏浚物海洋倾倒区	近岸	以 123° 55′ 00″ E、39° 38′ 00″ N 为中心,半径 1.0 km 的圆形海域	3.14	2010-10-29	2020 年水深 12.0~17.2 m,平均水深 15.3 m	倾倒区日最大倾倒量不得超过 1.64 万立方米
2	辽宁省	庄河港区黄圈码头及航道维护性疏浚工程临时性海洋倾倒区	近岸	以 123° 20′ 00″ E、39° 33′ 00″ N 为中心,半径 1.0 km 的圆形海域	3.14	2017-03-13	2021 年水深 27.0~60.3 m,平均水深 54.2 m	倾倒区日倾倒量不超过 0.57 万立方米;单船倾倒量应控制在 4 500 m³ 以内,两船倾倒间隔时间应不小于 0.5 h,每年 4—6 月尽可能避免倾倒,必须倾倒的,倾倒频率和强度减半
3	辽宁省	大连港南海域疏浚物倾倒区	近岸	121° 39′ 00″ E、38° 45′ 00″ N,121° 39′ 00″ E、38° 47′ 30″ N,121° 44′ 00″ E、38° 47′ 30″ N,121° 44′ 00″ E、38° 45′ 00″ N 四点所围成的海域	—	1993-03-13	2022 年水深 12.27~14.55 m,平均水深 13.57 m	—
4	辽宁省	营口疏浚物海洋倾倒区	远海	以 121° 33′ 00″ E、40° 18′ 10″ N 为中心,半径 1.0 km 的圆形海域	3.14	2010-10-29	2022 年水深 15.96~17.32 m,平均水深 16.90 m	倾倒区日最大倾倒量不得超过 2.62 万立方米;倾倒时间应尽量避开海洋生物的产卵时间(6 月、8 月下旬至 9 月底)

续表

序号	所属省	倾倒区名称	近岸/远海	位置	面积/（km²）	批准日期	水深情况	管控措施
5	辽宁省	盘锦港25万吨级航道一期工程临时性海洋倾倒区	远海	121°33′17.21″E、40°26′40.77″N，121°33′17.21″E、40°28′52.91″N，121°34′43.08″E、40°26′40.77″N，121°34′43.08″E、40°28′52.91″N四点围成的海域	8	2019-07-09	2021年水深11.953~14.063 m，平均水深12.87 m	倾倒区日最大倾倒量不得超过23.62万立方米；4月25日至6月15日严禁倾倒
6	辽宁省	锦州湾外远海临时性海洋倾倒区	远海	121°13′22″E，40°29′09″N，121°15′32″E，40°29′09″N，121°15′32″E，40°28′04″N，121°13′22″E，40°28′04″N四点围成的海域	6	2021-11-09	2022年水深16.05~17.60 m，平均水深16.95 m	倾倒区日最大倾倒量不得超过22.4万立方米；4月25日至6月15日禁止倾倒
7	辽宁省	绥中发电厂二期工程配套码头项目临时性海洋倾倒区	近岸	以120°06′00″E、39°59′00″N为中心，半径1.0 km的圆形海域	3.14	2016-11-11	2021年水深12.27~14.68 m，平均水深13.78 m	倾倒区日最大倾倒量不得超过1.65万立方米，月倾倒量不得超过32.5万立方米
8	河北省	唐山港京唐港区维护性疏浚物临时性海洋倾倒区	近岸	以119°06′01.80″E、39°03′36.00″N为中心，半径0.5 km的圆形海域	0.785	2016-09-30	2021年水深13.38~18.44 m，平均水深15.32 m	倾倒区日最大倾倒量不超过1.5万立方米，两船倾倒间隔在1.5 h以上；由于6月为主要经济种类的产卵盛期，建议停止倾倒活动；5月、7月和10月，倾倒区日最大倾倒量不超过1万立方米
9	河北省	乐亭东部2#临时性海洋倾倒区	近岸	包括A区和B区：A区是118°58′30.55″E、38°58′19.92″N，118°58′56.34″E、38°58′00.16″N，118°57′25.72″E、38°55′16.62″N，118°55′57.43″E、38°56′26.47″N四点连线围成的区域，面积9.93 km²；B区是118°59′23.20″E、38°57′17.48″N，119°00′24.09″E、38°56′31.69″N，118°58′16.57″E、38°54′53.94″N，118°58′09.21″E、38°55′01.24″N四点连线围成的区域，面积4.95 km²	14.88	2021-11-24	2022年水深20.5~24.9 m，平均水深22.2 m	倾倒区日倾倒量不得超过28.8万立方米；4月1日至8月31日仅可使用A1、A2区，倾倒区日倾倒量不得超过14.4万立方米

续表

序号	所属省	倾倒区名称	近岸/远海	位置	面积/（km²）	批准日期	水深情况	管控措施
10	河北省	黄骅港港区疏浚物临时性海洋倾倒区	近岸	118°04′34.35″E、38°36′19.75″N，118°08′01.44″E、38°36′19.75″N，118°08′01.44″E、38°34′10.24″N，118°05′33.04″E、38°34′10.24″N，118°05′33.04″E、38°34′55.34″N，118°04′34.35″E、38°34′55.34″N 六点围成的海域	18	2017-03-13	2022 年水深5.66~10.74 m，平均水深 8.94 m	倾倒区日最大倾倒量不得超过10.95 万立方米；单船倾倒量不大于 5 000 m³，每两船倾倒时间间隔不得小于 1 h；4月 25 日至 6 月15 日禁止倾倒
11	天津市	天津疏浚物海洋倾倒区	近岸	以 118°04′25″E、38°59′06″N 为中心，半径 1.0 km 的圆形海域	3.14	2010-10-29	2022 年水深6.72~11.64 m，平均水深 10.08 m	4 月 25 日至 6月 15 日禁止倾倒
12	天津市	天津南部倾倒区	远海	118°07′56.80″E、38°40′8.67″N，118°12′05.21″E、38°40′8.67″N，118°12′05.21″E、38°38′32.38″N，118°07′56.80″E、38°38′57.52″N 四点连线围成的海域	15.3	2022-11-14	2022 年水深12.0~14.2 m，平均水深 13.09 m	倾倒区日最大倾倒量不超过 14万立方米，4月 25 日至 6 月 15日禁止倾倒
13	山东省	黄河口外远海倾倒区	远海	119°22′30.559″E、38°09′16.0″N，119°24′33.728″E、38°09′13.635″N，119°N，119°22′28.577″E、38°08′11.159″N 四点连线围成的海域	6	2022-11-14	2022 年水深18.6~19.7 m，平均水深 19.3 m	倾倒区日最大倾倒量不超过 12万立方米，6月 1日至 9月 30日倾倒区日最大倾倒量不超过 6 万立方米
14	山东省	潍坊港中港区 3.5 万吨级航道维护性疏浚物临时性海洋倾倒区	远海	119°31′46″E、37°25′06″N，119°33′06″E、37°25′06″N，119°33′06″E、37°24′16″N，119°31′46″E、37°24′16″N 四点围成的海域	3	2016-09-30	2021 年水深10.5~11.3 m	倾倒区日最大倾倒量不得超过5.5 万立方米；5月 1 日至 7月 31日禁止倾倒
15	山东省	烟台疏浚物临时性海洋倾倒区	近岸	121°06′00.30″E、38°03′33.00″N，121°07′23.00″E、38°03′33.00″N，121°07′23.00″E、38°02′41.40″N，121°06′00.30″E、38°02′41.40″N 四点围成的海域	3.2	2019-02-13	2022 年水深17.0~22.9 m，平均水深 20.55 m	倾倒区日最大倾倒量不超过 10万立方米；为保护渔业资源，尽量避免在 4—6 月倾倒，若必须在4—6 月施工，日最大倾倒量不得超过 0.75 万立方米

序号	所属省	倾倒区名称	近岸/远海	位置	面积/（km²）	批准日期	水深情况	管控措施
16	山东省	烟威疏浚物临时性海洋倾倒区	近岸	121°43′04.48″E、37°42′42.29″N，121°43′00.95″E、37°42′09.99″N，121°44′22.27″E、37°42′04.38″N，121°44′25.80″E、37°42′36.68″N四点围成的海域	2	2018-05-28	2021年3月水深20.1~20.9 m，平均水深20.4 m	倾倒区日最大倾倒量不超过4万立方米；为保护渔业资源，尽量避免在4—6月倾倒，若必须在4—6月施工，日最大倾倒量不得超过1.5万立方米
17	山东省	烟台港附近海域三类疏浚物倾倒区	近岸	121°31′45″E、37°37′12″N，121°31′45″E、37°38′06″N，121°33′15″E、37°38′06″N，121°33′15″E、37°37′12″N四点围成的海域	—	1988-01-07	2021年3月水深7.7~19.1 m，平均水深15.4 m	—
18	山东省	石岛国核示范工程疏浚物临时性海洋倾倒区	远海	122°54′16.40″E、37°00′44.00″N，122°54′56.90″E、37°00′44.00″N，122°54′56.90″E、36°59′39.20″N，122°54′16.50″E、36°59′39.20″N四点围成的海域	2	2016-12-20	2021年水深26.7~27.8 m，平均水深27.1 m	倾倒区日最大倾倒量不超过3.2万立方米，4月1日至6月30日禁止倾倒
19	山东省	石岛湾外远海倾倒区	远海	122°21′18.9″E、36°23′27.7″N，122°21′18.9″E、36°22′39.1″N，122°22′39.9″E、36°23′27.7″N，122°22′39.9″E、36°22′39.1″N四点围成的海域	3	2020-06-19	2020年水深19.8~20.7 m	倾倒区日最大倾倒量不得超过3万立方米，渔业资源敏感期（4—6月）日最大倾倒量不得超过1.5万立方米
20	山东省	青岛崂山疏浚物临时性海洋倾倒区	近岸	121°00′55.86″E、36°14′58.68″N，121°00′55.86″E、36°13′54.78″N，121°02′27.43″E、36°13′54.78″N，121°02′27.43″E、36°14′58.68″N四点围成的海域	4.5	2018-05-28	2022年水深20.53~23.94 m，平均水深22.19 m	倾倒区日最大倾倒量1.32万立方米
21	山东省	青岛沙子口南疏浚物临时性海洋倾倒区	近岸	120°30′00″E、36°02′06″N，120°30′45″E、36°02′06″N，120°30′45″E、36°01′34″N，120°30′00″E、36°01′34″N四点围成的海域	1.1	2019-02-13	2022年水深15.51~18.95 m，平均水深17.81 m	倾倒区日最大倾倒量不得超过4.8万立方米
22	山东省	琅琊湾外临时性海洋倾倒区	近岸	119°52′28″E、35°33′27″N，119°52′28″E、35°32′23″N，119°54′19″E、35°33′16″N，119°54′19″E、35°33′27″N四点围成的区域	3.23	2021-08-19	2021年选划水深18.0~21.5 m，平均水深20.2 m	限制倾倒船舶为1 500 m³及以下抛泥船，且倾倒区日最大倾倒量不得超过1.26万立方米

续表

序号	所属省	倾倒区名称	近岸/远海	位置	面积/(km²)	批准日期	水深情况	管控措施
23	山东省	青岛骨灰临时海洋倾倒区	近岸	120°24′00″E、36°00′00″N，120°24′00″E、36°02′00″N，120°26′00″E、36°02′00″N，120°26′00″E、36°00′00″N 四点所围成的海域	—	—	—	—
24	山东省	日照骨灰倾倒区	近岸	119°36′29″E、35°20′38″N，119°37′48″E、35°20′38″N，119°36′29″E、35°21′43″N，119°37′48″E、35°21′43″N 四点所围成的海域	4	2018-09-19	—	—

2022 年北海海域 22 个疏浚物倾倒区总容量为 18 771 万立方米。其中,远海倾倒区有 8 个,近岸倾倒区有 14 个(近岸倾倒区是指倾倒区距离海岸在 12 海里以内的倾倒区,远海倾倒区是指倾倒区距离海岸在 12 海里以外的倾倒区)。北海海域近岸倾倒区由于受水深条件、通航安全以及周边敏感目标影响,通常可容纳倾倒量较小;远海倾倒区虽然仅有 8 个,但倾倒区容量为 10 730 万立方米,占比达到 57%。未来选划远海倾倒区和提升远海海洋空间资源利用率仍是缓解近岸海域海洋环境质量提升压力以及保障沿海港口经济发展的主要方向。

2.1.1　倾倒区所在海域水动力条件

2.1.1.1　辽宁省

丹东附近海域的潮汐主要受控于黄海潮波系统,在此潮波由东海自南向北传播,受朝鲜半岛西岸的影响,形成左旋潮波系统,沿辽东半岛南岸走向自东北向西南传播,该潮波在本海区产生的潮汐为正规半日潮;波浪以风浪为主,涌浪较少,主浪向为 SSE 向,次浪向为 SE 向;海流包括潮流和径流,潮流属正规半日潮流,为往复流,逆时针旋转。

大连港南海域附近海区常浪向为 SE 向,次常浪为 N 向;本海区的潮流属规则半日潮流,基本为往复流,涨潮流向湾内,落潮流向湾外。

营口附近海域潮汐属于不规则半日潮;海流以潮流为主,潮流呈扁长椭圆形,在辽东湾两侧椭圆长轴与湾的纵轴走向基本一致,因而潮流的方向与岸线平行,并具有明显的往复性,涨潮流均集中在 NNE、NE、ENE 三个方位,落潮流主要集中在 SSW、SW、WSW 三个方位;营口地区地形和水域开阔,沿岸的波浪以风浪为主,其常浪向为南西向,强浪向为北或偏北向。

盘锦附近海域潮波属于渤海潮波系统,具有驻潮波的特征,潮波沿辽东湾东岸经湾顶呈逆时针方向传播,本海区属正规半日潮,潮差变化较大,主潮方向为 NE 到 SW 方向;海流是辽东湾海流系统的一部分,主要由潮流、冲淡水流和风海流所组成,其中潮流占绝对优势;由于特定的地理位置限制,本海区海浪主要是风生成的波浪,具有生成快、消失快等特点。

锦州附近海域潮汐属于不规则半日潮;海流为正规半日潮流,涨潮流均集中在 NNE 到 ENE 向,落潮流主要集中在 S~WSW 三个方位;常浪向为 S 和 SSW 向。

　　葫芦岛附近海域潮汐波系统源于太平洋潮波,该潮波经东海进入辽东湾海区形成左旋的不同潮波系统,在其传播中因受地转偏向力和海底地形及曲折岸线的影响,使潮汐类型及潮差等潮流特征呈现不同的差异;本海区海流以潮流为主,为正规半日潮流,且基本为往复流,潮流主流向为 NE 到 SW 向。

2.1.1.2　河北省

　　唐山附近海域潮汐属于不正规半日潮,潮汐强度中等;海浪主要来自 ENE 和 NE 方向,年内波浪分布具有明显的季节特征,即春夏季波浪相对较弱,秋冬季波浪较强;本海区以潮流为主,潮流的变化规律基本代表海流的变化规律,海流具有明显的往复流性质,流向大致与岸线平行,涨潮流向为 SW 向,落潮流向为 NE 向。

　　曹妃甸外附近海域潮汐属于不正规半日混合潮,潮流属于不正规半日潮流,运动形式为往复流,表层和底层属于同类型潮流,涨潮流流向为 W 向,落潮流流向为 E 向,涨潮流速大于落潮流速,余流较小。本海区的海浪以风浪为主,主浪向为 SW 向,次主浪向为 NE 向。

　　沧州附近海域潮汐属于不规则半日潮,潮流属于规则半日潮流,浅水海域对潮流的影响较大,潮流为以旋转流为主的混合运动形式;全年以风浪为主,主浪向为 E 向,次浪向为 ENE 向。

2.1.1.3　天津市

　　天津附近海域潮汐性质属于正规半日潮,常浪向为 ENE 和 E 向,潮流基本为往复流,涨潮主流向为 NW 向,落潮主流向为 SE 向,涨潮流速大于落潮流速,最大流速垂直分布,大致由表层向底层逐渐减小。

2.1.1.4　山东省

　　东营、潍坊附近海域涨潮流流向主要集中出现在偏西南向,落潮流流向主要集中出现在东到东北向,涨潮流平均流速大于落潮流平均流速。本海域以正规半日潮为主,潮流的运动形式为往复流,潮流矢量按顺时针方向旋转。

　　烟台附近海域属于不规则半日潮流,潮流的运动形式为往复流,涨潮流流向主要集中出现在 SW 向,落潮流流向主要集中出现在 NW 向,余流不大。本海区常波向为 NNW 和 NW 向,次常波向为 N 和 NNE 向。

　　山东半岛南岸海域潮汐主要受南黄海传来的潮波系统的影响,以半日潮波为主,日潮波较弱,从山东半岛东南沿半岛南岸绕过海州湾直至苏北沿岸一带海域均为正规半日潮,属于半日潮流,潮流基本为往复流,主浪向为 SE 向。

　　威海南部海域属于正规半日潮流,按逆时针方向旋转,余流表现为近岸大于离岸,波浪以风浪为主,常浪向为 SSW 向,次常浪向为 SSE 向。

　　青岛附近董家口港海域属于正规半日潮流,潮流运动形式为往复流,涨潮流流向均主要集中出现在 SW 到 W 向,落潮流流向主要集中出现在 NE 到 E 向;涨潮流平均流速大于落潮流平均流速;全年以 SSE 到 S 向和 ENE 到 E 向风浪较多,其中 S 向最多。

　　日照附近海域主要属于正规半日潮流,潮流的运动形式为往复流,潮流矢量的旋转方向以逆时针方向为主,涨潮流流向主要集中出现在 SSW 到 W 向,落潮流流向主要集中出现在 NNE 到 E 向;涨潮流平均流速大于落潮流平均流速。

2.1.2　倾倒区所在海域海洋功能区划分析

2.1.2.1　辽宁省

辽宁省 7 个倾倒区中，丹东疏浚物海洋倾倒区、庄河港区黄圈码头及航道维护性疏浚工程临时性海洋倾倒区、绥中发电厂二期工程配套码头项目临时性海洋倾倒区等 3 个倾倒区位于渔业用海区，大连港南海域疏浚物倾倒区位于保留区，丹东疏浚物海洋倾倒区位于港口航运区，其余倾倒区均不在海洋功能区划范围内。位于渔业用海区的规划倾倒区，倾倒作业要严格控制倾倒方式和倾倒频率，尽量避开海域环境和生态敏感期，采取渔业资源损失补偿及增值放流等措施，减小疏浚物倾倒对海洋生态系统的影响。由于渔业用海区范围较大，倾倒区面积仅占其面积的不到 0.1%，因此间歇性的倾倒活动不会对功能区的正常规划和使用产生明显影响。位于保留区的倾倒区，规划倾倒区的设置符合海洋功能区划的要求。位于港口航运区的倾倒区，倾倒活动要避开锚地、航道等敏感区域，要严格执行加强倾废活动监视监测和执法力度，控制倾废强度。辽宁省的规划倾倒区均符合海域使用现状。

2.1.2.2　河北省

唐山港京唐港区维护性疏浚物临时性海洋倾倒区、乐亭东部 2# 临时性海洋倾倒区位于港口航运区，乐亭东部 2# 临时性海洋倾倒区、黄骅港港区疏浚物临时性海洋倾倒区位于农渔业区。倾倒区主要为沿海的港口日常生产、港口建设涉及的港池和航道等清淤活动提供疏浚物处置区域，与港口航运区所规定保障港口建设用海的需求相符合，只要倾倒活动避开锚地、航道等敏感区域，不会影响海洋主导功能的发挥。位于农渔业区的倾倒区，在倾倒作业时严格控制倾倒方式和倾倒频率，尽量避开海域环境和生态敏感期，采取渔业资源损失补偿及增值放流等措施，减小疏浚物倾倒对海洋生态系统的影响，间歇性的倾倒活动不会影响海洋主导功能的正常使用。河北省的规划倾倒区均符合海域使用现状。

2.1.2.3　天津市

天津疏浚物海洋倾倒区位于港口航运区、农渔业区、特殊利用区，天津南部倾倒区位于农渔业区。位于特殊利用区的倾倒区的设置符合海洋功能区划的要求。位于港口航运区的倾倒区，倾倒活动要避开锚地、航道等敏感区域，要严格执行加强倾废活动监视监测和执法力度，控制倾废强度，防止对海洋水动力环境条件造成改变，避免对海底地形地貌的影响。位于农渔业区的倾倒区，在倾倒作业时严格控制倾倒方式和倾倒频率，尽量避开海域环境和生态敏感期，采取渔业资源损失补偿及增值放流等措施，减小疏浚物倾倒对海洋生态系统的影响。

2.1.2.4　山东省

山东省除骨灰倾倒区外，剩下的 10 个倾倒区中，黄河口外远海倾倒区、烟威疏浚物临时性海洋倾倒区、青岛崂山疏浚物临时性海洋倾倒区位于农渔业区，潍坊港中港区 3.5 万吨级航道维护性疏浚物临时性海洋倾倒区位于特殊利用区、农渔业区，烟台港附近海域三类疏浚物倾倒区位于港口航运区、农渔业区、特殊利用区，青岛沙子口南疏浚物临时性海洋倾倒区位于农渔业区、港口航运区、保留区，琅琊湾外临时性海洋倾倒区位于农渔业区、港口航运区，其余倾区均不在海洋功能区划范围内。位于农渔业区的倾倒区,倾倒作业要严格控制倾倒方式和倾倒频率,尽量避开海域环境和生态敏感期,采取渔业资源损失补偿及增值放流等措施,由于倾倒作业是间歇性的,海水中悬浮物浓度经过一段时间沉降会逐渐恢复,因此疏浚物倾倒对海洋生态系统的影响较小。由于渔业用海区范围较大,倾倒区面积仅占其面积的不到 0.1%,因此间歇性的倾倒活动不会对功能区的正常规划和使用产生明显影响。位于港口航运区的倾倒区,其设立主要为港口航道及海洋工程建设和运营服务与全国海洋功能区划的功能定位相符合。位于特殊利用区和保留区的倾倒区设置符合海洋功能区划的要求。

2.1.3　倾倒区所在海域海洋生态红线分析

丹东疏浚物海洋倾倒区和大连港南海域疏浚物倾倒区位于生态红线区内,河北省、天津市和山东省倾倒区均位于生态红线区外,对生态红线区内各功能区功能发挥不会造成较大影响。

2.1.4　倾倒区管控措施要求

倾倒区管控措施主要引入日倾倒量及倾倒时间限制,避免高强度倾倒疏浚物对倾倒区周围海洋生态环境产生负面影响,并减少倾倒活动对局部水深地形产生影响。自倾倒区使用从工程导向转变为容量导向,临时倾倒区的性质发生根本性改变,每年现有倾倒区可继续使用与否取决于倾倒区的年度评估。此时,关注倾倒区管控措施,倾废企业落实相关要求,维护北海海域倾倒区的可持续使用是纾解倾倒区容量供需矛盾的有效途径。

禁止性倾倒时间限制主要考虑对周边水产种质资源保护区的影响。例如,盘锦港 25 万吨级航道一期工程临时性海洋倾倒区、锦州湾外远海临时性海洋倾倒区、天津疏浚物海洋倾倒区、天津南部倾倒区、黄骅港港区疏浚物临时性海洋倾倒区、潍坊港中港区 3.5 万吨级航道维护性疏浚物临时性海洋倾倒区等 6 个倾倒区位于辽东湾、渤海湾、莱州湾国家级水产种质资源保护区,按照保护区管控措施,每年 4 月 25 日至 6 月 15 日禁止倾倒。其他如庄河港区黄圈码头及航道维护性疏浚工程临时性海洋倾倒区、营口疏浚物海洋倾倒区、唐山港京唐港区维护性疏浚物临时海洋倾倒区、乐亭东部 2 #临时性海洋倾倒区、黄河口外远海倾倒区、烟台疏浚物临时性海洋倾倒区、烟威疏浚物临时性海洋倾倒区、石岛湾外远海倾倒区、琅琊湾外临时性海洋倾倒区等 9 个倾倒区为保护渔业资源,在倾倒区附近海域主要经济鱼类的产卵盛期均采取避免倾倒或降低倾倒强度等管控措施。

日倾倒量限制的突出矛盾集中在庄河、营口、绥中、京唐港以及青岛崂山、琅琊湾外等 6 个倾倒区。其中,庄河港区黄圈码头及航道维护性疏浚工程临时性海洋倾倒区日倾倒量不超过 0.57 万立方米,同时 4—6 月倾倒频率和强度减半;营口疏浚物海洋倾倒区日最大倾倒量不得超过 2.62 万立方米;绥中发电厂二期工程配套码头项目临时性海洋倾倒区日最大倾倒量不得超过 1.65 万立方米;唐山港京唐港区维护性疏浚物临时海洋倾倒区日最大倾倒量不得超过 1.5 万立方米,由于 6 月为主要经济种类的产卵盛期,建议停止倾倒活动,5 月、7 月和 10 月倾倒区日最大倾倒量不超过 1 万立方米。尤其是青岛崂山疏浚物临时性海洋倾倒区和琅琊湾外临时性海洋倾倒区每年倾废项目较多,然而上述两个倾倒区日最大倾倒量分别不得超过 1.32 万立方米及 1.26 万立方米。日倾倒量成为限制倾倒区使用的决定性因素。

2.2　北海海域倾倒区使用现状

2.2.1　近十年北海海域倾倒区使用情况分析

2013—2018 年北海海域疏浚物海上倾倒量总体呈下降趋势,2018—2022 年呈显著上升趋势,如图 2-1 所示。其中,2018 年倾倒量降至近十年来最低点 1 320 万立方米后,2019 年倾倒量骤增超 2 倍,达到 4 390 万立方米,到 2022 年倾倒量较 2018 年增长超 5 倍,达到约 8 870 万立方米。

分析认为,近年来由于港口经济的迅速发展,港池、泊位、航道疏浚需求与日俱增,使海洋倾废的规模和数量也大大增加。同时,自 2017 年以来围填海政策收紧,海洋倾倒已成为疏浚物处置方式的首要路径。2018 年处于国务院机构改革阶段,企业开展废弃物海洋倾倒申请受到一定限制,在顺利完成废弃物海洋倾倒许可审批职责从国家海洋局划转到生态环境部后,北海海域废弃物海洋倾倒申请骤增。综合以上因素,北海海域疏浚物海上倾倒量形成 2018 年历年最低、2019 年迅速攀升并逐年上升的现象。

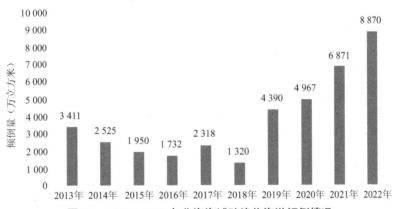

图 2-1　2013—2022 年北海海域疏浚物海洋倾倒情况

2.2.2　2022 年北海海域倾倒区总体使用情况分析

2022 年北海海域疏浚物批准倾倒量约 8 870 万立方米,其中 2 869 万立方米属于辽宁省附近海域倾倒区申请量,占总量的 32.35%;4 548 万立方米属于河北省附近海域倾倒区申请量,占总量的 51.27%;268 万立方米属于天津市附近海域倾倒区申请量,占总量的 3.02%;1 185 万立方米属于山东省附近海域倾倒区申请量,占总量的 13.36%,如图 2-2 所示。

根据废弃物海洋倾倒许可审批数据,2022 年有 1 个倾倒区批准使用倾倒量达到倾倒区容量的 100%,为黄骅港港区疏浚物临时性海洋倾倒区;6 个倾倒区批准使用倾倒量达到倾倒区容量的 80%~100%,其中天津疏浚物海洋倾倒区、烟台疏浚物临时性海洋倾倒区、青岛沙子口南疏浚物临时性海洋倾倒区等 3 个倾倒区使用占比达到 95% 以上;4 个倾倒区完成 50%~80% 批准量;7 个倾倒区完成 3%~30% 批准量;另有丹东疏浚物海洋倾倒区、天津南部倾倒区(2022 年 11 月设立)、烟威疏浚物临时性海洋倾倒区、烟台港附近海域三类疏浚物倾倒区 4 个倾倒区未使用,具体见表2-2。

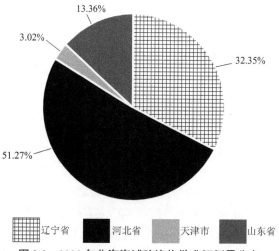

图 2-2　2022 年北海海域疏浚物批准倾倒量分布

表 2-2　2022 年北海海域倾倒区使用情况一览表

序号	所属省	倾倒区名称	使用情况 /（％）
1	辽宁省	丹东疏浚物海洋倾倒区	0.00
2	辽宁省	庄河港区黄圈码头及航道维护性疏浚工程临时海洋倾倒区	81.00
3	辽宁省	大连港南海域疏浚物倾倒区	21.10
4	辽宁省	营口疏浚物海洋倾倒区	75.87
5	辽宁省	盘锦港 25 万吨级航道一期工程临时性海洋倾倒区	18.18
6	辽宁省	锦州湾外远海临时性海洋倾倒区	55.00
7	辽宁省	绥中发电厂二期工程配套码头项目临时性海洋倾倒区	22.09
8	河北省	唐山港京唐港区维护性疏浚物临时海洋倾倒区	83.43
9	河北省	乐亭东部 2# 临时性海洋倾倒区	87.59
10	河北省	黄骅港港区疏浚物临时海洋倾倒区	100.00
11	天津市	天津疏浚物海洋倾倒区	99.26
12	天津市	天津南部倾倒区	0.00
13	山东省	黄河口外远海倾倒区	8.50
14	山东省	潍坊港中港区 3.5 万吨级航道维护性疏浚物临时性海洋倾倒区	3.72
15	山东省	烟台疏浚物临时性海洋倾倒区	96.21
16	山东省	烟威疏浚物临时性海洋倾倒区	0.00
17	山东省	烟台港附近海域三类疏浚物倾倒区	0.00
18	山东省	石岛湾外远海倾倒区	12.51
19	山东省	石岛国核示范工程疏浚物临时性海洋倾倒区	28.96
20	山东省	青岛崂山疏浚物临时性海洋倾倒区	78.77

续表

序号	所属省	倾倒区名称	使用情况 /（%）
21	山东省	青岛沙子口南疏浚物临时性海洋倾倒区	99.88
22	山东省	琅琊湾外临时性海洋倾倒区	66.91
23	山东省	青岛骨灰临时海洋倾倒区	—
24	山东省	日照骨灰倾倒区	—

2.2.3　辽宁省倾倒区使用现状

辽宁省有倾倒区 7 个,分布在丹东南部海域、大连庄河海域、大连港南部海域、辽东湾中北部海域以及葫芦岛绥中附近海域,倾倒区容量为 7 400 万立方米,倾倒区容量居于北海海域首位,拥有盘锦港 25 万吨级航道一期工程临时性海洋倾倒区和锦州湾外远海临时性海洋倾倒区 2 个大型倾倒区,倾倒区容量超 5 000 万立方米。

2022 年,辽宁省批准倾倒量为 2 869 万立方米,其疏浚物主要来自锦州港航道或港池疏浚,批准倾倒量为 1 712 万立方米,占比达到 59.7%;其次为盘锦港航道项目,批准倾倒量为 400 万立方米,占比为 13.9%。辽宁省 7 个倾倒区中,庄河港区黄圈码头及航道维护性疏浚工程临时海洋倾倒区批准使用倾倒量达到倾倒区容量的 81%;其次为营口疏浚物海洋倾倒区,倾倒区使用占比约 76%,其余倾倒区使用量占比均较小。综合来看,辽宁省现有倾倒区容量能满足未来短期内沿海倾废项目的疏浚物倾倒需求。

2.2.4　河北省倾倒区使用现状

河北省有倾倒区 3 个,分布在京唐港、曹妃甸港、黄骅港附近海域,倾倒区容量为 4 944 万立方米,除唐山港京唐港区维护性疏浚物临时海洋倾倒区容量较小外,其他 2 个倾倒区容量均为千万级立方米。

2022 年,河北省批准倾倒量为 4 548 万立方米,批准使用倾倒量达到河北省倾倒区容量的 92%,倾倒区使用率较高,其中黄骅港港区疏浚物临时海洋倾倒区使用率达到 100%,其疏浚物主要来自曹妃甸港基建项目和黄骅港航道常年维护性疏浚项目,两个港口批准倾倒量约为 3 792 万立方米,占比高达 83.4%。同时,由于黄骅港港区疏浚物临时海洋倾倒区容量使用完毕,尚有约 440 余万立方米的黄骅港新建项目批准到乐亭东部 2# 临时性海洋倾倒区。综合来看,河北省现有倾倒区容量存在供需矛盾,突出表现在黄骅港港区疏浚物临时海洋倾倒区难以满足周边疏浚物倾倒需求。

2.2.5　天津市倾倒区使用现状

天津市现有 2 个倾倒区,分别为天津疏浚物海洋倾倒区及 2022 年 11 月 14 日批准设立的天津南部倾倒区,倾倒区容量为 1 870 万立方米,天津南部倾倒区位于天津市与河北省黄骅市的交界海域,该倾倒区未来将容纳两省市周边疏浚物海洋倾倒需求。

2022 年,天津市批准倾倒量为 268 万立方米,由于天津南部倾倒区设立较晚,该倾倒区年度内尚未使用。天津市周边海域北京燃气天津 LNG 应急储备项目、赵东油田港池航道维护性疏浚工程等产生的约 175 万立方米疏浚物批准到乐亭东部 2# 临时性海洋倾倒区。综合来看,天津市现有倾倒区容量虽有较大的提高,但根据近期天津港大港港区及黄骅港疏浚物倾倒需求,仍存在较大缺口。

2.2.6 山东省倾倒区使用现状

山东省有疏浚物倾倒区 10 个,分布在黄河口北部海域、潍坊港海域、烟台东部海域、威海东部海域以及青岛崂山、胶州湾外、董家口附近海域,倾倒区容量为 4 557 万立方米,除 2022 年 11 月 14 日新设立的黄河口外远海倾倒区容量达到千万级立方米外,其他倾倒区容量均较小。

2022 年,山东省批准倾倒量为 1 185 万立方米,所属 10 个疏浚物倾倒区中,烟台疏浚物临时性海洋倾倒区和青岛沙子口南疏浚物临时性海洋倾倒区批准使用倾倒量达到倾倒区容量的 95% 以上,基本使用完毕;其次为青岛崂山疏浚物临时性海洋倾倒区,倾倒区使用占比接近 80%;琅琊湾外临时性海洋倾倒区使用占比也较高,约 67%;其余倾倒区使用量占比均较小,不足 30%。综合来看,考虑烟威疏浚物临时性海洋倾倒区年度内尚未使用,短期内能满足烟台周边海域倾废需求,山东省现有倾倒区容量的供需矛盾主要集中在青岛附近海域。

2.3 北海海域重点倾倒区识别

重点倾倒区的识别主要考虑倾倒区使用量占比高、倾倒量较大、倾倒区水深条件差或水深变化大、倾倒区管控措施要求高以及倾倒区周边敏感目标较多等 5 个主要因素。针对重点倾倒区使用特点,海洋倾废主管部门一方面应加强日常监管,包括互联网监管与现场监管同步开展,加强对企业倾废台账的日常核查,规范倾倒作业,同时加强倾倒区的监督性监测,及时掌握倾废活动对倾倒区周边敏感目标的环境影响及倾倒区水深变化情况,合理调整海洋倾废审批与监管策略,以维持倾倒区的可持续使用;另一方面针对倾倒区容量供需矛盾突出、供不应求的海域,主管部门适时开展倾倒区选划或倾倒区扩容评估,提高倾倒区容量供应。从倾废企业角度,企业准确识别重点倾倒区,及时掌握相关倾倒区信息,有利于合理调整施工计划,确保项目的顺利实施,同时根据重点倾倒区特点,企业提高海洋倾废生态环境保护主体责任意识,落实倾倒区管控措施要求,掌握倾倒活动对倾倒区周边敏感目标的环境影响及倾倒区水深变化情况,有利于共同维护倾倒区的可持续使用,推进北海海域海洋生态环境保护与经济建设的健康发展。

根据倾倒区使用率现状,从倾倒区使用量占比高的角度来看,北海海域重点倾倒区为黄骅港港区疏浚物临时海洋倾倒区、青岛沙子口南疏浚物临时性海洋倾倒区、天津疏浚物海洋倾倒区、烟台疏浚物临时性海洋倾倒区、唐山港京唐港区维护性疏浚物临时海洋倾倒区、庄河港区黄圈码头及航道维护性疏浚工程临时海洋倾倒区、青岛崂山疏浚物临时海洋倾倒区、琅琊湾外临时性海洋倾倒区等 8 个倾倒区。

根据倾倒区容量及倾废项目倾倒量情况,北海海域重点倾倒区为黄骅港港区疏浚物临时海洋倾倒区、锦州湾外远海临时性海洋倾倒区、乐亭东部 2# 临时性海洋倾倒区、盘锦港 25 万吨级航道一期工程临时性海洋倾倒区、黄河口外远海倾倒区、天津南部倾倒区等 6 个倾倒区。

根据倾倒区水深条件现状及近年水深变化情况,北海海域重点倾倒区为黄骅港港区疏浚物临时海洋倾倒区、天津疏浚物海洋倾倒区、青岛沙子口南疏浚物临时性海洋倾倒区等 3 个倾倒区。

倾倒区管控措施的提出与倾倒区周边敏感目标分布情况相关性较高,根据倾倒区日倾倒量限制及倾倒时间限制等管控措施要求,北海海域重点倾倒区为庄河港区黄圈码头及航道维护性疏浚工程临时海洋倾倒区、营口疏浚物海洋倾倒区、绥中发电厂二期工程配套码头项目临时性海洋倾倒区、唐山港京唐港区维护性疏浚物临时海洋倾倒区、青岛崂山疏浚物临时性海洋倾倒区、琅琊湾外临时性海洋倾倒区、盘锦港 25 万吨级航道一期工程临时性海洋倾倒区、锦州湾外远海临时性海洋倾倒区、天津疏浚物海洋倾倒区、天津南部倾倒区、黄骅港港区疏浚物临时海洋倾倒区、潍坊港中港区 3.5 万吨级航道维护性疏浚物临时性海洋倾倒区 12 个倾倒区。

第3章 北海海域重要倾倒区域

按照地理位置情况,北海海域的倾倒区全部位于"一区、两段、三湾"区域内,其中"一区"是指渤海中部区域,该区域内的倾倒区基本全部为远海倾倒区,目前除规划中的 2 个倾倒区外,暂无可用倾倒区;"两段"分别指北黄海辽宁段、北黄海山东段,其中位于北黄海辽宁段的倾倒区共有 3 个,位于北黄海山东段的倾倒区有 10 个;"三湾"分别指辽东湾、渤海湾及莱州湾,共分布有 11 个倾倒区,其中渤海湾 5 个、辽东湾 4 个、莱州湾 2 个。

3.1 北黄海辽宁段

北黄海辽宁段共有倾倒区 3 个,均属于辽宁省行政区域内,分别为丹东疏浚物海洋倾倒区、庄河港区黄圈码头及航道维护性疏浚工程临时性海洋倾倒区和大连港南海域疏浚物倾倒区。

3.1.1 丹东疏浚物海洋倾倒区

3.1.1.1 倾倒区概况

丹东疏浚物海洋倾倒区由国务院于 2010 年 10 月 29 日批准设立,倾倒区是以 123° 55′ 00″ E、39° 38′ 00″ N 为中心,半径 1.0 km 的圆形海域,面积 3.14 km²。以穿过倾倒区中心点的 123° 55′ 00″ E 经度线和 39° 38′ 00″ N 纬度线为划分边界,对倾倒区进行四等分。2020 年水深 12.0~17.2 m,呈现东南浅、西北深的特征,平均水深为 15.3 m。

该倾倒区日最大倾倒量不得超过 1.64 万立方米;倾倒区设置水深阈值为 9.4 m,若分区水深低于该阈值,则立即暂停该倾倒分区的使用。

3.1.1.2 倾倒区周边海洋功能区

该倾倒区位于丹东港的南部海域,其位置处于辽宁省海洋功能区划的鸭绿江口三角洲油气勘探预留区内,周边海域主要功能区有港口航运区、水产养殖区以及旅游区等。

该倾倒区位于黄海七个重点海域之一的辽东半岛东部海域,包括辽宁省丹东市鸭绿江口至大连市老铁山角的毗邻海域,重点功能区有大连、大东、庄河等港口区及相关航道,金石滩旅游度假区、大连南部、旅顺南路、丹东大鹿岛等旅游区,大孤山半岛南端、凌水河口西部等养殖区及鸭绿江口湿地自然保护区。该倾倒区应重点保证大连港集装箱码头和大型专业化码头建设用海需要,积极发展滨海旅游,建设海珍品增殖基地,保护沿海湿地生态环境。

根据《辽宁省海洋功能区划》(2006 年),该倾倒区附近海域主要有以下功能区:10 m 等深线内有丹东滩涂养殖区和丹东浅海养殖区养殖功能区;小岛子景区、大鹿岛景区和獐岛景区等旅游功能区;几个航道及锚地等港口功能区;鸭绿江三角洲油气预留区,具体见表 3-1。该倾倒区位于保留区内,距离其较近区域有浅海养殖区和锚地。

表 3-1　丹东疏浚物海洋倾倒区附近主要功能区登记表

海洋功能区	使用现状	管理要求
丹东港大东港区	万吨级以上泊位 5 个	禁止有碍于航行、锚泊的海洋开发活动
丹东大孤山港	2 个 200 t 级泊位,规划 400 t 级泊位 10 个	禁止有碍于航行、锚泊的海洋开发活动
大洋河航道	航道长 21 km	禁止有碍于航行的海洋开发活动
大东沟渔港航道	航道长 3.5 km,宽 25 m	禁止有碍于航行的海洋开发活动
浪头港区航道	航道总长 28 km,航道宽 60 m	禁止有碍于航行的海洋开发活动
大东港区航道	航道呈南北走向,长 18 km,最窄处宽 120 m	禁止有碍于航行的海洋开发活动
鸭绿江口航道	中朝双方通航	禁止有碍于航行的海洋开发活动
丹东大东港区锚地	锚泊 10 000 t 级船舶 5 艘,引航或检疫	排他性用海,防止环境污染
鸭绿江中航道 2-1 号浮标锚地	引航锚地	排他性用海,防止环境污染
海洋红渔港	已利用	加强船舶管理,防止环境污染
大鹿岛灯塔山渔港	在建港	加强船舶管理,防止环境污染
大鹿岛渔港	现为二类口岸,配有供水、冷藏加工设施	加强船舶管理,防止环境污染
獐岛渔港	配备水产品加工设施	加强船舶管理,防止环境污染
北井子渔港	有供油、供水及鱼虾类等配套设施	加强船舶管理,防止环境污染
大东沟渔港	500 t 冷藏库 1 座,另有水产品加工厂和修造船厂	加强船舶管理,防止环境污染
大台子渔港	边境贸易二类口岸,每天进出港渔船可达 450 余船次	加强船舶管理,防止环境污染
东港市养殖区	养殖虾类	控制养殖密度,防止养殖自身污染
丹东滩涂贝类养殖区	养殖贝类	控制养殖密度,防止养殖自身污染
丹东浅海养殖区	开发程度较低	控制养殖密度,防止养殖自身污染
丹东对虾放流增殖区	虾类放流区	保护资源种质,加强环境保护
丹东缢蛏增殖区	缢蛏繁殖基地	保护资源种质,加强环境保护
小岛子景区	14 个岛屿景区	加强环境监测与管理
大鹿岛景区	岛屿与人文景观众多	加强环境监测与管理
獐岛景区	獐岛为丹东市第二大岛,建有雕园和海洋生物展览馆	加强环境监测与管理
大孤山景区	省级重点文物保护单位	加强环境监测与管理
鸭绿江国家级风景区	有湖泊、太平湾、虎山、大桥、江口等景区	加强环境监测与管理
丹东獐岛海底电缆区	1988 年使用,铺设方式为敷设,寿命 50 年,电缆两侧各 100 m 为海底管理线区	禁止抛锚与底拖网,防止环境污染
丹东大鹿岛海底电缆区	铺设方式为敷设,电缆两侧各 100 m 为海底管理线区	禁止抛锚与底拖网,防止环境污染
鸭绿江滨海湿地国家级自然保护区	有国家一级保护鸟类 8 种、国家二级保护鸟类 29 种	严格管理,保护资源与海洋环境
丹东鸭绿江口三角洲油气勘探预留区	油气勘探、尚未开发	加强区域管理

3.1.1.3 倾倒区周边生态红线区

该倾倒区周边主要生态红线区有丹东鸭绿江口湿地国家级自然保护区、鸭绿江口滨海湿地、鸭绿江口湿地国家级自然保护区、大洋河口生态系统、大鹿岛滨海旅游区、鸭绿江口重要渔业水域等。该倾倒区位于鸭绿江口重要渔业水域内。

3.1.1.4 倾倒区所在海域开发利用现状

该倾倒区周围有丹东港、浪头港区航道、大东港区航道以及丹东港锚地等。

3.1.1.5 倾倒区周边自然地理概况

1. 区域概况

丹东市坐落在辽东半岛经济开放区东南部,地处鸭绿江与黄海交汇处,与朝鲜的新义州市隔江相望,北与本溪市及吉林省相接,西接鞍山、营口,西南与大连毗邻,南临黄海,是中国大陆海岸线交端的起点。

丹东市地理位置优越,拥有沿边和沿海的双重优势,陆路距朝鲜平壤 220 km,距韩国首尔 420 km,位居东北亚中心地带,是连接欧亚大陆与朝鲜半岛的主要陆路通道。

截至 2008 年 1 月 14 日,丹东市辖 3 个市辖区、1 个自治县、2 个县级市,共 60 个镇、4 个乡、24 个街道办事处、183 个社区、655 个村。

丹东市总面积 15 222 km²,总人口 241 万。

2. 气象状况

1)气候

丹东市处于暖温带湿润季风气候区,四季分明,南部地区属海洋性气候,年平均气温 8.4 ℃,累年极端最高温度 34.3 ℃(8 月),极端最低温度 −28.0 ℃(2 月),平均降水量 1 019 mm,平均日照时数 2 544 h,平均相对湿度 72%,平均雾日 21.2 天,年常风向 N 向,次常风向 NE、S 向,强风向 SSE 向,年平均风速 3.9 m/s。

2)气温

丹东市气温的年较差为 31.4 ℃,8 月平均气温最高为 23.2 ℃,1 月平均气温最低为 −8.2 ℃。

3)降水量

丹东市降水量随季节明显变化,夏季(6、7、8 月)最多,为 663 mm,占全年的 65%,7 月降水量最多(296 mm),占全年的 29%;春秋季降水量居中,分别为 128 mm 和 160 mm;冬季降水量最少(67 mm),仅占全年的 7%。夏季降水日数为 43.1 天,占全年的 43%,最大日降水量为 247 mm,出现在 1972 年 8 月。

4)日照、湿度、雾日

丹东市日照时数年内分布以 4、5、7 月较多,5 月最多可达到 270 h,9、10 月次之。该区域冬季干燥,相对湿度较小;春季相对湿度逐渐增加;夏季温暖湿润,相对湿度最大,7 月平均为 86%;进入秋季后逐渐减小,1 月达到最低 46%。夏季雾日较多,平均为 21 天,占全年的 43%,春季雾日增加,秋季雾日减少,至冬季达到最低 7.8 天,仅占全年的 16%。

5）风

丹东市累年平均大风(≥8 级)日数为 15.9 天,主要分布在 11 月至次年 4 月(冬、春两季),平均为 11.9 天,占全年的 74%,年最多大风日数为 53 天,但是最少大风日数为 0 天。

3. 水文状况

1）潮汐

本海区的潮汐主要受控于黄海潮波系统,潮波由东海自南向北传播,受朝鲜半岛西岸的影响,形成左旋潮波系统,沿辽东半岛南岸走向自东北向西南传播,该潮波在本海区产生的潮汐为正规半日潮。由于受到径流和河道地形的影响,在河口区域存在较为明显的潮汐不等现象,落潮历时远大于涨潮历时,尤其在丰水季节(7、8 月)水位时有发生暴涨暴落现象,平均潮位 3.52 m,平均潮差 4.51 m。历史上鸭绿江口区域曾多次受到风暴潮的影响,尤其是在台风影响期间,出现风暴潮、寒潮大风形成的减水相对较小。台风影响期间盛行 SE 向风,历年平均 1.4 次,根据大鹿岛海洋站资料最大增水 1.23 m,最大减水 -0.84 m(寒潮期间)。8 月平均海平面最高, 1 月平均海平面最低,年较差 0.89 m。由于鸭绿江河口为强潮河口,平均潮差自河口口门向上游逐渐减小。

2）河口水文状况

由于目前对鸭绿江河口的研究尚不甚充分,河口水文状况的资料相对较少,据现有资料表明,径流量以夏季最大(8 月, 44×10^8 m³)、冬季最小(2 月, 17×10^8 m³),年平均径流量变差为 120×10^8 m³。随着气候变化和上游水源开发利用程度增加,入海径流流量有所减小。鸭绿江口以及上游附近区域是洪水多发区,夏季由于上游降水形成的洪水在河口处与潮水相遇,导致水位升高,由于河口地势平坦,宜形成漫溢,资料表明约 2.5 年发生一次不同程度的水患。

3）波浪

本海区以风浪为主,涌浪较少,主浪向为 SSE 向,出现频率 28%,平均周期 3.5 s;次浪向为 SE 向,出现频率 14%,平均周期 3.2 s。各向最大波高在 1.3~4.0 m,平均周期在 2.4~3.5 s。出现最大波高与夏季偏南风向有关,因风区较长,外海波浪传至河口易形成较大波高。虽然冬季多为偏北大风,但是由于风区较短,以及岸边结冰和流冰限制了风生波浪的发展,因此冬季波高较小。春秋季节,风向南北交替出现,通常无法形成较大的波浪。

4）海流

本海区的海流包括潮流和径流,潮流属正规半日潮流且为往复流,M2 分潮长轴呈 NE 到 SW 方向,逆时针旋转。高潮前 6 h 为涨潮流,至高潮前 3 h 达到流速最大,平均涨潮流速 65 cm/s。高潮前后开始转为落潮流,最大落潮流速出现在高潮后 3 h 左右,平均落潮流速 70 cm/s,在高潮后 6 h 左右落潮流结束,完成一个潮周期运动。

由于鸭绿江径流和地形的作用,落潮流速大于涨潮流速,通常两者之间相差约 20 cm/s,落潮历时显著大于涨潮历时,一般相差 1~2 h,涨落潮流流速和历时之差取决于径流的情况,不同季节有所差异。

同样,余流方向和流速量值也与径流有关,而且明显受制于河口地形地貌的影响,总体上余流多呈南向。

综上所述,本海区海流的主要特点为潮流流速较高,落潮流速大于涨潮流速,落潮历时长于涨潮历时,河口附近不同区域明显受河口径流和地形地貌变化的影响。

5）水温、盐度、海冰

本海区多年平均水温为 11.3 ℃,各月平均水温 8 月最高,为 25.0 ℃,1 月份最低,为 −1.3 ℃。

因受径流的影响,不同季节的海水盐度总体上较低,并且变差较大,盐度大致在 22.9~31.3 变化。

在冬季强冷空气影响下,每年自 11 月中下旬至 12 月上旬开始出现不同程度的冰封,冰期为 3~4 个月,1、2 月冰封比较严重,3 月中上旬海冰开始消失。固定冰相对较少,流冰分布在鸭绿江口及河口以西海域。

3.1.1.6 倾倒区附近海域环境质量现状

1. 海水水质现状

对 2007 年 8 月和 10 月在倾倒区邻近海域进行的 2 次海域环境质量现状调查的资料进行分析,共设 10 个调查站位,主要调查项目包括水质、表层沉积物、海洋生物和水深地形测量等。选取 2007 年 COD、石油类、活性磷酸盐、无机氮、总汞、铜、铅、锌、镉共 9 项作为评价因子,按二类海水水质标准进行评价,各项评价因子均没有超过二类海水水质评价标准。

2. 沉积物现状

对所监测的 7 项污染因子按一类海洋沉积物标准进行评价,各项评价因子均没有超过一类海洋沉积物质量评价标准。

3. 生物生态现状

叶绿素 a:2007 年叶绿素 a 表层含量的变化范围在 1.19~2.42 mg/m³,平均值为 1.79 mg/m³,分布较为平均;底层含量的变化范围在 1.36~2.41 mg/m³,平均值为 1.87 mg/m³,略高于表层含量。

浮游植物:2007 年 8 月调查共获得网样 3 个,经鉴定共发现浮游植物 18 种,其中硅藻 14 种、甲藻 4 种,硅藻在数量与出现频率上均占绝对优势,浮游植物细胞数量变化范围在 15.4×10⁴~453×10⁴ 个/m³,平均值为 171×10⁴ 个/m³;2007 年 10 月调查共获得网样 3 个,经鉴定共发现浮游植物 13 种,其中硅藻 11 种、甲藻 2 种,硅藻在数量与出现频率上均占绝对优势,浮游植物细胞数量变化范围在 76.5×10⁴~89.3×10⁴ 个/m³,平均值为 81.8×10⁴ 个/m³。

浮游动物:2007 年 8 月调查共获得网样 3 个,经鉴定共发现浮游动物 6 种,其中桡足类（Copepods）3 种、毛颚动物（Chaetognatha）1 种、甲壳动物（Crustacea）1 种、无节幼虫（Nanplins）1 种,浮游动物的个体密度变化范围在 0.97×10⁴~5.17×10⁴ 个/m³,平均值为 3.43×10⁴ 个/m³。浮游动物生物量变化范围在 841.6~4 362.3 mg/m³,平均值为 2 710.6 mg/m³;2007 年 10 月调查共获得网样 3 个,经鉴定共发现浮游动物 4 种,其中桡足类 2 种、毛颚动物 1 种、甲壳动物 1 种,浮游动物的个体密度变化范围在 0.72×10⁴~2.91×10⁴ 个/m³,平均值为 1.86×10⁴ 个/m³,浮游动物生物量变化范围在 687.3~2 833.3 mg/m³,平均值为 1 515.3 mg/m³。

底栖生物:2007 年 8 月调查共获得样品 3 个,经鉴定共发现底栖生物 6 种,其中软体动物（Mollusca）3 种、多毛类（Polychaeta）1 种、甲壳类（Crustacea）1 种、棘皮动物（Echinodermata）1 种,底栖生物的个体密度变化范围在 20~252 个/m²,平均值为 114 个/m²;10 月调查仅在 5

号站位获得 1 个样品,经鉴定共发现底栖生物 5 种,其中软体动物 2 种、多毛类 1 种、甲壳类 1 种,调查结果显示 5 号站位底栖生物的个体密度为 207 个 /m²。

渔业资源:对中国海洋大学 2006 年和 2007 年在黄海北部的调查资料进行分析,在黄海北部区域布设 6 个站位,分别以在 2007 年 4 月、2006 年 8 月、2007 年 10 月和 2007 年 1 月进行的 4 次调查代表春季、夏季、秋季和冬季的资源状况,得出春季丹东渔业生物平均资源密度为 30.456 kg/km²,其中鱼类资源密度最高,甲壳类次之,头足类资源密度最低,秋季丹东渔业生物平均资源密度为 249.878 kg/km²,其中鱼类资源密度最高,头足类次之;冬季丹东渔业生物平均资源密度为 243.843 kg/km²,其中头足类资源密度最高,甲壳类次之,鱼类资源密度最低。

3.1.2　庄河港区黄圈码头及航道维护性疏浚工程临时性海洋倾倒区

3.1.2.1　倾倒区概况

该倾倒区以 123° 20′ 00″ E、39° 33′ 00″ N 为中心,半径 1.0 km 的圆形海域,面积为 3.14 km²;以穿过倾倒区中心点的 123° 55′ 00″ E 经度线和 39° 38′ 00″ N 纬度线为划分边界,将倾倒区进行四等分;2020 年水深 15.5~18.2 m,平均水深 17.0 m;海底地形平坦,海底呈东南稍高、西北稍低的趋势;月倾倒量不超过 17.1 万立方米,日倾倒量不超过 0.57 万立方米;单船倾倒量应控制在 4 500 m³ 以内,两船倾倒间隔时间应不小于 0.5 h。每年 4—6 月尽可能避免倾倒,必须倾倒的,倾倒频率和强度减半。

3.1.2.2　倾倒区周边海洋功能区

庄河周边海域所涉及的功能区有海王九岛海洋保护区、石城岛旅游休闲娱乐区、庄河港口航运区、庄河港东岸工业与城镇用海区、蛤蜊岛旅游休闲娱乐区、庄河口工业与城镇用海区、兰店工业与城镇用海区、庄河黑岛工业与城镇用海区、庄河保留区、庄河黑岛港口航运区、黑岛电厂东部工业与城镇用海区、庄河黑岛旅游休闲娱乐区、楼上工业与城镇用海区、青堆子湾农渔业区、青堆子湾保留区、海洋红近海港口航运区。该倾倒区附近的主要环境敏感区有养殖区、海底管线区、旅游区、自然保护区、港口、航道和习惯航线等。根据《辽宁省海洋功能区划(2011—2020 年)》,倾倒区近岸海域除规定的其他功能区外,全部被海洋农渔业区覆盖。

3.1.2.3　倾倒区周边生态红线区

该倾倒区附近主要生态红线区有庄河口滨海湿地、庄河黑岛滨海旅游区、青堆子湾河口生态系统、大连海王九岛海洋景观市级自然保护区等。该倾倒区距离生态红线位置较远。

3.1.2.4　倾倒区所在海域开发利用现状

该倾倒区周围主要有养殖区、旅游区、海洋保护、港口、航道、码头、锚地和海底管线区等,具体距离倾倒区距离见表 3-2。

表 3-2 该倾倒区周边开发利用情况

敏感区		相对倾倒区距离、方位	
		最近距离 /km	方位
养殖区	石城岛养殖区	18.6	西北
	黑岛养殖区	15.4	北
	庄河港近海养殖区	20.9	西北
	小王家岛浮筏养殖区	13.7	西
	大王家岛浮筏养殖区	19.3	西南
	南尖浅海养殖区	16.9	东北
	外海底播养殖区	10.3	东南
	青堆子湾养殖区	22.7	北
旅游区	黑岛旅游区	16.2	北
	蛤蜊岛旅游区	26.4	西北
	石城岛旅游区	26.1	西
海洋保护区	海王九岛保护区	19.5	西
港口	庄河港	32.6	西北
航道	庄河打拉腰港作业区航道	32.9	西
	庄河新港作业区航道	31.1	西北
	庄河港区黄圈码头航道	8.0	西北
码头	黑岛电厂码头	16.0	西北
锚地	黄圈锚地	6.7	西南
海底管线区	庄河至石城岛管线区	31.0	西
	石城岛至大王家岛管线区	26.0	西南
	石城岛至小王家岛管线区	20.5	西
	乌蟒岛至石城岛管线区	31.9	西南

3.1.2.5 倾倒区周边自然地理概况

1. 区域概况

庄河市位于辽东半岛东侧南部,大连东北部,为大连所辖北三市之一,地理坐标为 $122°29'$ E~$123°31'$ E 和 $39°25'$ N~$40°12'$ N,东与丹东接壤,西以碧流河与普兰店为邻,北依群山与营口的盖州、鞍山的岫岩县相连,南濒黄海与长海县隔海相望。

该倾倒区位于辽宁省大连东北部庄河市东南约 18 km 处的黑岛镇黄圈,南濒黄海,西距大连市约 190 km,北距海城约 125 km,东距丹东市约 160 km,水路距大连港约 101 海里、距秦皇岛港 241 海里、距丹东约 94 海里;陆路交通便利,黄海大道西起大连,经庄河市东到达丹东,大连到庄河市的地方铁路线已经建成,庄河市滨海公路的建成也为工程的陆上交通奠定了坚实的基础,预选倾倒区位于本工程以南的海域。

2. 气象状况

庄河地区属于暖温带半湿润大陆性季风气候区,四季分明,冬季寒冷,干燥少雪;春季天气多变,干旱多风;夏季气温较高,雨量多而集中;秋季天高气爽,降温较快。

1)气温

气温的变化主要取决于太阳辐射强度及大气环流,尤以太阳辐射为主。观测区域地处中纬度地区,太阳辐射强度的年变化较大,因而该地区气温具有明显的季节性变化。

该地区历年(1970—2000 年 31 年间,下同)平均气温为 9.1 ℃,最高气温为 36.6 ℃,最低气温为 -29.3 ℃;受山地和海洋影响,南北气温相差 1~2 ℃。

2)风

由于该地区处于东亚季风区,盛行风向随季节转换而有明显变化,冬季受亚洲大陆蒙古冷高压影响,盛行偏北风;夏季由于印度洋热低压和北太平洋热高压强大,盛行偏南风。

该地区常风向为 NW 向,频率为 9.7%;次常风向为 NE 向,频率为 9.6%;强风向为 ENE 向,最大风速为 24 m/s;次强风向为 NW 向,最大风速为 23 m/s。一般每年 10 月至翌年 5 月为多风季节,全年出现 6 级以上的大风日数 43.7 天,其中以 4 月出现的日数为最多,平均为 6.5 天;出现 8 级以上的大风日数平均为 11.7 天,最多年份为 56 天。影响辽东沿海的台风一般发生在 6—9 月,其中 7—8 月占 90%。

3)降水

该地区年平均降水量为 790.0 mm,年最大降水量为 1 149.5 mm(1964 年),年最小降水量为 688.8 mm(1984 年),年降水量主要集中在 6、7、8 月,占全年降水量的 65%。

该地区日降水量 ≥ 25.0 mm 年平均降水日数为 9.3 天,月平均降水日数最多的 7 月为 3.4 天;日降水量 ≥ 50.0 mm 年平均降水日数为 3.3 天,月平均降水日数最多的 7、8 月均为 1.2 天。

该地区最大连续降水日数为 12 天,降水量为 161.4 mm(1970 年 7 月 16 日至 27 日);最大连续降水量为 287.7 mm,历时 4 天(1958 年 8 月 3 日至 7 日)。

4)雾况

雾是水汽在低空大气中凝结的大量微小水滴悬浮在空中,造成能见度降低的现象。通常观测记录有雾时,能见度小于 1 km。因此,雾对海上航行及沿岸生产作业危害是极大的。

庄河能见度小于 1 km 的年平均雾日数 43.4 天,年最多雾日数为 73 天,出现在 1977 年。年最少雾日数为 27 天,出现在 1959 年;月平均雾日数以 7 月最多,为 8.3 天。

5)湿度

该地区平均相对湿度为 70%,7 月平均相对湿度最大,达 88%。

3. 水文状况

1)潮汐

该地区沿岸海域潮流性质属正规半日潮流,K 值均在 0.2 左右,长轴方向大体与岸平行,为往复流,主流向为 NE 至 SW 向。

预选倾倒区海域位于北黄海北岸,其潮波系统是太平洋潮波进入中国近海后,北上绕过朝鲜湾后,形成的北黄海潮波系统。北黄海潮波系统在山东高角外有一个 M2 分潮无潮点,同潮时线绕无潮点按逆时方向旋转,潮差从无潮点向四周增大。

2)波浪

自 1997 年 8 月 1 日 00:00 时起至 1998 年 8 月 2 日 15:00 时止的波浪观测表明,测区南、东南、西南方向面临黄海北部,海面宽阔,在黄海北部形成的海浪可直接传到测区。但是由于地势较缓,自外海传来的海浪在传播中逐步衰减,当波浪到达测区时波高已变得较小,因此全年平均波高仅有 0.52 m。

观测期间遇 9711 号台风影响测区,在此期间出现全年最大波高,为 5.42 m。台风在外海形成的涌浪比台风提前 36 h 到达测区,这是台风影响测区时的突出特征。测站较长周期的波浪,其周期都在 6.0~10.0 s,主要为由外海传来的涌浪引起;2.0 m 以上的大浪的周期以 5~7 s 居多。

各季节以 7 月波向分布较为集中, 4、10 月波向分布较为分散。平均波高夏季最大,春季次之,以秋季最小。

SSE 向波浪出现频率最高, 0.4 m 以上波高的出现频率为 21.8%,由 1990—1991 年资料统计得 S 向浪最多,频率为 18.4%,因此确定常浪向为 SSE 至 S 向。

统计资料表明,大浪向集中在 SSE 和 S 向,并以 SSE 向出现频率最高,因此确定强浪向也为 SSE 和 S 向。

3)海冰

工程海域每年冬季都结冰,一般每年自 11 月下旬或 12 月中旬起岸边开始结冰,翌年 2 月下旬或 3 月中旬海冰消失,冰期为 2~3 个月。海冰以流冰为主,固定冰较少见,流冰外缘线通常在 −20 m 等深线附近,距岸约 20 km。流冰厚度为 5~15 cm 居多,15~30 cm 厚的冰很少。港区流冰运动方向大致为 NE 至 SW 向。港区浅滩有少量的固定冰和堆积冰现象。

4)海水温度

工程海域地处辽南沿岸,海水温度受陆地径流、黄海水系影响较大。冬季,水温较低,可以降到 0 ℃ 以下,具有沿岸水温比外海水温低的特征。春季,随着气温回升,水温逐渐升高。夏季,海水温度升至高峰,表层水温可以达到 30 ℃ 以上,具有沿岸水温比外海水温高的特征。秋季,水温逐月降低,水温分布由夏季特征向冬季特征转化,到 11 月表层水温已转化为沿岸低、外海高的冬季特征。

3.1.2.6　倾倒区附近海域环境质量状况

1 海水水质状况

2012 年和 2013 年在该海域均进行了海洋环境现状调查,调查结果表明: 2012 年的主要污染因子是石油类和无机氮,均超过二类海水水质标准,其余污染因子含量符合二类海水水质标准;2013 年的主要污染因子是无机氮,其余污染因子含量均符合二类海水水质标准。

2. 沉积物状况

大连海域是大陆边缘被海水淹没的水下自然延伸部分。因此,在地质构造和底床形态上具有承袭性特征。海底地貌类型主要为水下浅滩和浅海堆积平原。

3. 生物生态状况

叶绿素 a:大连沿岸海域叶绿素含量随季节变换和区域差异有所不同,多介于 0.6~2.0 mg/m³;叶绿素 a 年均含量超过 2.00 mg/m³ 的只有石城岛东北局部海区,余者均在 0.6~2.0 mg/m³;丹东海区叶绿素年含量为 4.78 mg/m³。

浮游植物:黄海北部有浮游植物 26 属 61 种,其中甲藻占 23.3%、硅藻占 76.7%;长山群岛周边海域浮游植物数量为 50×10^4 个 /m³。

浮游动物：黄海北部沿岸海区有浮游动物 26 属 61 种,黄海北部沿岸生物量为 6 452 个 /m³,平均生物量为 6 129 个 /m³(不含夜光虫)。

底栖生物：沿岸海域有底栖生物 140 种,其中动物 136 种(无脊椎动物 125 种,脊椎动物 11 中),植物 42 种,分属 14 门 68 科。

渔业资源：2011 年 6、8、9 月在庄河海域进行的 3 个航次的鱼卵、仔稚鱼调查,共获得鱼卵和仔稚鱼 14 种,隶属于 6 目 11 科 14 属。其中, 6 月调查 11 种, 8 月调查 4 种, 9 月调查 3 种。在 6 月航次中,调查海域的鱼卵平均密度为 0.415 ind./m³,仔稚鱼平均密度为 0.185 ind./m³;在 8 月鱼卵、仔稚鱼调查中,鱼卵虽有鳀、短吻红舌鳎 2 个种类出现,但在垂直取样中没有获得鱼卵,只获得斑尾复虾虎鱼 1 个种类的仔稚鱼,经过计算仔稚鱼平均密度为 0.063 ind./m³;在 9 月鱼卵、仔稚鱼调查垂直取样中,只有鱼卵出现,且只有 2 站出现,经过计算鱼卵平均密度为 0.055 ind./m³。

庄河海域四个季节均出现的种类有 15 种,占总种数的 21.7%,包括大部分经济物种,如绵鳚、许氏平鲉、大泷六线鱼、黄盖鲽、黄鮟鱇、日本蟳、口虾蛄、日本枪乌贼、长蛸等;三个季节均出现的种类有 8 种,占总种数的 11.59%,如小黄鱼、李氏鱼衔、斑尾复鰕虎鱼、脊尾褐虾、短蛸等。

3.1.3　大连港南海域疏浚物倾倒区

3.1.3.1　倾倒区概况

大连港南海域疏浚物倾倒区由国务院于 1993 年 3 月 13 日批准设立,位于大连港南部海域。该倾倒区范围为 121° 39′ 00″ E、38° 45′ 00″ N, 121° 39′ 00″ E、38° 47′ 30″ N, 121° 44′ 00″ E、38° 47′ 30″ N, 121° 44′ 00″ E、38° 45′ 00″ N 四点连线所围成的海域,并分为 6 个区,具体见表 3-3。

表 3-3　该倾倒区分区情况

分区	经度 /E	纬度 /N
P1	121° 39′ 00″	38° 47′ 30″
	121° 40′ 40″	38° 47′ 30″
	121° 40′ 40″	38° 46′ 15″
	121° 39′ 00″	38° 46′ 15″
P2	121° 40′ 40″	38° 47′ 30″
	121° 42′ 20″	38° 47′ 30″
	121° 42′ 20″	38° 46′ 15″
	121° 40′ 40″	38° 46′ 15″
P3	121° 42′ 20″	38° 47′ 30″
	121° 44′ 00″	38° 47′ 30″
	121° 44′ 00″	38° 46′ 15″
	121° 42′ 20″	38° 46′ 15″

分区	经度 /E	纬度 /N
P4	121° 39′ 00″	38° 46′ 15″
	121° 40′ 40″	38° 46′ 15″
	121° 40′ 40″	38° 45′ 00″
	121° 39′ 00″	38° 45′ 00″
P5	121° 40′ 40″	38° 46′ 15″
	121° 42′ 20″	38° 46′ 15″
	121° 42′ 20″	38° 45′ 00″
	121° 40′ 40″	38° 45′ 00″
P6	121° 42′ 20″	38° 46′ 15″
	121° 44′ 00″	38° 46′ 15″
	121° 44′ 00″	38° 45′ 00″
	121° 42′ 20″	38° 45′ 00″

3.1.3.2　倾倒区周边海洋功能区

根据《辽宁省海洋功能区划（2011—2020 年）》，该倾倒区所在海域属于功能区划重点海域——辽东半岛东部海域，海岸线自南尖子至老铁山西角，海域面积 13 173 km²，大陆岸线长 745 km。该区域是辽宁沿海经济带的"一核"，也是其"主轴"和"两翼"发展的重要部分。"一岛三湾"是全国战略港址，金石滩、大连南部等滨海区域生态和景观独特，沿岸地区和近海渔业基础条件优越、资源丰富，黄海北部和大连南部海洋能源储量巨大。海区主要功能为港口航运、滨海旅游、工业与城镇用海和渔业资源利用，大孤山半岛、大连湾和大窑湾发展国际航运、现代物流、先进装备制造业，金石滩、大连市区和旅顺口区南部近岸海域发展滨海旅游产业，提升小窑湾新城、东港新区、高新园区南部沿岸金融商务服务和生态宜居功能。

3.1.3.3　倾倒区周边生态红线区

该倾倒区周边有大连遇岩礁国家级水产种质资源保护区、大连老偏岛—玉皇顶海洋生态市级自然保护区、大连星海湾国家级海洋公园等。该倾倒区位于大连南部重要渔业水域内。

3.1.3.4　倾倒区周边自然地理概况

1. 区域概况

大连市位于太平洋西岸和东北亚的中心，全国沿海开放地区的最北端，东北经济区、辽东半岛经济开放区的最南端，西北濒临渤海，东南面向黄海，是中国的副省级城市、计划单列市，也是全国 14 个沿海开放城市之一。大连是辽宁省的一个重要沿海港口城市，是中国东北主要的对外门户，也是东北亚重要的国际航运中心、国际物流中心、区域性金融中心。在 2010 年《中国城市竞争力报告》中，大连综合竞争力名列全国城市的第九位。

大连港位于辽东半岛南部、东北亚经济圈中心位置，核心港区陆域面积约 18 km²，主要分布在大港、黑嘴子、甘井子、大连湾、鲇鱼湾、大窑湾等港区,现有集装箱、原油、成品油、粮食、煤炭、散矿、化工产品、客货滚装等 84 个现代化专业泊位,其中万吨级以上泊位 54 个。优越的海上区位优势、深水资源优势、城市功能优势和保税港区政策优势,使大连港成为中国东北地区通往世界最近的海上门户和最主要的出海通道,超过 50 家航运公司开辟了近百条集装箱班轮航线通往世界各地。

2. 气象状况

大连地处中纬度,属暖温带湿润季风气候,气候温和,四季温差明显,受海洋影响,气温变化具有明显的海洋性气候特点,夏无酷暑,冬无严寒,年、月平均日温差在 10 ℃以下。

该区受季风影响,夏季多南风,冬季多偏北风,全年常风向为 N 向,频率为 19.45%;年平均风速为 5.8 m/s,六级以上大风的频率为 8.4%,以 N 向大风为主;最大风速 32 m/s,风向为 SSW 向,出现时间为 1974 年 8 月 29 日。据多年台风资料统计,对大连海区影响较大的台风平均约 2 年出现一次,多出现在 6 至 9 月。

3. 水文状况

1)潮汐

大连市黄海北部沿岸为正规半日潮,黄海沿岸潮差自庄河至渤海海峡逐渐减小,南尖角最大潮差为 3.67 m,而旅顺最大潮差仅为 1.71 m。

2)海流

该地区潮流受地形和气象条件影响而变化复杂,除普兰店湾、石城岛以东附近水域的潮流为旋转(按逆时针方向)流外,其余均为往复流。潮流流速一般为 1.5 节(1 节＝1 海里/小时),大潮时大部分海域在 2 节以上,成山头附近大于 3 节,老铁山附近最强,平均为 5 节,大潮时达 6 节,最大可达 9 节以上。

3)波浪

该地区海浪以中浪为主,冬季盛行偏北浪,夏季多偏南浪,春秋季浪向多变,盛行大浪不明显。黄海北部沿岸夏秋季波浪较大,尤以夏季为甚,常浪向和强浪向为 S、SE 或 SW 向。辽东湾沿岸春秋季波高最大,强浪向为 N 至 NNE 向,常浪向为 SSW 向。

4)水温

该地区水温季节性变化明显。春季,黄海北部沿岸东部水温高于西部,温差达 6 ℃;碧流河以东水域,表层水温为 14~19 ℃,底层为 11~18 ℃,其西部表、底层水温相差不大,为 8~16 ℃。夏季,水温达到全年的最高峰,近岸水温明显高于远岸;碧流河以东沿岸水域,表层水温为 24~28 ℃,底层水温为 20~27 ℃;碧流河以西,表层水温为 24~26 ℃,底层水温为 19~25 ℃。秋季,随气温的下降,全区水温亦开始降低,近岸水温开始低于远岸水温:碧流河口近岸水温低于 20 ℃,远岸为 20~21 ℃;碧流河以西沿岸水温为 19~20 ℃。冬季,为全年水温最低季节,近岸水温明显低于远岸水温,在对流混合作用下,表、底层水温呈均匀分布状态;黄海北部最低水温为 -1.51 ℃,水平温差达 4 ℃;旅顺则为全区最高温区,最高水温在 11 ℃以上。

5)盐度

大连沿岸海水盐度普遍较高,表、底层平均值一般不低于 30.0,只有庄河东部海区因受鸭绿江等河流影响,夏季表层盐度有时低于 26.0。除此之外,其他海区各季节表、底层盐度相差不大,一般不超过 2.0,表、底层的高盐值通常出现在冬季,极低值多出现在夏季。

3.2 辽东湾

辽东湾是中国渤海三大海湾之一,地处北纬 39°,河北省大清河口到辽东半岛南端老铁山角以北的海域,海底地形自湾顶及东西两侧向中央倾斜,湾东侧水深大于西侧,最深处约 32 m,位于湾口的中央部分,河口大多有水下三角洲。

辽东湾物产丰饶,盛产海参、扇贝、鲍鱼、对虾、牡蛎、紫石房蛤等海产品,久负盛名。其中,刺参、扇贝、北美对虾、辽东湾鲍鱼被誉为"海中之宝"。

辽河口外的水下谷地实为古辽河的河谷,是现代辽河泥沙输送的渠道,平均潮差(营口站)2.7 m,最大可能潮差 5.4 m;冬季结冰,冰厚约 30 cm;且为淤泥质平原海岸,内侧为海滨低地,宽 5~8 km,部分为盐碱地或芦苇地,外侧为淤泥滩,宽 1~2 km。

辽宁湾主要港口有盘锦港、营口港、葫芦岛港等。

辽东湾在长兴岛与山海关连线以北,为地堑型凹陷。湾底地形自顶端及东西两侧向中央倾斜,东侧深于西侧,最大水深 32 m。全湾被第三纪以来的厚层沉积物覆盖。湾顶与辽河下游平原相连,水下地形平缓,构成小凌河口到西崴子 350 km 淤泥质平原海岸。东西两岸与千山、燕山、松岭相邻,水下地形较陡,形成基岩—砂砾质海岸。湾中央地势平坦,沉积黑色微臭淤泥。湾西部从大凌河口、辽河口折向复州湾外,为长 180 km 的古辽河河谷,谷底相对低 5~7 m,至水深 25 m 处逐渐消失,现今仍为辽河入海径流及潮流输送通道。湾水含盐度多低于 30‰。

辽东湾是中国边海水温最低、冰情最重的地方,每年都有固体冰出现,受西北风影响,东岸又较西岸为重,且春季融冰,成为低温中心。

辽东湾为半日潮,湾顶潮差达 5 m,滩涂宽广,除捕捞水产品、种苇、晒盐外,海水养殖和围垦都有一定规模。

3.2.1 营口疏浚物海洋倾倒区

3.2.1.1 倾倒区概况

营口疏浚物海洋倾倒区由原国家海洋局于 2010 年 10 月 29 日批准设立,倾倒区是以 121° 33′ 00″ E、40° 18′ 10″ N 为中心,半径 1.0 km 的圆形海域,面积为 3.14 km²,2019 年水深 17.94~21.10 m,平均水深 18.95 m,海底地形均较为平坦,水深呈现北浅南深的特点。

该倾倒区日最大倾倒量不得超过 2.62 万立方米;倾倒时间应尽量避开海洋生物的产卵时间(6 月、8 月下旬至 9 月底);若倾倒区分区水深低于水深阈值 9.4 m,则应立即对该倾倒分区暂停使用。

该倾倒区区块控制拐点坐标分别为(01)121° 33.000′ E、40° 18.715′ N,(02)121° 33.719′ E、40° 18.167′ N,(03)121° 33.000′ E、40° 17.619′ N,(04)121° 32.281′ E、40° 18.167′ N,如图 3-1 所示。

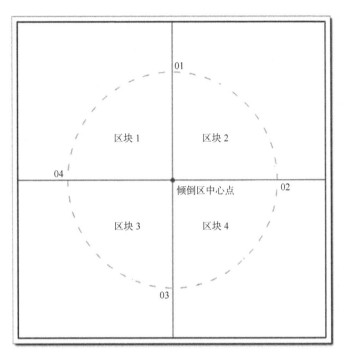

图 3-1　营口疏浚物海洋倾倒区分区示意图

3.2.1.2　倾倒区周边海洋功能区

该倾倒区位于渤海七个重点海域之一的辽东半岛西部海域,包括辽宁省大连市老铁山角至营口市大清河口的毗邻海域,重点功能区有营口、旅顺、八岔沟等港口区及相关航道,复州湾、金州盐田区,盖州、长兴岛等养殖区,仙浴湾、长兴岛旅游区,大连斑海豹、蛇岛—老铁山、营口海蚀地貌景观、浮渡河口沙堤自然保护区,具体见表 3-4。

表 3-4　该倾倒区所在附近海域海洋功能区划登记表

海洋功能区	面积 /ha	使用现状	管理要求
营口老港区	—	7 个泊位,其中 5 000 t 级、1 000 t 级各 1 个泊位,3 000 t 级 5 个泊位	禁止有碍于航行、锚泊的各种开发活动
营口港鲅鱼圈港区	—	16 个万吨级、2 个千吨级	禁止有碍于航行、锚泊的各种开发活动
营口老港—检疫锚地航道	—	进港外航道长 26 km,河口内航道长 13 km	禁止有碍于航行的海洋开发活动
营口老港检疫锚地航道驳载锚地航道	—	航道长 10.3 km、宽 0.6 km	禁止有碍于航行的海洋开发活动
营口老港检疫锚地—外海航道	—	航道长 63 km、宽 1.0 km	禁止有碍于航行的海洋开发活动
营口老港检疫锚地—营口新港2 号灯浮航道	—	航道长 21.5 km,乘潮可通航 3 000 t 级船舶	禁止有碍于航行的海洋开发活动
鲅鱼圈港—2 号灯浮航道	—	进港口航道长 8.3 m,底宽 110 m	禁止有碍于航行的海洋开发活动
鲅鱼圈港—外海航道	—	航道长 45.3 m、宽 1.0 m	禁止有碍于航行的海洋开发活动

海洋功能区	面积/ha	使用现状	管理要求
营口新港联检及候泊锚地	1 840	可锚泊2万~3万吨级船舶25艘,已利用	排他性用海,防止环境污染
大辽河口西滩养殖区	3 530	滩涂管护,主要品种为贝类	加强环境治理与保护
大辽河口东滩养殖区	7 533	滩涂管护,主要品种为贝类	加强环境治理与保护
盖平角—团山镇滩涂养殖区	3 138	已养殖贝类	控制养殖密度,防止养殖自身污染
辽河口—盖平角浅海养殖区	—	养殖对虾,开发程度较低	控制养殖密度,防止养殖自身污染
盖平角—望海寨浅海养殖区	—	养殖文蛤	控制养殖密度,防止养殖自身污染
鲅鱼圈浅海养殖区	—	养殖贝类	确保船舶畅通,防止环境污染
红海河口—归州杨家屯浅海养殖区	—	养殖文蛤、四角蛤蜊、牡蛎等贝类,以及筏养和放、管养殖	控制养殖密度,防止养殖自身污染
望海寨海砂限采区	750	尚未开发	清洁生产,防止环境污染
北海风景旅游区	400	有6个景点,营口5大风景旅游区之一	加强环境监测与管理
熊岳金沙滩风景旅游区	3 050	21栋欧式建筑,5处风景旅游区	加强环境监测与管理
仙人岛风景区	3 050	6处风景旅游区,年收入2 000万元	加强环境监测与管理
营口盐田区	21 150	国营盐场1个,乡镇小盐场2个,为辽宁六大盐场之一	加强盐区环境保护与管理
月牙湾至红海河南岸海岸侵蚀区	—	岸线1 650 m,侵蚀速率3~7 m/a	加强海岸监测与管理
红海河—熊岳海岸防侵蚀区	—	侵蚀速率2~5 m/a	加强海岸监测与管理
营口海岸科学试验区	—	近10 km的岸段侵蚀后退,年平均侵蚀速率达3~4 m	
营口港口预留区	—	现为旅游区	加强区域管理
鲅鱼圈港航道预留区	—	尚未开发	加强区域管理
仙人岛海砂限采预留区	—	区内海岸侵蚀严重	加强区域管理
仙人岛功能待定区	—	现为旅游和养殖	严格管理,有序开发
营口浅海功能待定区	—	现为捕捞区	严格管理,有序开发

3.2.1.3　倾倒区所在海域开发利用现状

2008年,环渤海经济区海洋生产总值10 706亿元,占全国海洋生产总值的比重为36.1%,比2007年增长0.1个百分点,位居前列的主要海洋产业为海洋交通运输业、海洋渔业和滨海旅游业。

1. 港口开发利用现状

营口港地理坐标为122° 06′ 00″ E、40° 17′ 42″ N,是辽宁沿海经济带上的重要港口,也是东北地区及内蒙古东部地区最近的出海港,现辖营口、鲅鱼圈和仙人岛三个港区,陆域面积20

多平方千米,共有包括集装箱、滚装汽车、煤炭、粮食、矿石、大件设备、成品油及液体化工品及原油 8 个专用码头在内的 61 个生产泊位,最大泊位为 20 万吨级矿石码头和 30 万吨级原油码头,集装箱码头可停靠第五代集装箱船。

营口老港区位于辽河沿岸,地处营口市区,航道长,通航船舶吨级小(3 000 t 级以下),陆域狭窄,冬季冰情严重,封港时间长,交通部核定的通过能力为 108 万吨/年,已没有进一步发展的可能。

2007 年,营口港吞吐量达到 1.22 亿吨,成为中国沿海第 10 个亿吨港口;2008 年吞吐量超过 1.5 亿吨,2010 年预计实现 2 亿吨。

营口港的集装箱航线已覆盖沿海主要港口,并开通了日本、韩国和东南亚等国家和地区十几条国际班轮航线和多条可中转世界各地的内支线。2007 年集装箱吞吐量完成 137 万标准箱,2008 年超过 200 万标准箱,2010 年预计实现 300 万标准箱。

目前,营口港已同 50 多个国家和地区 140 多个港口建立了航运业务关系。装卸的主要货种有集装箱、汽车、粮食、钢材、矿石、煤炭、原油、成品油、液体化工品、化肥、木材、非矿、机械设备、水果、蔬菜等。其中,内贸集装箱、进口矿石、进口化肥、出口钢材、出口非矿的装卸量均为东北各港之首。

400 万平方米的集装箱堆场和 300 万平方米的物流园区设施先进、功能齐全,配有恒温库、钢材库、期货交割库、保税库、入仓即可退税的出口监管仓及可全面办理国际保税物流业务的 B 型保税物流中心。

营口港交通便捷,沈大高速、哈大公路沿港区而行,长大铁路直通码头前沿。现已开通营口港至哈尔滨、大庆、长春、德惠、公主岭、四平、松原、佳木斯、牡丹江、绥芬河等二十多条集装箱班列专线和经满洲里直达欧洲、经二连浩特直达蒙古的国际集装箱专列。

为更好地为东北及内蒙古东部地区经济建设和对外开放服务,降低客户的综合物流成本,营口港将港口功能前移,先后在沈阳、长春、哈尔滨和通辽等地建立了陆港。

2. 海洋水产及渔业开发利用现状

2007 年,营口实现水产品总产量 43.3 万吨,比上一年增长 2.4%;渔业经济总产值 50.3 亿元,比上一年增长 7.4%;营口市海洋捕捞产量 11 万吨,产值 7.2 亿元,均与上一年持平。

营口市有水产品加工企业 40 个,水产品加工量 3.8 万吨,加工产值 3.3 亿元。主要加工企业有营口兴波海产品有限公司、辰光食品有限公司、海洋食品有限公司、盖州市海大天然食品有限公司和经济开发区天隆达海洋食品有限公司等。

营口市精品渔业养殖面积 56.6 万亩(1 亩 = 666.67 m^2),同比增长 2%。

3. 旅游开发利用现状

营口市海滨风光带位于辽东半岛中部,依山傍海,风光旖旎;北起盖州角,南至浮渡河,在漫长海岸线上,5 个海滨浴场对游人开放,这在辽宁省独树一帜。

4. 矿产开发利用现状

目前,营口市共发现矿产资源 8 种,分别为金、钼、萤石、石英、花岗岩、砖瓦用黏土、矿泉水、地热水。

钼矿矿区位于营口市鲅鱼圈区望海农业村,区内黑云母花岗岩中发育有三条钼矿化带,通过地表及深部钻探控制,共发现 17 条钼矿,矿石平均品位为 0.037×10^{-2}~0.132×10^{-2},储量为 340 万吨,钼金属量为 2 849 t。

　　萤石矿矿区位于鲅鱼圈区崔屯村,由于伪满时期就进行开采,目前已进入尾采阶段,矿石品位为 0.3~0.8。

　　地热水主要分布在熊岳镇温泉村,开发利用的历史较长,水温一般在 80 ℃左右,静态水位 11 m 左右,动态水位 25 m 左右,日开采量应控制在 3 000 t 以内,主要用于洗浴、理疗、冬季取暖等。

　　5. 海盐开发利用现状

　　营口盐田的开发始于 1730 年,具有近 300 年的历史。全市晒盐总面积为 2.06 万公顷,年产量达 80 万吨。盐化工产品在国民经济中占有很重要的地位,且大多为中短线产品,产品种类和数量均满足不了国家的需要。营口海盐为发展盐化工生产提供了巨大的资源优势,以海盐年产量 80 万吨计算,产盐后所排泄的苦卤为 80 万立方米,这些苦卤中约含氯化钠 3.35 万吨,氯化镁 13.5 万吨,氯化钾 1.6 万吨,硫酸镁 6.93 万吨,溴化镁 2 855 吨,为开展苦卤综合利用、生产盐化工产品提供了丰富的原料资源。因此,营口市充分开展产盐后的苦卤综合利用,以及发展加工盐的系列产品和盐的二次加工系列产品(食用盐、专用盐、佐料盐、畜牧盐、营养盐)等,具有巨大的潜力和广阔的前景。

　　该倾倒区周围主要有航道、锚地、港口、陆地、养殖区和旅游区等。

3.2.1.4　倾倒区周边自然地理概况

　　1. 区域概况

　　营口市位于辽东半岛西北部,大辽河入海口左岸,西临渤海辽东湾,与锦州、葫芦岛隔海相望;北与大洼、海城为邻;东与岫岩、庄河接壤;南与瓦房店、新金相连。营口城区距沈阳市 166 km,距大连市 204 km,距鞍山市 84 km,距盘锦市 70 km,地理坐标处于东经 121° 56′~123° 02′、北纬 39° 55′~40° 56′。营口市域南北最长处 111.8 km,东西最宽处 50.7 km;市域总面积 5 365 km²,占辽宁省总面积的 4.88%。

　　营口市包括站前区和西市区,面积 66.3 km²,鲅鱼圈区 66.4 km²,老边区 505.4 km²,大石桥市 1 610 km²,盖州市 3 117 km²;海岸线总长度 96 km,长大铁路、沈大高速公路、哈大公路(202 国道)、庄林公路(305 国道)纵贯南北,大营铁路、营大公路、盖岫公路连接东西,交通十分方便。

　　营口市辖四区(站前区、西市区、老边区、鲅鱼圈区),两市(大石桥市、盖州市),41 个建制镇(其中老边区 4 个、大石桥市 15 个、盖州市 22 个),14 个乡(盖州市),27 个街道办事处(站前区 7 个、西市区 7 个、老边区 2 个、鲅鱼圈区 4 个、盖州市 2 个、大石桥市 5 个),14 个国有农场,929 个行政村。

　　营口市面积 4 970 km²。2007 年末全市总人口达到 232.5 万人,其中非农业人口 106.5 万人,人口自然增长率 2.68%。

　　2. 气象状况

　　营口市西临渤海辽东湾,属暖温带大陆性季风气候。其气候特征主要是四季分明,雨热同季,气候温和,降水适中,光照充足,气候条件优越,但冰雹、暴雨、干旱、大风等灾害性天气也时有发生。

　　春季(3—5 月),多大风天气,气候干燥少雨;夏季(6—8 月),降水量集中,气温较高;秋季(9—10 月),天高气爽,气候宜人;冬季(11 至翌年 2 月),天气寒冷,气候干燥。

营口市年平均气温为 7~9.5 ℃,沿海、平原、丘陵一带稍高,东部山区略低;年降水量为 670~800 mm,多于辽宁省西部半干旱地区,少于东部湿润地区,雨量适中;雨量地域分布是东南部山区雨量较多,西北部沿海平原及丘陵一带降水较少,由东南向西北部递减;日照时数为 2 600~2 880 h,与辽宁省西北部的朝阳地区数值相近,光照资源丰富,其分布是沿海地带多、东部山区少,等值线与海岸线平行。

营口市常风向为 S 向,出现频率为 17.96%,次常风向为 SSE 向,出现频率为 13.77%;强风向为 NNE 向,出现频率为 12.77%,次强风向为 NE 向,出现频率为 9.79%;年平均风速为 4.8 m/s,最大风速为 27 m/s。六级以上大风出现年频率为 6.18%,七级以上大风出现年频率为 5.11%。

营口市年平均雾日为 6.0 天。

3. 水文状况

1) 水温

营口地区沿海受大陆气候和水深较浅的影响,水温的年季节变化十分明显。

春季,从 2 月中旬开始气温回升,气温高于水温,并不断向海水传递热量,使表层海水因获得热量而升温。由于近岸海水同时受陆地热辐射的影响,致使其增温速度较远岸快。水温的变化在 10~15 ℃,等温线基本平行于岸线,5 月水温为 15~18 ℃。

夏季,海水温度达到全年中的最高峰,近岸水温明显高于远岸,在 26~28 ℃。

秋季,随着太阳辐射逐渐减弱,气温下降,海水向大气辐射加强,处于降温阶段。特别是近岸浅水区,由于陆地降温迅速,海水向陆地的热量输送加强,使近岸海水降温较远岸快,因而形成近岸水温低于远岸水温的分布特征。表层水温分布基本呈均匀状态,水温变化范围在 15~17 ℃,等温线大致平行于岸线。

冬季,为全年水温最低的季节,由于冬季强劲偏北风影响,气温降低,海面急剧冷却而降温,受陆地湿度的影响,近岸水温明显低于远岸水温;水温的变化范围在 3~5 ℃,最低水温一般出现在每年的 1 月,沿岸均为冰冻区,等温线大致平行于岸线。

夏季是表层水温达到最高的季节,由于表层海水温度增高而密度减小,从而加大了表层海水的稳定性,使表层受太阳辐射而增温的海水不能迅速将热量向下层传递,于是在表层之下的海水产生温跃层。从 5 月开始,水温垂直梯度值增大。0~5 m 温差为 1.4 ℃左右,5~10 m 温差为 1.9 ℃左右,8 月 0~5 m 温差为 2.7 ℃,这表明 8 月水温垂直梯度达到最大,即温跃层现象最明显。

2) 盐度

盐度是水文要素的一个重要指标。海区的盐度主要取决于外海的高盐度海水和沿岸的低盐度海水。这两种不同水系的消长运动构成了盐度时空分布的不同特征。

春季,随着气温的逐渐增高,从 2 月中旬开始,河口区大量流冰开始融化,进入 5 月各河流径流量明显增加,致使沿岸盐度下降,而且分布比较均匀。

夏季,该季是最大降雨季节,大量径流注入沿岸水域,使之形成明显低盐水舌并向外不断扩展,致使沿岸盐度下降明显,盐度平均在 27~29。

秋季,随着气温的降低,各河流径流量明显减少,沿海的盐度值普遍增高,表、底层盐度分布较一致,盐度变化范围在 31~32。

冬季,由于河流径流量显著减少,盐度值明显增高,表、底层盐度分布因受风浪作用,而表现均匀状态,总的趋势与春季相差不大。

3)海流

营口沿岸海流以潮流为主,潮流呈扁长椭圆形,在辽东湾两侧椭圆长轴与湾的纵轴走向基本一致,因而潮流的方向与岸线平行,并具有明显的往复性。

涨潮流均集中在 NNE、NE、ENE 三个方位,其频率和为 56.0%;落潮流主要集中在 SSW、SW、WSW 三个方位,其频率和为 44.0%;其余各向流均未出现。底层涨潮流集中在 NE~E 三个方位,各向频率和为 52.0%;落潮流主要集中在 SSW~WSW 三个方位,各向频率和为 40.0%,其余各向流的出现频率均在 4.0% 以下。

表、底层平均涨潮流速分别为 55.8 cm/s 和 46.6 cm/s,平均落潮流速分别为 52.6 cm/s 和 36.4 cm/s,全潮的平均流速分别为 52.6 cm/s 和 41.7 cm/s。各种流速均为表层大于底层,涨潮流流速大于落潮流流速。

4)潮汐

营口地区沿海属于不规则半日潮,平均涨潮历时为 5.73 h,平均落潮历时为 6.7 h。由于营口沿海地区处于辽东湾的东部,平均潮差由湾口向湾里呈递增趋势。鲅鱼圈沿海潮差平均为 2.56 m,而营口一带为 2.7 m。平均潮差在不同季节变化较明显,一般冬春季较小,夏秋季较大,以 12 月或 1 月最小,8 月或 9 月最大(年变幅在整个辽东湾也以营口最大,年变幅为 55 cm)。最大潮差与平均潮差分布相似,营口为 4.6 m,鲅鱼圈为 4.2 m。平均高潮间隙,营口为 4.6 h,鲅鱼圈为 4.2 h。年平均高潮位为 2.01 m,年平均低潮位为 0.74 m。

营口地区沿岸由于受风的影响产生增减水现象明显,尤其在台风经过时。如 1972 年 3 号台风造成沿岸普遍增水,一般大于 50 cm 的增水历时为 13 h,营口增水 1.6 m。沿岸大风减水情况较增水更严重,因冬春季受 NNE 向大风影响,经常发生减水。营口减水值在整个渤海最大,为 2.29 m(1972 年)。

5)波浪

营口地区地形和水域开阔,沿岸的波浪以风浪为主。因受风的控制,浪向随季节变化明显,平均浪高为 0.2~0.6 m。据沿岸各波浪观测资料统计,春、冬两季多偏北向浪。营口地区常浪向为南西向,强浪向为北或偏北向。

据鲅鱼圈沿岸多年逐月平均波浪要素统计,其平均波高在 0.2~0.5 m,较大值出现在 11 月,为 2.6 m,最大波高出现在 4 月,为 2.7 m,波高 1.5 m 以上的仅占 1%。从波型来看,明显以风浪为主,涌波甚微且当地风成涌。风浪与涌浪出现频率之比为 1:0.05。风浪主要来自两个方面,其一为 WS 向,其二为 N 偏 E 向。

6. 冰况

根据鲅鱼圈海洋站观测资料分析,鲅鱼圈海域初冰日在 11 月中旬,1 月初至 2 月中冰情严重,终冰日在 3 月初。平均冰期为 128 天,严重冰期为 68 天,冰期港区近海海域以流冰为主,一般不影响航行。

3.2.1.5　倾倒区附近海域环境质量现状

该倾倒区海域除无机氮、无机磷、溶解氧超过一类水质标准、满足二类水质标准外,其余几项污染因子均符合一类海水水质标准,无超标现象。

2009 年 5 月调查的所有评价因子除镉有超标现象外,其余 7 项评价因子均未超过一类海洋沉积物质量标准。

发现浮游植物 7 种,全部属于硅藻(Bacillariophyta),发现的种类基本为广温广盐的世界广布种,优势种为具槽直链藻(Melosiraceae sulcata),在所有调查站位均有出现。

发现浮游动物 6 种,其中桡足类 1 种、原生动物(Protozoa)3 种、无节幼虫 2 种。所获得各种浮游动物为海区常见种,优势种为运动类铃虫(Codonellopsis moilis)。

发现大型底栖生物种,包括多毛类 1 种和软体动物 1 种,优势种类为多毛类。

3.2.2　盘锦港 25 万吨级航道一期工程临时性海洋倾倒区

3.2.2.1　倾倒区概况

盘锦港 25 万吨级航道一期工程临时性海洋倾倒区由生态环境部于 2019 年 7 月 10 日批准设立,为 121° 33′ 17.21″ E、40° 26′ 40.77″ N,121° 33′ 17.21″ E、40° 28′ 52.91″ N,121° 34′ 43.08″ E、40° 26′ 40.77″ N,121° 34′ 43.08″ E、40° 28′ 52.91″ N 四点围成的矩形区域,面积 8 km²,2019 年水深 13.16~15.38 m,平均水深 14.42 m,2021 年水深 11.953~14.063 m,平均水深 12.87 m,海底地形均较为平坦,地形呈现明显的自西北向东南走向。

该倾倒区日最大倾倒量不得超过 23.62 万立方米,4 月 25 日至 6 月 15 日严禁倾倒,每个分区设置水深阈值为 9.56 m。该倾倒区各分区倾倒初步指标见表 3-5。

表 3-5　盘锦港 25 万吨级航道一期工程临时性海洋倾倒区各分区倾倒初步指标情况

倾倒区分区	面积 /km²	水深 /m	建议分区量 /(万立方米 / 年)	安全水深阈值 /m
1#	1	-12.62	260	9.56
2#	1	-12.45	244	9.56
3#	1	-12.89	274	9.56
4#	1	-12.68	260	9.56
5#	1	-13.15	291	9.56
6#	1	-12.87	276	9.56
7#	1	-13.35	306	9.56
8#	1	-12.98	289	9.56

3.2.2.2　倾倒区周边海洋功能区

根据《辽宁省海洋功能区划(2011—2020 年)》,该倾倒区不在辽宁省海洋功能区划划定区域中。辽宁省海洋功能区划北部海域部分海洋功能区与预选倾倒区距离在 30 km 以内,为了分析倾倒的环境影响,对这部分海洋功能区的分布及其管理要求进行分析。

辽东湾北部海域是辽宁沿海经济带"主轴"的重要部分,是我国重要的油气资源区和滨海湿地保护区,是东北地区重要的出海通道。海区主要功能为海洋保护、港口航运、矿产资源开发和工业与城镇用海,以保护双台子河、大凌河河口湿地系统,发展仙人岛、鲅鱼圈、盘锦港、锦州港及龙栖湾港口航运,开发辽东湾顶滩海油气资源,建设鲅鱼圈北部、营口沿岸、辽滨、龙栖湾临海临港产业,推进营口白沙湾、北海新区、辽滨、笔架山沿岸滨海旅游和城镇建设,加强凌海和盘山浅海区域渔业资源养护与利用。该区域应保障滩海油气开采和港口航运用海,合理安排工业与城镇用海,维护河口湿地自然系统,改善近岸海域水质、底质和生物环境质量,整治修复营口白沙湾、红海滩湿地、大笔架山连岛沙坝、锦州孙家湾景观资源,养护辽东湾渔业资源,加强海岸侵蚀、海水入侵、海冰灾害的监测与防治。

该倾倒区附近海域主要海洋功能区为 13 个,功能区类型为农渔业区、港口航运区、工业与城镇用海区、矿产与能源区、海洋保护区、保留区。其中,与预选倾倒区距离在 30 km 以内的海洋功能区包括营口海域保留区、鲅鱼圈港口航运区、熊岳河口保留区、仙人岛港口航运区、浮渡河口外农渔业区、辽东湾农渔业区、笔架岭南矿产与能源区、月东矿产与能源区、双台子河口海洋保护区、锦州湾港口航运区。该倾倒区附近海域海洋功能区划见表 3-6。

表 3-6　盘锦港 25 万吨级航道一期工程临时性海洋倾倒区附近海域海洋功能区划登记表

序号	代码	功能区名称	地区	地理范围	功能区类型	面积/km²	陆域岸线长度/km	管理要求		倾倒区相对位置
								海域使用管理	海洋环境保护	
1	A2-04	锦州湾港口航运区	葫芦岛、锦州	锦州湾外望海寺至笔架山海域	港口航运区	429.7	18.3	(1)严格控制填海造地规模;(2)严格限制海岸突堤工程规模;(3)拓展海域空间,提高和改善海湾水动力环境	严格新增项目用海环评与监督管理,控制新增污染源,加强排污口监测,维护海湾水动力环境,治理沉积物污染;水质质量执行不低于三类海水水质标准,沉积物质量和海洋生物质量执行二类标准	西北26.7 km
2	A1-05	辽东湾农渔业区	锦州、盘锦	辽东湾顶部海域	农渔业区	1 424.9	44.3	(1)建设现代化和规模化海洋牧场;(2)保护"三场一道"渔业资源;(3)整治和修复区域生态环境;(4)协调发展区域矿产资源开发	重点加强水产种质资源保护管理,维护渔业水域环境,加强渔业生物质量与资源量监测,水质质量执行不低于二类海水水质标准,沉积物质量和海洋生物质量执行一类标准	北13.9 km
3	A4-02	笔架岭南矿产与能源区	锦州、盘锦	辽东湾顶部海域	矿产与能源区	70.4	0.0	(1)维护区域水动力环境;(2)限制改变海域自然属性;(3)建设项目应征求军事机关意见	重点加强水产种质资源保护管理,维护渔业水域环境,重点防治溢油等风险事故,区域水质、沉积物、生物质量标准不低于现状水平	西北18.2 km
4	A4-03	月东矿产与能源区	盘锦	辽东湾顶部海域	矿产与能源区	14.4	0.0	(1)维护区域水动力环境;(2)限制改变海域自然属性	重点加强水产种质资源保护管理,维护渔业水域环境,重点防治溢油等风险事故,区域水质、沉积物、生物质量标准不低于现状水平	北25.0 km

序号	代码	功能区名称	地区	地理范围	功能区类型	面积/km²	陆域岸线长度/km	管理要求		倾倒区相对位置
								海域使用管理	海洋环境保护	
5	A6-03	双台子河口海洋保护区	盘锦	双台子河口海域	海洋保护区	307.5	40.5	（1）严格海洋自然保护区管理；（2）保护重要渔业水产种质资源；（3）整治修复滨海湿地生态系统	重点保护滨海湿地生态系统和珍稀濒危物种，保护水产种质资源，定期监测区域生态环境质量，加强生态系统健康评价与维护研究，水质质量执行不低于一类海水水质标准，沉积物质量和海洋生物质量执行一类标准	北29.3 km
6	A3-09	辽滨工业与城镇用海区	盘锦	辽河口至二界沟近岸海域	工业与城镇用海区	93.0	22.2	（1）维护区域水动力环境；（2）严格控制围填海工程规模；（3）保障河口行洪安全	严格新增项目用海环评与监督管理，控制新增污染源与排污口，水质质量执行不低于二类海水水质标准，沉积物质量和海洋生物质量执行一类标准	东北43.0 km
7	A2-06	盘锦港口航运区	盘锦	辽滨经济区西部海域	港口航运区	81.5	0.0	（1）维护区域水动力环境；（2）严格控制填海造地规模；（3）保障河口行洪安全；（4）协调保障油气用海	严格新增项目用海环评与监督管理，控制新增污染源与排污口，加强海洋环境质量跟踪监测，水质质量执行不低于三类海水水质标准，沉积物质量和海洋生物质量执行二类标准	东北37.7 km
8	A4-05	葵花矿产与能源区	盘锦	盘锦港外部海域	矿产与能源区	6.8	0.0	（1）维护区域水动力环境；（2）限制改变海域自然属性	重点防治溢油等风险事故，区域水质、沉积物、生物质量标准不低于现状水平	东北34.6 km
9	A8-08	营口海域保留区	盘锦、营口	辽河口至鲅鱼圈海域	保留区	638.0	14.0	（1）允许航道、锚地等航运用海；（2）整治修复河口湿地生态环境；（3）整理河口海域空间，确保行洪安全	重点保护渔业水域环境，定期监测区域环境质量，水质质量执行不低于二类海水水质标准，沉积物质量和海洋生物质量执行一类标准	东23.9 km
10	A2-07	鲅鱼圈港口航运区	营口	鲅鱼圈港海域	港口航运区	283.3	14.0	（1）严格控制填海工程规模；（2）加强海域动态监测；（3）维护区域水动力环境	严格新增项目用海环评与监督管理，控制新增粉尘、噪声等污染源，防止堆场码头污染物直接排海，加强区域环境质量监测，水质质量执行不低于三类海水水质标准，沉积物质量和海洋生物质量执行二类标准	东南23.7 km

续表

序号	代码	功能区名称	地区	地理范围	功能区类型	面积/km²	陆域岸线长度/km	管理要求		倾倒区相对位置
								海域使用管理	海洋环境保护	
11	A8-09	熊岳河口保留区	营口	月亮湾海域	保留区	73.8	0.0	维护海域自然属性	区域水质、沉积物、生物质量标准不低于现状水平	东南30.0 km
12	A2-08	仙人岛港口航运区	营口	仙人岛海域	港口航运区	122.2	7.0	（1）严格控制填海造地规模；（2）保护仙人岛自然岸线；（3）加强海域动态监测	严格新增项目用海环评与监督管理，控制新增粉尘、噪声等污染源，防治溢油等风险事故，水质质量执行不低于二类水水质标准，沉积物质量和海洋生物质量执行一类标准	东南30.3 km
13	A1-07	浮渡河口外农渔业区	大连、营口	浮渡河口外海域	农渔业区	455.5	3.4	（1）建设现代化海洋牧场；（2）严格控制近海海砂开采，禁止岸滩、河口近岸海砂开采；（3）允许航道与锚地用海	保护区域生物多样性和渔业水域栖息环境，区域水质执行不低于二类水水质标准，沉积物质量和海洋生物质量不低于一类标准	东南24.4 km

各海洋功能区情况介绍如下。

（1）营口海域保留区位于辽河口至鲅鱼圈海域，面积为 638.0 km²，位于该倾倒区东23.9 km。盘锦港 25 万吨级航道位于营口海域保留区。

（2）鲅鱼圈港口航运区与仙人岛港口航运区。鲅鱼圈港口航运区位于鲅鱼圈港海域，面积为 283.3 km²，位于该倾倒区东南 23.7 km，仙人岛港口航运区位于营口仙人岛海域，面积为 122.2 km²，位于倾倒区东南 30.3 km。鲅鱼圈港口航运区与仙人岛港口航运区均属于营口港，其中营口港鲅鱼圈港区是营口港发展综合运输的核心港区，重点发展矿石、煤炭、集装箱、钢材、油品、粮食、商品汽车等的运输，逐步发展成为东北地区重要的物流基地。正在建设的 25万吨级单向航道，航道长 32 km，航道底宽 270 m，设计底标高 -22.0 m，开挖边坡 1∶5。仙人岛港区以石油、液体化工品和干散货、杂货运输、集装箱运输为主，主要服务临港产业，为多功能、现代化大型综合性港区。港区陆域作业区包括液体散货作业区、通用和多用途作业区、集装箱作业区及预留发展区。现有航道为 25 万吨级，有效宽度 350 m，底标高 -22.5 m，长约 28km，规划有锚地 10 处。仙人岛港区航道为 30 万吨级航道，长 27.85 km，设计有效宽度 350 m，设计底标高 -22.5 m，边坡 1∶5。2009 年 8 月该航道疏浚工程已竣工并通过验收。

航运区内现有 4 处锚地：①营口河港驳载锚地；②营口河港内锚地（临时候潮候泊和联检锚地）；③鲅鱼圈港区大轮锚地；④鲅鱼圈港区小轮锚地。

（3）熊岳河口保留区位于营口月亮湾海域，面积为 73.8 km²，位于该倾倒区东南 30.0 km。

（4）浮渡河口外农渔业区位于营口浮渡河口外海域，面积为 455.5 km²，位于该倾倒区东南24.4 km。

（5）辽东湾农渔业区位于辽东湾顶部海域的锦州与盘锦辖区,面积为 1 424.9 km²,位于该倾倒区北 13.9 km。

（6）笔架岭南矿产与能源区位于辽东湾顶部海域锦州与盘锦辖区,面积为 70.4 km²,位于该倾倒区西北 18.2 km。该构造带上已圈出有利含油面积约 11.2 km²,已开发笔架岭油气田。该油气田已探明的面积约为 6.0 km²,油气地质储量约 560 万吨,已钻井 22 口,目前已投入生产。

（7）月东矿产与能源区位于辽东湾顶部海域盘锦海域,面积为 14.4 km²,位于该倾倒区北 25.0 km,已探明油气面积约 15.0 km²,储量 6 107 吨,已钻井 4 口。

（8）双台子河口海洋保护区位于盘锦双台子河口海域,面积为 307.5 km²,位于该倾倒区北 29.3 km。

（9）锦州湾港口航运区位于锦州湾外望海寺至笔架山海域面积为 429.7 km²,位于该倾倒区西北 26.7 km。

3.2.2.3　倾倒区周边生态红线区

生态红线区域是指为维护海洋生态健康与生态安全,以重要生态功能区、生态敏感区和生态脆弱区为保护重点而划定的实施禁止开发或限制开发的区域。该倾倒区海域生态红线区主要有辽东湾国家级水产种质资源保护区、大辽河口生态区、双台子河口生态区、小笔架山旅游度假区、大笔架山旅游度假区、望海寺旅游区、团山海蚀地貌保护生态红线区,具体见表 3-7。

表 3-7　盘锦港 25 万吨级航道一期工程临时性海洋倾倒区周边海洋生态红线区登记表

海洋生态红线区名称	海洋生态红线区类型	所在行政区域	区域面积 /km²	保护目标	管控措施	相对位置 /km	
						与 A 区	与 B 区
大笔架山生态红线控制区	禁止开发区	锦州市	5.78	自然历史遗迹、生物资源、滨海旅游资源	（1）在重点保护区,禁止实施各种与保护无关的工程建设活动;在预留区内,严格控制人为干扰,禁止实施改变区内自然生态条件的生产活动和任何形式的工程建设活动;（2）注重维护自然岸线形态,禁止围填海工程和不合理的沿岸工程建设,定期监测陆连堤形态;修复陆连堤地质遗迹,改善和提高"天桥"旅游和生态功能价值;重点加强海岛与旅游区环境治理,保护大笔架山岸线与岛礁,水质质量执行不低于二类海水水质标准,沉积物质量和海洋生物质量执行一类标准	东南 52.3	东南 43.4
小笔架山旅游生态红线区	限制开发区	锦州市	44	滨海旅游资源	（1）禁止开展污染海洋环境、破坏岸滩整洁、排放海洋垃圾、引发岸滩蚀退等损害公众健康、妨碍公众亲水活动的开发活动;（2）加强海洋环境质量监测,海水水质应不低于二类标准;（3）保护自然岸线形态,限制建设不合理海岸工程,开展受损海岸景观资源的整治修复	东南 54.5	东南 45.0

海洋生态红线区名称	海洋生态红线区类型	所在行政区域	区域面积 km²	保护目标	管控措施	相对位置 /km 与A区	与B区
双台子河口滨海湿地自然保护区生态红线区	禁止开发区	盘锦市	368.8	湿地生态系统和斑海豹类	（1）核心区和缓冲区内不得建设任何生产设施,无特殊原因,禁止任何单位或个人进入;（2）加强海洋自然保护区管理,保护重要渔业水产种质资源,对滨海湿地生态系统进行整治修复;开展区域生态环境的定期监测,水质质量执行不低于三类海水水质标准,沉积物质量和海洋生物质量执行一类标准	北 29.3	北 30.0
辽东湾国家级水产种质资源保护生态红线区	限制开发区	辽宁省	1 756.4	水产种质资源	（1）在重要渔业海域产卵场、育幼场和索饵场和洄游通道禁止围填海、截断洄游通道等开发活动,在重要渔业资源的产卵育幼期禁止进行水下爆破和施工;（2）加强现代化和规模化海洋牧场建设,保护水产种质渔业资源,开展区域内生态环境的整治和修复,注意协调好区域内矿产资源的开发;（3）加强该区域环境质量监测,海水水质应不低于二类海水水质标准。	北 2.0	北 2.2
辽河(双台子河)河口及湿地生态红线区	限制开发区	盘锦市	294.2	河口生态系统	（1）重要河口区域禁止采挖海砂、围填海、设置直排排污口等破坏河口生态功能的开发活动,天然河口的入海淡水水量应满足最低生态需求;（2）重要滨海湿地区域禁止围填海、矿产资源开发及其他城市建设开发项目等改变海域自然属性、破坏湿地生态功能的开发活动;（3）定期开展受损滨海湿地生态环境的整治修复与环境监测,海水水质应不低于三类标准	北 22.7	北 27.2
大辽河河口生态红线区	限制开发区	营口市	362.1	河口生态系统	（1）重要河口区域禁止采挖海砂、围填海、设置直排排污口等破坏河口生态功能的开发活动,天然河口的入海淡水水量应满足最低生态需求;（2）重要滨海湿地区域禁止围填海、矿产资源开发及其他城市建设开发项目等改变海域自然属性、破坏湿地生态功能的开发活动;（3）定期开展受损滨海湿地生态环境的整治修复与环境监测,海水水质应不低于二类标准	东 35.2	东 48.7
团山海蚀地貌保护生态红线区	禁止开发区	营口市	5.20	海蚀地貌	（1）核心区和缓冲区内不得建设任何生产设施,无特殊原因,禁止任何单位或个人进入;（2）保持其自然岸线形态,保护水下岩礁系统,并开展沿岸地质地貌遗迹与红海滩湿地生态景观的整治修复,水质质量执行不低于二类海水水质标准,沉积物质量和海洋生物质量执行一类标准	西北 51.7	西北 42.6

海洋生态红线区名称	海洋生态红线区类型	所在行政区域	区域面积 km²	保护目标	管控措施	相对位置 /km	
						与 A 区	与 B 区
大连斑海豹保护生态红线区	禁止开发区	大连市	5 500.9	斑海豹	（1）核心区和缓冲区内不得建设任何生产设施，无特殊原因，禁止任何单位或个人进入； （2）应该保持区域自然岸线与岛礁资源，尤其是斑海豹的栖息环境，并协调好海洋保护与海洋渔业发展，保护重要渔业水产种质资源；定期开展区域生态环境监测，海水水质、沉积物质量和海洋生物质量执行不低于一类标准	南 39.8	南 39.9
	限制开发区	大连市	1 221.85	斑海豹	（1）对于海洋自然保护区的试验区、海洋特别保护区的资源恢复区和环境整治区，开发活动具体执行《中华人民共和国自然保护区条例》和《海洋特别保护区管理办法》的相关制度； （2）应该保持区域自然岸线与岛礁资源，尤其是斑海豹的栖息环境，并协调好海洋保护与海洋渔业发展，保护重要渔业水产种质资源；定期开展区域生态环境监测，海水水质、沉积物质量和海洋生物质量执行不低于一类标准		
望海寺旅游休闲生态红线区	限制开发区	葫芦岛市	10.2	滨海旅游资源	（1）禁止开展污染海洋环境、破坏岸滩整洁、排放海洋垃圾、引发岸滩蚀退等损害公众健康、妨碍公众亲水活动的开发活动； （2）加强海洋环境质量监测，海水水质应不低于二类标准； （3）保护自然岸线形态，限制建设不合理海岸工程，开展受损海岸景观资源的整治修复	西北 52.5	西北 40.7

3.2.2.4　倾倒区所在海域开发利用现状

2008 年，环渤海经济区海洋生产总值为 10 706 亿元，占全国海洋生产总值的比重为 36.1%，比上一年增长 0.1 个百分点，位居前列的主要海洋产业为海洋交通运输业、海洋渔业和滨海旅游业。

1. 港口开发利用现状

本工程预选倾倒区邻近海域分布有锦州港、盘锦港、营口港等。

锦州港位于辽宁省锦州市经济技术开发区南部滨海，面临锦州湾，与葫芦岛市一水相望，是中国渤海西北部 400 km 海岸线唯一全面对外开放的国际商港，是辽宁省重点发展的北方区域性枢纽港口，1986 年开工建设，1990 年正式通航。锦州港虽然地处北方，但冬季冻而不封，全年营运有效时间为 365 天。锦州港是中国最北部的国际深水海港，是中国通向东北亚地区最便捷的进出海港，现拥有 21 个生产泊位，港口主航道可通过 25 万吨油轮和 5 万吨货轮，年吞吐能力达到近 5 000 万吨，主营油品化工运输、集装箱运输、散杂货运输。其中，油品方面具备 25 万吨级油泊位，设计通过能力 1 100 万吨；集装箱方面拥有 5 万吨级集装箱专用泊位 2 个，总计年设计吞吐能力 60 万标准箱，具有装卸第五代集装箱船舶的能力。

盘锦港位于松辽平原南部，辽河入海口永远角凹岸，拥有岸线 880 延长米，港口背依盘锦市和辽河油田,面临渤海,于 1995 年 3 月正式开工建设,2010 年 9 月 28 日正式开港通航。盘锦港为综合性港区,现有陆域面积 23 万平方米,仓库面积 5 000 m²,拥有 3 000 吨级多功能码头 1 座、3 000 吨级专用油码头 1 座、4 000 吨浮趸码头 3 座、货场 2 万平方米,储油罐区 12 万立方米。根据港区规划,规划港区占地面积 40 km²,规划建设生产性泊位 60 个,年货物吞吐能力可超亿吨。

营口港是辽宁沿海经济带上的重要港口,也是东北地区及内蒙古东部地区最近的出海港,坐标为东经 122° 06′ 00″、北纬 40° 17′ 42″,现辖营口老港区、鲅鱼圈港区、仙人岛港区和盘锦港区四个港区,陆域面积 30 多平方千米,共有包括集装箱、滚装汽车、煤炭、粮食、矿石、大件设备、成品油及液体化工品和原油 9 个专用码头在内的 61 个生产泊位,最大泊位为 30 万吨级矿石码头和 30 万吨级原油码头,集装箱码头可停靠第五代集装箱船。截至 2014 年底,营口港共有生产性泊位 71 个,码头岸线长度 16 680 m,吞吐能力 15 226 万吨 / 年,其中集装箱通过能力 225 万标准箱。其中,营口老港区位于辽河口内,地处营口市区,是具有百年历史的老港口,现有生产性泊位 14 个,年通过能力 320 万吨,主要服务于市域范围内的成品油、金属矿石(铁矿石)、非金属矿石(镁砂、滑石)、钢铁和矿建材料等物资的沿海转运。

2. 海洋水产及渔业开发利用现状

该倾倒区海域沿岸区市县的海洋捕捞具有悠久的历史,以近海作业为主,生产网具主要包括流刺网、张网、围网等。基于保护和合理利用资源的目的,1988 年以后易损害幼鱼的底拖网和挂网已退出渤海,因此流刺网得到了迅速发展,成为主要的作业工具。

捕捞主要渔获种类包括鱼类、甲壳类、头足类和海蜇等,捕获的鱼类主要包括小黄鱼、梅童鱼、梭鱼、鳀、鲅、银鲳等,甲壳类主要包括毛虾、鹰爪虾、口虾蛄、对虾、梭子蟹、日本蟳等,头足类主要包括乌贼、柔鱼、章鱼等。2011 年的年捕捞产量为 5 万余吨,主要品种有鱼类 24 000 t(鲈、梭鱼、杂鱼等)、毛虾 5 500 t、海蜇 3 010 t、杂虾等。

3. 旅游开发利用现状

营口市海滨风光带位于辽东半岛中部,依山傍海,风光旖旎,北起盖州角,南至浮渡河,在漫长海岸线上有 5 个海滨浴场对游人开放,这在辽宁省独树一帜。

双台子河口国家级自然保护区位于辽宁省辽东湾北部盘锦市境内的双台子河入海口处,地处渤海辽东湾北部,是为野生动物保护,尤其是水禽保护而设立的野生动物类型自然保护区。在双台子河口自然保护区,除双台子河穿过该区入海外,还有大凌河、饶阳河、盘锦河、大辽河等十几条河流从该区入海,有"九河下梢"之称。该保护区总面积 12.8 万公顷,南北长 60 km,东西宽 35 km,由芦苇沼泽、滩涂、浅海海域、河流、水库及水稻田六种湿地类型组成,芦苇沼泽面积为 5.7 万公顷,占保护区总面积的 44.5%;滩涂包括海滩和河漫滩,面积为 4.0 万公顷,占保护区总面积的 31.2%;河流面积为 2.0 万公顷,占保护区总面积的 15.6%;其他类型湿地面积为 1.1 万公顷,占保护区总面积的 8.6%。双台子河口自然保护区为湿地类型自然保护区,在全区共分布有鸟类 256 种,仅水禽就分布有 106 种,在众多水禽中,有国家一类保护鸟类 5 种,即丹顶鹤、白鹤、东方白鹳、黑鹳、金雕;国家二类保护鸟类 29 种,主要有灰鹤、蓑羽鹤、白枕鹤、大天鹅等。该保护区既是我国野生丹顶鹤种群繁殖地分布的最南限,也是其种群南北迁徙的重要停歇地,是候鸟迁徙的重要停歇地、取食地,每年春季迁徙经过该保护区的丹顶鹤最大种群数量多达 806 只,繁殖的种群数量 50 余只;同时,这里也是世界上黑嘴鸥种群最大面积的繁殖地,拥有世界上最大的黑嘴鸥繁殖种群,其繁殖种群数量超过 5 000 只,占全球种群数量的 50% 以上。每年进入春季,各种候鸟云集保护区,构成了一幅美丽多彩的画卷和"鸟类的王国"。该保护区内分布的 260 余种维管束植物中,有优势种 30 余种,主要有芦苇、翅碱蓬、灰绿碱蓬、香蒲等,在滩涂生长的翅碱蓬单一群落,生长季节一片赤红,成为广阔的"红地毯",是我国沿海少有的自然景观;在海岸线以上陆缘带生长有以灰绿碱蓬、柽柳为主的盐生植被,并有翅碱蓬混生,红绿相间,甚为可观;陆上沼泽环境是芦苇居绝对优势的耐盐植物群落,是世界上面积较大的芦苇沼泽湿地。这种由低到高红绿分明的带状植物分布规律是我国沿海少见的,具有极高的观赏价值和重要的科研价值。

盘锦鸳鸯沟国家级海洋公园位于双台子河口国家级自然保护区内,面积为 6 124.7 ha,是一处以世界最大的芦苇荡、举世罕见的"红海滩"资源为依托的原生态国家级海洋公园;是丹顶鹤、黑嘴鸥等 260 余种鸟类栖息的乐园;是"海上大熊猫"斑海豹的繁殖地;是集海域特色资源、海河特色餐饮资源、温泉资源、泥疗资源、滩涂资源为一体的最具滨海湿地代表性的海洋公园。

盘锦红海滩风景区位于辽宁省盘锦市大洼县赵圈河乡境内,是国家 4A 级景区、辽宁省优秀旅游景区,属于湿地生态旅游景区。它以全球保存得最完好、规模最大的湿地资源为背景,以举世罕见的红海滩、世界最大的芦苇荡为依托,是自然环境与人文景观的完美结合,是集游览、观光、休闲、度假为一体的综合型绿色生态旅游景区。这里是丹顶鹤繁殖的最南限,也是世界珍稀鸟类黑嘴鸥的主要繁殖地。无垠的苇海里栖息着 260 余种数十万只鸟类,以其特有的大自然孕育的一道奇观——红海滩而闻名海内外。织就红海滩的是一棵棵纤柔的碱蓬草,它每年 4 月长出地面,初为嫩红,渐次转深,9 月由红变紫。

锦州大笔架山旅游度假区位于锦州经济技术开发区内,总面积为 8 km,其中陆地面积 4.72 km²,海域面积 3.28 km²。以笔架山岛和"天桥"为主要景点,大致分为岛上游览、海上观光、岸边娱乐、沙滩海浴和度假修养五个区域。

锦州小笔架山旅游度假区位于锦州经济技术开发区王家窝铺镇东,与南面大笔山岛对比而得名。该岛呈葫芦形,东南至西北走向,长 222 m,平均宽 60 m,面积 1.3 万平方米,最高点海拔 27.1 m。周围高潮水深 4 m 左右,落潮后岛体毕露,西麓有沙坝曲折接近西岸,尚未与大陆相连。

盘锦鸳鸯沟旅游度假区成立于 2009 年,位于双台子河口国家级自然保护区内, 2013 年被评为中国最美湿地,也是中国最北端海岸线,国家级海洋公园"盘锦鸳鸯沟国家级海洋公园"也坐落于此。该度假区 2011 年被评为国家 3A 级景区,是一处以世界最大的芦苇荡、举世罕见的"红海滩"资源为依托的原生态旅游景区;是丹顶鹤、黑嘴鸥等 260 余种鸟类栖息的乐园;是"海上大熊猫"斑海豹的繁殖地;是一处集海域特色资源、海河特色餐饮资源、温泉资源、泥疗资源、滩涂资源为一体的最具滨海湿地代表性的湿地旅游度假区。该度假区现已开发"八仙岗红海滩""红锦渡码头"两个景点。随着"盘锦鸳鸯沟国家级海洋公园"的规划和发展,将进行"仙鹤岛红海滩"景点的开发。目前,该度假区已开发的旅游项目有:木栈桥陆地红海滩风景观光;豪华游艇海上观光"鸳鸯岛"、海上观光红海滩;湿地度假(住宿、特色餐饮、观日出、生态氧吧、湿地夜色、集装箱房特色);海滩拾贝、海上捕鱼。盘锦鸳鸯旅游度假区之行是绿色之旅、生态之旅、红色之旅、度假休闲之旅。

4. 矿产开发利用现状

辽东湾海区分布有油气区 4 个油田:锦州 9-3、锦州 20-2、锦州 21-1、绥中 36-1。

锦州 9-3 油田位于渤海辽东湾北部海域,油田范围水深为 6.5~10.5 m,于 1999 年投入开发,石油地质储量为 4 535.76 × 10⁴ t。该油田分西区和东区两个区,已建成设施主要包括 1 座中心处理平台(JZ9-3 CEP)、4 座井口平台(WHPA、WHPB、WHPE、WHPC)、1 座钻采生活平台(DRPW 平台)、1 座动力储油平台(SLPW 平台)、1 座压缩机平台(GCP 平台)、2 座系缆小平台(MDP1、MDP2 平台),以及油田内部 5 条海底油 / 气管道、4 条注水管道和 4 条海底电缆等。

锦州 20-2 凝析气田位于辽东湾海域北部,总含烃面积 24.1 km²,油田海域水深 16~20 m,天然气储量为 135.4 × 10⁵ m³,可采储量 95 亿立方米,凝析油地质储量 332 万吨,可采储量 117 万吨;原油地质储量 452 万吨,可采储量 55 万吨。该油田 1992 年 2 月投产运行,共有 4 座生产平台(MNW & MUQ\SW\NW\MSW)、12 口生产井,以及 1 条海底管道,由锦州 20-2 油田至锦州湾沿岸登陆,管道全长约 46.2 km。

锦州 21-1 油田位于辽东湾北部海域,西北方距锦州 20-2 凝析气田约 15 km,油田海域水深 18.5~20.4 m,2007 年投产运行,主体设施包括 BOP 和 WHPA 平台 2 座、3 口井。

绥中 36-1 油田位于渤海辽东湾中部,水深约 30 m。该油田是我国迄今在海上发现的最大油田,地质储量为 2.89 亿吨,油田含油面积为 37 km²。

该倾倒区周围主要有航道、锚地、港口、陆地、养殖区和旅游区等。

3.2.2.5　倾倒区周边自然地理概况

1. 区域概况

该倾倒区位于辽东湾东北部,辽东湾是渤海北部的一内湾,面积约 2.2 × 10⁴ km²,0~10 m 水深的浅水面积为 5 370 km²,沿岸滩涂潮间带面积约 1 000 km²。辽东湾东起老铁山,西至大清河口,沿岸有辽河、大凌河、六股河、滦河和大清河等十余条河流入海。盘锦港位于盘锦辽东湾新区内,北依松辽平原,南临渤海,东距大辽河口约 15 km,西距双台子河口约 30 km。盘锦港包括河口港区和荣兴港区 2 个港区。

盘锦市地处松辽平原南部的辽河口三角洲中心,东界辽河、大辽河与台安县、海城市、大石桥市为邻,西邻凌海市,北与北宁市、台安县接壤,东南邻大辽河与营口市相望,南为辽东湾,是东北地区的出海门户之一。盘锦市中心北距沈阳 155 km,南距大连港 302 km、鲅鱼圈港 146 km,西距锦州 102 km,东距鞍山 98 km,占据非常重要的地理位置,具备经济快速发展的区位条件,交通十分方便,处于京沈、盘海高速公路和秦沈高速铁路交汇处,是盘锦港的直接依托城市,是 1984 年经国务院批准建立的省辖市,是一座以石油化工为主导产业的对外开放城市,石油化工是该市的支柱型主导产业,装备制造业刚刚起步。

2. 气象状况

辽东湾属季风气候,冬季均盛行东北偏北风,各月的出现频率均在 20% 以上,夏季则多出现西南偏南或西南偏西风;春季平均风速较大,夏季较小,但全年的风速最大值往往出现在寒潮开始爆发的 11 月。辽东湾海区每年 4 月到 9 月以偏南向风浪为主,10 月到次年 3 月以偏北向风浪为主。

盘锦市地处中纬度地带,属温带大陆性半湿润季风气候,四季分明,雨热同季,干冷同期,温度适宜,光照充足;灾害性天气有大风、冰雹、寒潮、干旱、大暴雨、霜冻等。

1）气温

极据盘锦市气象站多年实测资料统计,全年平均气温为 9.8 ℃,最高气温出现在 8 月,最热月平均气温为 28 ℃;最低气温出现在 2 月,平均最低气温为 -26~-22 ℃。气温的季节变化特点是春秋季变化快,夏季变化缓慢。

2）风

根据盘锦市大洼气象站 1990—2009 年历时 20 年逐时风速、风向资料统计分析,该海区风况特征如下。

（1）从风向来看,该海区常风向为 SSW、S 向,其出现频率分别为 16.9%、13.78%,次常风向为 NNE、N 向,出现频率分别为 10.05%、9.65%。从风的季节变化来看,春季 SSW、S、SW、N 和 NNE 向出现较多,频率分别为 20.56%、12.92%、11.58%、9.86% 和 8.62%;夏季 SSW、S 和 SW 向出现较多,频率分别为 21.29%、16.22% 和 13.82%;秋季 S、SSW、NNE 和 N 向出现较多,频率分别为 14.55%、14.02%、12.3% 和 11.16%;冬季 NNE、N、SSW 和 S 向出现较多,频率分别为 13.06%、11.68%、11.6% 和 11.40%。

（2）从风速来看,该海区全年以 SSW 向风最强,平均风速为 5.84 m/s,最大风速为 22.8 m/s;SW、S 和 N 向风次之,平均风速分别为 4.64 m/s、4.25 m/s 和 4.05 m/s,最大风速分别为 18.36 m/s、18 m/s 和 16.8 m/s。全年共出现大于 6 级以上风的频率为 2.18%,其中 SSW、S、SW 向风出现最多,频率和为 84.76%。从季节统计来看, 6 级以上大风春季出现频率最高,冬季和秋季差别不大,夏季较少。

（3）从大风方向分布特征来看,6 级以上大风 SSW（含 SW、SSW、S）向出现最多,频率为 84.8%;7 级以上大风 SSW（含 SW、SSW、S）向出现最多,频率为 92.8%;8 级以上大风 SSW（含 SW、SSW、S）向出现频率为 100%;9 级以上大风在春季出现过 5 次,均为 SSW 向。从大风年内分布特征来看, 6 级以上大风春季出现次数较多,占全年的 58.14%,冬季和秋季差别不大,分别占全年的 16.90% 和 15.02%,夏季出现的次数较少,占全年的 9.94%;7 级以上大风主要出现在春季,占全年的 83.51%,冬季次之,占 9.9%,秋季和夏季出现较少,分别为 4.33% 和 2.27%;8 级以上大风仅在春季和冬季出现,分别占全年的 95.45% 和 4.55%;9 级以上大风发生过 5 次,均出现在春季。

3）降水

该海区年平均降水量为 600~700 mm,平均降水日数为 70~80 天,年平均暴雨日数为 2~3 天。降水有明显的季节性差别,夏季 7—8 月降水量最多。

4）日照

该海区全年日照时数为 2 600~2 800 h,年日照百分率为 60%~65%。

5）相对湿度

该海区春季是全年相对湿度最小的季节,相对湿度为 50%~55%,湿润度为 0.3~0.5;夏季相对湿度最大,为 85%~90%,湿润度为 1.25~1.50;冬季相对湿度很小,为 50%~60%,湿润度为 0.3~0.7;秋季为过渡状态,相对湿度为 60%~70%,湿润度为 0.67~1.00。

6）海雾

该海区一年四季均有雾日出现,季节变化不太明显,多年最多雾日数为 34 天。

7）霜、雪

该海区初霜于 10 月中旬开始,至翌年 4 月中旬终止,全年无霜日为 170~180 天;雪始于

11 月下旬,至翌年 3 月下旬终止,平均最大积雪深度为 10 cm 左右。

3.水文状况

1)水温

由于该海区的水深较小,水温随季节的变化比较明显。春季随着气温的升高,水温迅速增高,且近岸水温明显高于远岸水温,在 10 m 等深线附近,海水表层温度为 12 ℃,至盖州滩北水温升至 15 ℃。夏季由于太阳辐射强烈,水温最高,海水表层温度变化范围为 26~27 ℃。秋季随着气温的降低,海水温度开始降低,近岸水温明显低于远岸水温,水温在 14~16 ℃变化。冬季在严寒天气的影响下,海水温度急剧下降,为全年水温最低季节,海面结冰,表层水温在 0 ℃以下。

2)盐度

由于该海区为河口地区,受入海淡水的影响,其盐度相对较低,并且季节性变化较大。夏季丰水期,海水的盐度有明显的降低,局部河口区表层盐度可小到 16.28,海区内水平盐度差可达 11.67;在枯水期,该海区海水的表层盐度在 29~32 变化。

3)水系

盘锦市境内有大、中、小河流 21 条,总流域面积为 3 570.13 km²。其中,大型河流有 4 条,即辽河(双台子河)、大辽河、绕阳河、大凌河。大辽河和大凌河分别位于盘锦市的南北两侧,辽河则位于其中,是双台子河口国家级自然保护区的核心地带,这 3 条河为主要入海河流。

上述河流共同形成了该地区天然的水系网,加之全市拥有中小水库 6 座,使得人均水资源量较丰富。由于辽河水系及大凌河、大辽河的冲积,形成了该地区沼泽密布,由水域、滩涂、芦苇沼泽、湿草甸构成的典型海岸河口三角洲湿地生态环境。

4)潮流

该海区海流是辽东湾海流系统的一部分,潮流占绝对优势,潮流类型为规则半日潮流,最大可能流速的分布受水深和岸线等因素的影响,辽河口东侧最大可能流速达 140 cm/s,辽东湾顶部余流速度较大,在盖州滩以东水道 M2 分潮,潮致余流最大流速达 9 cm/s,在盖州滩东南侧存在 1 个逆时针的余流涡,是控制辽河口径流携沙分布的重要动力要素。同时,由于该海区处于河口地区,河流冲淡水的影响也较大。潮流与冲淡水的相互作用,加之潮沟密布和辽阔潮滩复杂地形的影响,形成了该海区独特的流场结构,即大潮期间的流速明显大于小潮期间的流速,表层流速大于底层流速,涨潮时的流速大于落潮时的流速。

5)潮汐

该海区的潮波属于渤海潮波系统,具有驻潮波的特征。潮波沿辽东湾东岸经湾顶呈逆时针方向传播,M2 分潮为优势分潮,而浅水分潮占有重要的地位。该海区属正规半日潮,潮差变化较大,最大潮差 5.1 m,平均涨潮历时 6 h,平均落潮历时 6.5 h,主潮方向为 NE 至 SW 向。

6)海浪

由于特定的地理位置限制,该海区海浪主要是风生成的波浪,具有生成快,消失也快,波周期 10 s 以上的大浪很少出现等特点。由于受渤海海上风场变化规律的制约,该海区波浪在一年内有明显的季节变化,冬半年盛行偏北向浪,夏半年盛行偏南向浪,4 月和 10 月为过渡季节。冬季海冰的存在和盖州滩等海滩具有消浪作用。

3.2.2.6　倾倒区附近海域环境质量现状

1. 水质与沉积物环境质量现状

2016 年春季调查结果显示,该倾倒区及其临近海域海水 pH 值、COD、磷酸盐、油类、汞、铜、铅、锌、镉、铬含量均满足二类海水水质标准要求;无机氮含量较高,超标率为 48.6%,局部区域达劣四类海水水质。

2013—2015 年秋季调查结果显示,pH 值、DO、COD、汞、铜、铅、锌、镉、砷含量均满足二类海水水质标准要求,磷酸盐、无机氮、油类含量较高,且无机氮、磷酸盐局部区域达劣四类海水水质。根据《2015 年北海区海洋环境公报》结果,该倾倒区海域无机氮、磷酸盐含量较高与辽东湾整体含量较高相关。

该倾倒区及其临近海域沉积物组分为黏土质粉砂、砂质粉砂、粉砂质砂,表层沉积物粒度平面分布较均匀,调查区域沉积物中总汞、铜、铅、锌、镉、铬、油类、硫化物、有机碳含量符合一类海洋沉积物质量标准,沉积物环境质量良好。

2. 海洋生物群落现状

2016 年春季调查结果显示,共出现 34 种浮游植物,其中硅藻 33 种,占浮游植物种类组成的 97.1%;甲藻 1 种。浮游植物细胞数量变化范围在(0.15~9.48)× 10^4 个 /m^3,平均密度为 $3.11 × 10^4$ 个 /m^3;主要优势种为具槽帕拉藻(Melosirasulcata sp.)和星脐圆筛藻(Coscinodiscus asteromphalus)。浮游植物多样性指数(H')在 0.50~3.10,平均值为 1.76;均匀度(J)在 0.22~0.91,平均值为 0.50;丰度(d)在 0.28~1.14,平均值为 0.81;优势度(D_2)在 0.44~0.95,平均值为 0.76。共出现浮游动物 18 种,其中桡足类 7 种,占浮游动物种类组成的 38.89%;幼虫幼体 4 种,腔肠动物 2 种,毛颚类、端足类、涟虫类、鱼卵及仔鱼各 1 种。浮游动物生物密度的变化范围在 87.7~11 538.5 个 /m^3,平均值为 1 247.4 个 /m^3;生物量的变化范围在 78.2~4 874.2 mg/m^3,平均值为 703.3 mg/m^3;优势种为中华哲水蚤(Clalnus sinicus)和腹针胸刺水蚤(Centropages abdominalis)。浮游动物多样性指数(H')在 0.09~1.40,平均值为 0.79;均匀度(J)在 0.05~0.52,平均值为 0.32;丰度(d)在 0.22~1.21,平均值为 0.54;优势度(D_2)在 0.88~1.00,平均值为 0.96。共获 32 种底栖生物,其中多毛类 19 种,占底栖生物种类组成的 59.38%;甲壳类 7 种,软体动物 4 种,纽形类和棘皮动物各 1 种。底栖生物生物量变化范围在 1.0~180.1 g/m^2,平均值为 27.2 g/m^2;栖息密度变化范围在 20~380 个 /m^2,平均值为 220 个 /m^2。底栖生物种类多样性指数(H')在 0.00~3.47,平均值为 2.52;均匀度(J)在 0.79~0.95,平均值为 0.87;丰度(d)在 0.00~1.59,平均值为 1.02;优势度(D_2)在 0.37~0.68,平均值为 0.50。

2013—2015 年秋季调查结果显示,共出现浮游植物 59 种,其中硅藻门 51 种,占浮游植物种类组成的 86.4%,甲藻门 7 种,金藻门 1 种。浮游植物细胞数量变化范围在(11.14~127.08)× 10^4 个 /m^3,平均密度为 $45.03 × 10^4$ 个 /m^3;主要优势种为具槽帕拉藻、角毛藻(Chaetoceros sp.)和圆筛藻(Coscinodiscus sp.)。浮游植物多样性指数(H')在 2.40~3.72,平均值为 1.99;均匀度(J)在 0.54~0.83,平均值为 0.73;丰度(d)在 0.87~1.75,平均值为 0.73;优势度(D_2)在 0.20~0.44,平均值为 0.34。共出现浮游动物 18 种,其中桡足类 7 种,占浮游动物种类组成的 38.89%;糠虾、毛虾、毛颚类及被囊类各 1 种,腔肠动物 2 种,各类幼虫幼体 5 种。浮游动物生物密度的变化范围在 6 679~24 306 个 /m^3,平均值为 14 746 个 /m^3;生物量的变化范围在 135.9~486.1 mg/m^3,平均值为 289.8 mg/m^3,优势种为洪氏纺锤水蚤(Acartia hongi)。大型浮游动物种类多样性指数(H')在 0.59~1.84,平均值为 1.00;均匀度(J)在 0.18~0.71,平均值为 0.35;丰度(d)在 0.50~0.96,平均值为 0.72;优势度(D_2)在 0.70~0.92,平均值为 0.84。中小型浮游动物种类多样性指数(H')在 1.64~2.42,平均值为 2.04;均匀度(J)在 0.41~0.64,平均值为 0.53;丰度(d)在 1.20~1.79,平均值为 1.46;优势度(D_2)在 0.36~0.60,平均值为 0.50。

春季生物质量调查结果显示,除一个站位生物质量样品镉含量为《海洋生物质量》(GB 18421—2001)一类标准的 1.05 倍;生物质量样品中铜、铅、锌、铬、汞、石油烃含量均符合一类海洋生物质量标准。

3. 渔业资源

6 月和 8 月的 2 个航次调查共鉴定鱼卵、仔稚鱼 17 种,其中鱼卵 12 种、仔稚鱼 9 种。6 月鱼卵平均密度为 0.718 粒 /m³,鳀鱼卵密度最高;仔稚鱼密度平均值为 0.213 尾 /m³,矛尾鰕虎鱼仔稚鱼密度最大。8 月鱼卵平均密度为 0.200 粒 /m³,短吻红舌鳎鱼卵密度最高。仔稚鱼平均密度为 0.219 尾 /m³,短吻红舌鳎和中华栉孔虾虎鱼密度最高。

共捕获鱼类 26 种,隶属于 5 目 16 科 18 属,其中鲈形目种类最多,为 10 种;其次为鲉形目,为 7 种;鲱形目和鲽形目均为 4 种,鲼鲼目 1 种。从鱼类的适温类型来看,暖温种 11 种,占种类总数的 45.83%;暖水种 6 种,占 25.00%;冷温种有 7 种,占 29.17%。从鱼类的栖息水层来看,大部分为底层鱼类,有 21 种,占种类总数的 87.5%;其余为中上层鱼类,占 12.5%。从经济价值来看,经济价值较高的有 10 种,占 41.67%;经济价值一般的有 9 种,占 37.50%;经济价值较低的有 5 种,占 20.83%。

鱼类成体资源密度全年平均值为 230.82 kg/km²,幼鱼为 2 289 尾 /km²。甲壳类成体资源密度全年平均值为 427.352 kg/km²,幼体为 5 379 尾 /km²。头足类成体资源密度全年平均值为 25.589 kg/km²,幼体为 518 尾 /km²。

3.2.3 锦州湾外远海临时性海洋倾倒区

3.2.3.1 倾倒区概况

锦州湾外远海临时性海洋倾倒区由生态环境部于 2021 年 11 月 9 日批准设立,倾倒区是 121° 13′ 22″ E、40° 29′ 09″ N,121° 15′ 32″ E、40° 29′ 09″ N,121° 15′ 32″ E、40° 28′ 04″ N,121° 13′ 22″ E、40° 28′ 04″ N 四点围成的海域,面积为 6.0 km²,2021 年选划水深 15.5~18 m,平均水深 16.85 m;偏东北侧水深较浅 15~16 m,东南部和西南部水深较深 17~18 m,中部水深为 16~17 m。该倾倒区日最大倾倒量不得超过 22.4 万立方米,4 月 25 日至 6 月 15 日禁止倾倒。该倾倒区分区基本情况见表 3-8

表 3-8   锦州湾外远海临时性海洋倾倒区分区基本情况表

分区	坐标	平均水深 /m	年最大倾倒量
1	121° 13′ 22″ E、40° 29′ 09″ N, 121° 14′ 27″ E、40° 29′ 09″ N, 121° 14′ 27″ E、40° 28′ 36.5″ N, 121° 13′ 22″ E、40° 28′ 36.5″ N	16.91	830

续表

分区	坐标	平均水深 /m	年最大倾倒量
2	121° 14′ 27″ E、40° 29′ 09″ N， 121° 15′ 32″ E、40° 29′ 09″ N， 121° 15′ 32″ E、40° 28′ 36.5″ N， 121° 14′ 27″ E、40° 28′ 36.5 N	16.50	790
3	121° 14′ 27″ E、40° 28′ 36.5″ N， 121° 15′ 32″ E、40° 28′ 36.5″ N， 121° 15′ 32″ E、40° 28′ 04″ N， 121° 14′ 27″ E、40° 28′ 04″ N	16.83	830
4	121° 13′ 22″ E、40° 28′ 36.5″ N， 121° 14′ 27″ E、40° 28′ 36.5″ N， 121° 14′ 27″ E、40° 28′ 04″ N， 121° 13′ 22″ E、40° 28′ 04″ N	17.09	850

3.2.3.2　倾倒区周边海洋功能区

根据《全国海洋功能区划（2010—2020 年）》，该倾倒区处于渤海 6 个重点海域中的渤海中部海域。渤海中部海域主要功能为矿产与能源开发、渔业、港口航运。其主要管理要求包括：协调好油气勘探、开采用海与航运用海之间的关系；合理利用渔业资源，开展重要渔业品种的增殖和恢复；加强海域生态环境质量监测，防治赤潮、溢油等海洋环境灾害和突发事件。港口航运主要在近岸，外海海域除辽东湾渔场、滦河口渔场、渤海湾渔场和莱州湾渔场外，其余区域为矿产资源利用区。

该倾倒区位于矿产资源利用区，目前预选倾倒区附近现有油气平台 JZ 20-2、JZ 25-1 和 JZ 9-3 等，倾倒区的使用不会对油气平台使用产生影响，且疏浚物倾倒后不会影响以后该区域的矿产资源开发。预选倾倒区距离现有港口、航道、锚地的最近距离分别为距离葫芦岛港 30.0 km、距离锦州港现有航道 11.7 km、距离锦州港第二锚地 15.4 km，距离都相对较远；与预选区距离最近的习惯航路是锦州港进港航路，最近距离 5.1 km。在倾倒区使用期间，倾倒活动避开渔业资源产卵期，严格控制倾倒强度，定期对倾倒区进行水深地形监测，设置倾倒区警戒水深和关闭条件，所以在预选区进行倾倒不会影响渔业、航道、锚地和通航安全。因此，该预选倾倒区的设置不会影响该区域矿产与能源开发、渔业、港口航运等海洋主导功能的发挥，符合海洋功能区划要求。该倾倒区所在附近海域海洋功能区划见表 3-9。

表 3-9　锦州湾外远海临时性海洋倾倒区所在附近海域海洋功能区划登记表

代码	功能区名称	地区	地理范围	功能区类型	面积/km²	陆域岸线长度/km	管理要求		与倾倒区的方位和距离/km
							海域使用管理	海洋环境保护	
A5-03	菊花岛旅游休闲娱乐区	葫芦岛	菊花岛近岸海域	旅游休闲娱乐区	90.1	0.0	（1）严格限制填海改变海域自然属性和采砂活动；（2）保护海域原始岸线、水下岩礁和岛后陆连堤；（3）整治修复海岛生态系统和受损地貌景观资源	重点保护岛礁生态系统与渔业水域环境，水质质量执行不低于二类海水水质标准，沉积物质量和海洋生物质量执行不低于一类标准	西30.6
A8-04	兴城河口保留区	葫芦岛	兴城河口海域	保留区	14.9	1.7	（1）禁止海砂开采；（2）整理河口空间，确保泄洪安全	区域水质、沉积物、生物质量标准执行不低于现状水平	西34.6
A5-04	兴城海滨旅游休闲娱乐区	葫芦岛	兴城市区海域	旅游休闲娱乐区	39.1	12.5	（1）严格保护自然岸线形态，限制建设沿岸突堤等不合理永久工程；（2）整治修复受损海岸景观，改善和提升海滨旅游功能	加强排污口与浴场海水质量监测治理，水质质量执行不低于二类海水水质标准，沉积物质量和海洋生物质量执行不低于一类标准	西北34.1
A7-01	连山湾特殊利用区	葫芦岛	连山湾至望海寺近岸海域	特殊利用区	34.8	9.6	（1）保护自然岸线形态与水下岩礁；（2）禁止限制沿岸突堤等不合理工程建设；（3）保障军事用海	区域水质、沉积物、生物质量标准执行不低于现状水平	西北30.1
A5-05	望海寺旅游休闲娱乐区	葫芦岛	望海寺近岸海域	旅游休闲娱乐区	10.2	1.3	（1）保持自然岸线形态，限制建设不合理海岸工程；（2）整治修复受损海岸景观资源	加强浴场海水质量监测治理，水质质量执行不低于二类海水水质标准，沉积物质量和海洋生物质量执行不低于一类标准	西北28.4
A1-03	兴城海域农渔业区	葫芦岛	六股河口至望海寺海域	农渔业区	1 049.6	16.6	（1）严格控制区域采砂活动；（2）发展现代化和规模化海洋牧场；（3）保护河口、海岛海域和水下岩礁生物栖息环境；（4）整治修复受损海洋渔业资源系统	重点保护渔业水域环境和水产种质资源，水质质量执行不低于二类海水水质标准，沉积物质量和海洋生物质量执行不低于一类标准	西12.6

代码	功能区名称	地区	地理范围	功能区类型	面积/km²	陆域岸线长度/km	管理要求		与倾倒区的方位和距离/km
							海域使用管理	海洋环境保护	
A2-04	锦州湾港口航运区	葫芦岛、锦州	锦州湾外望海寺至笔架山海域	港口航运区	429.7	18.3	(1)严格控制填海造地规模；(2)严格限制海岸突堤工程规模；(3)拓展海域空间,提高和改善海湾水动力环境	严格新增项目用海环评与监督管理,控制新增污染源,加强排污口监测,维护海湾水动力环境,治理沉积物污染,水质质量执行不低于三类海水水质标准,沉积物质量和海洋生物质量执行二类标准	西10.2
A7-02	葫芦岛特殊利用区	葫芦岛	葫芦岛港海域	特殊利用区	9.2	6.3	保障军事用海安全	区域水质、沉积物、生物质量标准执行不低于现状水平	西北27.6
A8-05	锦州湾保留区	葫芦岛	锦州湾海域	保留区	11.3	0.0	维护海域自然属性	区域水质、沉积物、生物质量标准不低于现状水平	西北32.6
A6-02	大笔架山海洋保护区	锦州	大笔架山岛海域	海洋保护区	5.8	5.0	(1)维护自然岸线形态,禁止围填海工程和不合理的沿岸工程建设；(2)定期监测陆连堤形态；(3)修复陆连堤地质遗迹,改善和提高"天桥"旅游和生态功能价值	重点加强海岛与旅游区环境治理,保护大笔架山岸线与岛礁,水质质量执行不低于二类海水水质标准,沉积物质量和海洋生物质量执行一类标准	西北35.2
A1-04	小笔架山农渔业区	锦州	小笔架山海域	农渔业区	2.4	3.7	(1)保障渔业基础设施用海；(2)控制突堤工程规模	控制渔港含油污水排放与新增污染源,水质质量执行不低于二类海水水质标准,沉积物质量和海洋生物质量执行一类标准	西北36.2
A8-06	笔架山外海保留区	锦州	锦州港东部海域	保留区	181.6	0.0	维护海域自然属性	区域水质、沉积物、生物质量标准不低于现状水平	北19.3

代码	功能区名称	地区	地理范围	功能区类型	面积/km²	陆域岸线长度/km	管理要求		与倾倒区的方位和距离/km
							海域使用管理	海洋环境保护	
A2-05	龙栖湾港口航运区	锦州	龙栖湾新区南部海域	港口航运区	118.3	0.0	(1)严格控制填海造地规模与突堤长度;(2)建设项目应征求军事机关意见;(3)保障河口行洪安全,保持河口自然形态	重点保护小凌河口湿地生态系统,加强区域水动力环境监测,水质质量执行不低于三类海水水质标准,沉积物质量和海洋生物质量执行二类标准	北30.0
A1-05	辽东湾农渔业区	锦州、盘锦	辽东湾顶部海域	农渔业区	1 424.9	44.3	(1)建设现代化和规模化海洋牧场;(2)保护"三场一道"渔业资源;(3)整治和修复区域生态环境;(4)协调发展区域矿产资源开发	重点加强水产种质资源保护管理,维护渔业水域环境,加强渔业生物质量与资源量监测,水质质量执行不低于二类海水水质标准,沉积物质量和海洋生物质量执行一类标准	东北15.8
A4-02	笔架岭南矿产与能源区	锦州、盘锦	辽东湾顶部海域	矿产与能源区	70.4	0.0	(1)维护区域水动力环境;(2)限制改变海域自然属性;(3)建设项目应征求军事机关意见	重点加强水产种质资源保护管理,维护渔业水域环境,重点防治溢油等风险事故,区域水质、沉积物、生物质量标准不低于现状水平	东北20.9
A6-03	双台子河口海洋保护区	盘锦	双台子河口海域	海洋保护区	307.5	40.5	(1)严格海洋自然保护区管理;(2)保护重要渔业水产种质资源;(3)整治修复滨海湿地生态系统	重点保护滨海湿地生态系统和珍稀濒危物种,保护水产种质资源,定期监测区域生态环境质量,加强生态系统健康评价与维护研究,水质质量执行不低于一类海水水质标准,沉积物质量和海洋生物质量执行一类标准	东北33.9

3.2.3.3　倾倒区周边生态红线区

生态红线区域是指为维护海洋生态健康与生态安全,以重要生态功能区、生态敏感区和生态脆弱区为保护重点而划定的实施禁止开发或限制开发的区域。该倾倒区所在的位置不在海洋生态红线区内。该倾倒区周边海域生态红线区主要有辽东湾国家级水产种质资源保护生态红线区、大连斑海豹保护生态红线区、双台子河口滨海湿地自然保护区生态红线区、大笔架山生态红线控制区、觉华岛（菊花岛）生态红线区、小笔架山旅游生态红线区、望海寺旅游休闲生态红线区等。生态红线区有效期限为 2014—2020 年。

距离该倾倒区最近的生态红线区是辽东湾国家级水产种质资源保护生态红线区，最近距离为 1.6 km，根据《辽宁省（渤海海域）海洋生态红线划定报告》，该生态红线区的管控措施如下：

（1）在重要渔业海域产卵场、育幼场、索饵场和洄游通道禁止围填海、截断洄游通道等开发活动，在重要渔业资源的产卵育幼期禁止进行水下爆破和施工；

（2）加强现代化和规模化海洋牧场建设，保护水产种质渔业资源，开展区域内生态环境的整治和修复，注意协调好区域内矿产资源的开发；

（3）加强该区域环境质量监测，海水水质应不低于二类海水水质标准。

该倾倒区周边海洋生态红线区见表 3-10。

表 3-10　锦州湾外远海临时性海洋倾倒区周边海洋生态红线区登记表

海洋生态红线区名称	海洋生态红线区类型	所在行政区域	区域面积 /km²	保护目标	管控措施	与倾倒区的相对方位和距离 /km
觉华岛（菊花岛）生态红线区	限制开发区	葫芦岛市	132.9	重要海岛、滨海旅游资源	（1）禁止炸岩炸礁、围填海、填海连岛、实体坝连岛、沙滩建造永久建筑物、采挖海砂等可能造成海岛生态系统破坏及自然地形、地貌改变的行为；（2）严格保护自然岸线与岛礁资源，开展受损生态系统和景观资源的整治修复；（3）加强海洋环境质量监测，海水水质应不低于二类标准	西 27.9
兴城旅游休闲生态红线区	限制开发区	葫芦岛市	39.2	滨海旅游资源	（1）禁止开展污染海洋环境、破坏岸滩整洁、排放海洋垃圾、引发岸滩蚀退等损害公众健康、妨碍公众亲水活动的开发活动；（2）加强海洋环境质量监测，海水水质应不低于二类标准；（3）保护自然岸线形态，限制建设不合理海岸工程，开展受损海岸景观资源的整治修复	西北 34.1
望海寺旅游休闲生态红线区	限制开发区	葫芦岛市	10.2	滨海旅游资源	（1）禁止开展污染海洋环境、破坏岸滩整洁、排放海洋垃圾、引发岸滩蚀退等损害公众健康、妨碍公众亲水活动的开发活动；（2）加强海洋环境质量监测，海水水质应不低于二类标准；（3）保护自然岸线形态，限制建设不合理海岸工程，开展受损海岸景观资源的整治修复	西北 28.6

海洋生态红线区名称	海洋生态红线区类型	所在行政区域	区域面积/km²	保护目标	管控措施	与倾倒区的相对方位和距离/km
大笔架山生态红线控制区	禁止开发区	锦州市	5.78	自然历史遗迹、生物资源、滨海旅游资源	(1)重点保护区禁止实施各种与保护无关的工程建设活动,预留区内严格控制人为干扰,禁止实施改变区内自然生态条件的生产活动和任何形式的工程建设活动; (2)注重维护自然岸线形态,禁止围填海工程和不合理的沿岸工程建设,定期监测陆连堤形态,修复陆连堤地质遗迹,改善和提高"天桥"旅游和生态功能价值,重点加强海岛与旅游区环境治理,保护大笔架山岸线与岛礁,水质质量执行不低于二类海水水质标准,沉积物质量和海洋生物质量执行一类标准	西北 35.2
小笔架山旅游生态红线区	限制开发区	锦州市	44	滨海旅游资源	(1)禁止开展污染海洋环境、破坏岸滩整洁、排放海洋垃圾、引发岸滩蚀退等损害公众健康、妨碍公众亲水活动的开发活动; (2)加强海洋环境质量监测,海水水质应不低于二类; (3)保护自然岸线形态,限制建设不合理海岸工程,开展受损海岸景观 资源的整治修复	西北 36.2
双台子河口滨海湿地自然保护区生态红线区	禁止开发区	盘锦市	368.8	湿地生态系统和斑海豹类	(1)核心区和缓冲区内不得建设任何生产设施,无特殊原因,禁止任何单位或个人进入; (2)加强海洋自然保护区管理,保护重要渔业水产种质资源,对滨海湿地生态系统进行整治修复;开展区域生态环境的定期监测,水质质量执行不低于三类海水水质标准,沉积物质量和海洋生物质量执行一类标准	东北 34.3
辽东湾国家级水产种质资源保护生态红线区	限制开发区	辽宁省	1 756.4	水产种质资源	(1)在重要渔业海域产卵场、育幼场、索饵场和洄游通道禁止围填海、截断洄游通道等开发活动,在重要渔业资源的产卵育幼期禁止进行水下爆破和施工; (2)加强现代化和规模化海洋牧场建设,保护水产种质渔业资源,开展区域内生态环境的整治和修复,注意协调好区域内矿产资源的开发; (3)加强该区域环境质量监测,海水水质应不低于二类海水水质标准	北 1.6

续表

海洋生态红线区名称	海洋生态红线区类型	所在行政区域	区域面积/km²	保护目标	管控措施	与倾倒区的相对方位和距离/km
大连斑海豹保护生态红线区	禁止开发区	大连市	5 500.9	斑海豹	(1)核心区和缓冲区内不得建设任何生产设施,无特殊原因,禁止任何单位或个人进入; (2)应该保持区域自然岸线与岛礁资源,尤其是斑海豹的栖息环境,并协调好海洋保护与海洋渔业发展,保护重要渔业水产种质资源,定期开展区域生态环境监测,海水水质、沉积物质量和海洋生物质量执行不低于一类标准	南 42.7
	限制开发区	大连市	1 221.85	斑海豹	(1)对于海洋自然保护区的试验区、海洋特别保护区的资源恢复区和环境整治区,开发活动具体执行《中华人民共和国自然保护区条例》和《海洋特别保护区管理办法》的相关制度; (2)应该保持区域自然岸线与岛礁资源,尤其是斑海豹的栖息环境,并协调好海洋保护与海洋渔业发展,保护重要渔业水产种质资源,定期开展区域生态环境监测,海水水质、沉积物质量和海洋生物质量执行不低于一类标准	东南 44.8

3.2.3.4　倾倒区所在海域开发利用现状

1. 港口开发利用现状

该倾倒区邻近海域分布有锦州港、葫芦岛港、兴城港、菊花岛港、绥中港等港口。

锦州港是我国沿海主枢纽港之一,1986 年开工建设,1990 年正式通航。锦州港虽然处在北方,但冬季冻而不封,全年营运有效时间为 365 天。锦州港是中国最北部的国际深水海港,是中国通向东北亚地区最便捷的进出海港。锦州港以石油、煤炭、粮食等大宗散货和内贸集装箱运输为主,重点发展物流、商贸、临港工业等相关功能,逐步成为多功能、综合性港口。

锦州港现有锦州港港区和龙栖湾港区。锦州港港区紧邻笔架山,地理坐标为 121° 04′ E、40° 48′ N,港区北距锦州市 35 km,西距葫芦岛市 36 km、秦皇岛市 120 km;水路距秦皇岛港181.5 km、大连港 485.2 km。龙栖湾港区地理坐标为 121° 14′ E、北纬 40° 53′ N,北依松岭山脉,南临渤海,西与滨海新区白沙湾行政生活区毗邻,东与锦州凌海市相连,陆路距阜新市105 km、朝阳市 118 km,水路距营口港 103.7 km、大连港 485.2 km。

目前,锦州港共建有泊位 24 个,包括生产性泊位 23 个和工作船泊位 1 个,其中万吨级以上(含万吨级)泊位 21 个,最大靠泊能力为 15 万吨级;通用散杂货泊位 10 个,最大靠泊能力为 10 万吨级,设计通过能力为 1 972 万吨/年;集装箱泊位 4 个,靠泊能力均为 5 万吨级,设计通过能力为 120 万吨/年;油品化工泊位 9 个,最大靠泊能力为 12 万吨级,设计通过能力为1 972 万吨/年。

锦州港区生产性码头岸线总长度为 6 275 m,设计年通过能力为 4 862 万吨和集装箱 120万吨;液体散货泊位设计通过能力为 1 930 万吨,其中原油泊位设计通过能力为 1 110 万吨;现有主航道为 15 万吨级,航道通航宽度为 320 m(可以允许 30 万吨级油船减载通航),航道底高

程为 -17.9 m。锦州港自开港以来吞吐量增长迅速,2000 年完成货吞吐量 1 006 万吨,2016 年完成货吞吐量 8 167.2 万吨,年均增长 14.0%。

葫芦岛港是辽宁沿海地区性重要港口和辽宁沿海港口群体的重要组成部分,根据腹地国民经济与社会发展规划,葫芦岛港由柳条沟港区、老港区、北港港区、兴城港区和绥中港区组成。柳条沟港区是葫芦岛港的主体港区,所在地柳条沟岸线为天然海湾,与老港南防波堤相毗邻,地理坐标为 120° 59′ 31″ E、40° 43′ 08″ N,自然岸线长约 3.0 km,依山傍海,港区水域宽阔,交通便利,适合开发建设综合性多功能的现代化港口。随着绥中 36-1 和绥中电厂的建成投产,以及煤炭下水需求的快速增长,石油和煤炭成为葫芦岛港的主要货类,2015 年大宗散货吞吐量占总量的 85.8%。近年来,随着葫芦岛港基础设施的改善,腹地钢材、件杂货等产品运输需求逐步增加,初步形成了以石油、煤炭和钢材为主的运输格局;同时集装箱也实现了从无到有的发展,2015 年完成近 1 万吨。

按照原规划"一港四区"的港口总体布局,葫芦岛港现有码头设施主要集中在柳条沟港区与绥中港区,装备制造业主要分布于北港港区与绥中港区,三个货运港区集聚了全港绝大部分的煤炭、石油、散杂货泊位以及临港产业区域。

截至 2015 年底,全港共有各类码头泊位 35 个(含船厂舾装码头、陆岛码头),其中生产性泊位 20 个,货物通过能力为 2 855 万吨。柳条沟港区有通用泊位 5 个、油品泊位 2 个,通过能力为 725 万吨,在建通用泊位 4 个;绥中港区有通用泊位 5 个、煤炭泊位 2 个、油品泊位 4 个、物资泊位 2 个,通过能力为 2 130 万吨;北港港区有舾装泊位 8 个,其中 3 个泊位兼顾散杂货运输。此外,在兴城海滨建有 7 个 500 吨级陆岛交通码头,用于往返兴城—觉华岛旅游区的客船停靠。2008 年底,葫芦岛港共有生产性泊位 8 个,通过能力为 1 235 万吨,2015 年较 2008 年泊位数量增长 337%,通过能力增长 134%。其中,葫芦岛港集团有限公司目前已建成 5 个万吨级以上通用泊位(水工结构 7 万吨级),1 个 3 万吨级成品油(水工结构 5 万吨级)和 1 个 5 000 吨级(水工结构 1 万吨级)液体化工泊位码头,以及配套的 4 个 5 000 m³ 柴油存储罐系统。2017 年完成吞吐量 1 055.56 万吨,2018 年完成吞吐量 1 640.57 万吨。

此外,葫芦岛市沿岸还有绥中港、兴城港、菊花岛港。其中,绥中港为三类港口,为煤、油、建材、木材等散杂货商用港口;兴城港是一座综合性的地方小港,以水产品等散货装卸运输为主;菊花岛港位于菊花岛龙脖子,建有可供 2 000~3 000 t 船只停靠的旅游专用码头。

2. 海洋水产及渔业开发利用现状

辽东湾西部海域处在辽东湾渔场外缘,鱼类和头足类是当地主要渔业资源,据有关资料记载,该海域有鱼类约 82 种,其中主要经济鱼类约 20 种,头足类 5 种,虾蟹类 15 种,海蜇 2 种,在鱼类当中以近海底层鱼类为主,中上层鱼类次之。该海域的渔业对象以洄游性鱼类,特别是黄渤海洄游性鱼类为主,但也有洄游距离较长的黄东海洄游种,如鲐、鲅、鳓、银鲳等;而仅做短距离迁移,可在该海域过冬的鱼种,虽种类不少,但产量不高,其中较为丰富的鱼类有六线鱼、鲈、银鱼、梭鱼、黄盖鲽、石鲽等。其他游泳生物,如头足类仅日本枪乌贼、曼氏无针乌贼等数种,经济虾蟹类也只有中国对虾、鹰爪糙对虾、中国毛虾、三疣梭子蟹等十几种,它们当中有的种类产量颇高,经济价值高,在渔业生产中占有重要的地位。

3. 旅游开发利用现状

锦州海域基岩海岸悬崖峭立,奇礁怪石横生,水深色清,海湾处滩宽沙白、水浅波轻,海水、沙滩、阳光条件较优越,是开展海上游乐项目,开辟海水浴场和修建海滨度假村的良好场所。

锦州滨海旅游资源开发有大笔架山风景旅游区、孙家湾白台子海滨浴场、小笔架山风景旅游区。

大笔架山风景区于 1978 年 3 月正式对外开放,2001 年成为国家 3A 级景区,2005 年初跨入国家 4A 级景区行列。大笔架山风景区位于锦州西南渤海北部,毗邻锦州港,与葫芦岛市隔海相望,占用岸线 1.6 km。该景区以笔架山和"天桥"为主要景点,大致分为岛上游览、海上观光、岸边娱乐、沙滩海浴和度假村休养 5 个区域,总面积约 8 km²,其中陆地面积 4.72 km²、海域面积 3.28 km²,山水秀丽,环境优美,文物古迹众多,物产资源丰富,生活服务设施配套,交通便利,自然景点密集。从海岸线到笔架山岛有一条长 1 620 m,高出海滩的砂石路,人曰"天桥","天桥"平坦径直,把海岸和山岛连在一起,像一条蛟龙随着潮涨潮落而时隐时现,神奇绝妙,堪称"天下一绝"。该景区每年接待游客达数十万人次,是集游、娱、食、宿、购、行为一体,多功能、高档次、闻名遐迩的旅游胜地。

孙家湾白台子海滨浴场位于孙家湾东面海岸线内侧,使用海域面积 0.65 km²,占用岸线 0.65 km,湾内滩软沙细,水质良好,水深适宜,是新开辟的海水浴场,目前各种服务设施已较为完善。

小笔架山旅游度假区位于锦州经济技术开发区王家窝铺镇东,与南面大笔架山岛对比而得名。该岛呈葫芦形,呈东南至西北走向,长 222 m,平均宽 60 m,面积 1.3 万平方米,最高点海拔 27.1 m,周围高潮水深 4 m 左右,落潮后岛体毕露,西麓有沙坝曲折接近西岸,尚未与大陆相连。

葫芦岛位于渤海之滨,历史悠久,自然风光秀丽,名胜古迹众多,交通便利,旅游资源丰富。其中,近海浴场资源极为丰富,浴场岸线共达 20.69 km,占全市陆域岸线长度的 10%。浴场资源主要分布在龙港区、兴城市和绥中县。葫芦岛市滨海旅游资源经过多年开发建设,已形成以兴城市国家级风景名胜区为主体,龙湾海滨浴场和绥中芷锚湾海滨自然景观相映生辉的基本格局。兴城市共有两个海上游乐区,分别是菊花岛旅游休闲娱乐区和兴城海滨旅游休闲娱乐区。

4. 油气区与海底电(光)缆、管道

锦州 9-3 油田位于渤海辽东湾北部海域,油田范围水深 6.5~10.5 m,于 1999 年投入开发,石油地质储量 4 535.76 万吨。该油田分为西区和东区两个区,已建成设施主要包括 1 座中心处理平台(JZ9-3CEP)、4 座井口平台(WHPA/WHPB/WHPE/WHPC)、1 座钻采生活平台(DRPW 平台)、1 座动力储油平台(SLPW 平台)、1 座压缩机平台(GCP 平台)、2 座系缆小平台(MDP1、MDP2 平台)以及油田内部 5 条海底油/气管道、4 条注水管道和 4 条海底电缆等。

锦州 20-2 凝析气田位于辽东湾海域北部,总含烃面积 24.1 km²,油田海域水深 16~20 m,天然气储量为 135.4 亿立方米,可采储量 95 亿立方米,凝析油地质储量 332 万吨,可采储量 117 万吨;原油地质储量 452 万吨,可采储量 55 万吨。该油田 1992 年 2 月投产运行,共有 4 座生产平台(MNW & MUQ\SW\NW\MSW)、12 口生产井,以及 1 条海底管道,由锦州 20-2 油田至锦州湾沿岸登陆,管道全长约 46.2 km。

该倾倒区附近海域主要海底电缆管线有 JZ 20-2 中北平台—兴城登陆点海底管道、JZ 20-2 中北平台—JZ 9-3 平台海底管道、JZ 20-2 中北平台—JZ 20-2 北高点平台海底管道和电缆、JZ20-2 中南平台—JZ20-2 中北平台海底管道和电缆、JZ20-2 南平台—JZ20-2 中北平台海底管道和电缆、JZ20-2 中北平台—JZ25-1 WHPA CEP 海底管道和电缆、JZ25-1 WHPA CEP 平台—

JZ25-1 SWHPA/WHPE/CEPF/CEPA/CEP 海底管道和电缆、JZ25-1 WHPA CEP 平台—JZ25-1S WHPB 海底管道和电缆。

3.2.3.5　倾倒区周边自然地理概况

1. 区域概况

该倾倒区主要服务于锦州港区周边港口和海洋工程建设,位于锦州、葫芦岛近海海域,主要对锦州市和葫芦岛市的自然环境进行分析。

辽东湾西部沿岸主要有锦州市和葫芦岛市等,东与盘锦、鞍山、沈阳市相连,北依松岭山脉与朝阳、阜新市接壤,西与河北省秦皇岛市山海关接壤,南濒渤海辽东湾,地理位置优越,交通便捷,通信发达。从全国范围来看,辽东湾西部沿岸位于环渤海经济圈与东北亚经济圈的交接地带,是环渤海经济圈中极为重要的交通枢纽,随着改革开放的不断深入,在中国未来的经济振兴中,辽东湾地区将成为继珠江三角洲之后的又一个强大"引擎",而锦州市和葫芦岛市将成为环渤海经济圈中极为重要的交通枢纽和中心城市,区位优势十分显著。

锦州港直接经济腹地包括辽宁省的锦州、葫芦岛、朝阳、阜新、盘锦等地区,其中锦州和葫芦岛两地是锦州港的直接依托,与港口发展的关系最为密切。锦州港腹地人口众多,资源丰富,是我国重要的重工业和农牧业生产基地,土地面积约 20.4 万平方千米,辽西 5 市是我国的老工业基地,目前已经形成石油化工、冶金、煤炭、电力、机械等支柱产业,这为锦州港提供了广阔的市场和丰富的货源。随着改革开放的深入和国民经济的迅猛发展,锦州港经济腹地向纵深辐射。

1)锦州市

2019 年,锦州市经济运行稳中有进、持续向好,发展质量稳步上升,实现地区生产总值增长 2.5%。一般公共预算收入 102 亿元,增长 1.7%;固定资产投资增长 5.2%;社会消费品零售总额 682.4 亿元,增长 8.1%;进出口总额 236 亿元;居民消费价格增长 2.3%。农业喜获丰收,粮食产量突破 25 亿千克。城镇新增就业 1.69 万人。城镇和农村常住居民人均可支配收入分别达到 34 699 元和 16 817 元,分别增长 6.8% 和 9.3%。

锦州滨海新区是辽宁沿海经济带开发的重点区域,由原经济技术开发区、龙栖湾新区、建业经济区整合而成。新区总面积 419 km²,海岸线长 48.9 km,辖 3 个街道、1 个镇、39 个村委会、8 个居委会,有户籍人口 8.1 万人,流动人口 1.6 万人。经济技术开发区成立于 1992 年 3 月,2010 年 4 月升级为国家级开发区。锦州滨海新区设立 6 个产业园区,重点产业包括:精细化工产业,以嘉合化工、海森堡石化、中北石化为龙头,包括康泰润滑油、东方雨虹防水材料、天盛漆业、能威石化等一批重点项目的石化产业集群初具规模;仓储物流产业,以渤海物流、恒大物流、华联物流、中海物流及正在建设的石油洞储等为龙头,仓储物流产业持续发展,企业达到 68 家;汽车零部件产业,以锦恒汽车安全系统、汽车悬架、启动机、发电机等为龙头,形成了涵盖汽车电机、电子、悬架、模具、尾气净化等 20 余个品种的汽车零部件产业集群;化纤纺织产业,以辽宁龙栖湾化纤有限公司为龙头,发展纺织、服装加工、家用纺织品、产业用纺织品及科技研发等完善的化纤纺织产业链;光伏产业,以华昌光伏、锦懋光伏、佑华硅材料、东晟硅业为龙头,包括帕瓦特新能源、奥克阳光、明德能源、旭龙太阳能、圣仕新能源电气等一批重点项目的光伏产业集群快速发展。

《锦州市经济社会发展纲要(2015—2025 年)》提出,2020 年地区生产总值突破 2 000 亿元,全面建成小康社会;到 2025 年,地区生产总值突破 3 000 亿元;提高经济发展质量和效益,不断优化经济结构,做优一产、做强二产、做大三产;主动承接京津冀、辽中南两大经济区辐射;按照优势互补、错位发展的原则,实现城区、沿海、县域三大板块协调健康发展。

沿海经济板块包括滨海新区、松山新区和凌海市南部滨海地区,是全市经济发展的龙头地区,是创新驱动的先导区,按照"两区、一廊、双港、六园"展开布局。"两区"即锦州滨海新区和松山新区。锦州滨海新区(经济技术开发区)充分利用港口资源,大力发展临港产业,重点发展化工、汽车零部件、光伏电子、金属新材料等临港工业;发展仓储物流、休闲旅游、机械制造、电子商务等现代服务业;建设滨海大学城,打造科研、教育研发基地。松山新区(高新技术产业开发区)重点发展电子信息、汽车零部件、保健食品和生物医药等产业,发展商贸物流、商务会展等现代服务业,加快金融集聚区建设,建设科技城、高新技术企业孵化基地和科技成果转化基地,推进产学研用一体化。"一廊"即旅游休闲走廊,以滨海路为纽带,建设集锦州港、人工浴场、世博园、大有温泉和湿地为一线的滨海旅游休闲走廊。"双港"即锦州港和锦州航空港,发展港口运输、港航服务及临港物流业。"六园"包括:西海工业园(区),发展精细化工、仓储物流、汽车零部件等产业;龙栖湾产业园(区),发展光伏电子及临港装备制造产业;建业通用航空产业园,发展通用航空配套服务业和通用航空研发制造业;大有经济园(区),发展健康食品加工、新能源和新材料等产业;杏山国际物流产业园,发展集运输、仓储、配送、流通加工、电子商务等为一体的综合物流产业;白沙湾旅游产业园,发展集休闲娱乐、度假等为一体的旅游产业。

2)葫芦岛市

葫芦岛市现辖兴城市、绥中县、建昌县和连山区、龙港区、南票区 6 个县(市)区,总面积 10 415 km²,总人口 281.3 万,有丰富的矿产、农业和旅游等资源,是辽西地区主要的重工业城市之一。2019 年实现地区生产总值 886 亿元,增长 6.8%;规模以上工业增加值 232 亿元,增长 8%;固定资产投资 270.2 亿元,增长 10%;一般公共预算收入 84.3 亿元,增长 2.5%,剔除减税降费因素影响,增长 10.5%;社会消费品零售总额 548.9 亿元,增长 7%;城镇居民人均可支配收入 32 120 元,农村居民人均可支配收入 13 419 元,均增长 7.5%。经济社会发展的主要特点是自然资源丰富、国民经济快速发展,但总体规模较小,重化工业是国民经济的支柱,外向型经济快速起步。

葫芦岛市是辽宁沿海经济带发展战略的主要节点之一,正处于全面振兴的追赶期、调整期,具备实现跨越式发展的基本条件。"十二五"时期葫芦岛市紧紧抓住辽宁沿海经济带渤海翼经济腾飞、建设对外开发新高地的战略机遇,努力把葫芦岛建设成为中国北方生态宜居滨城和中国北方重要的港口城市。"十三五"时期葫芦岛市抢抓辽宁沿海经济带开发开放上升为国家战略的历史机遇,着力建设重点经济区,带动全市经济社会发展;发挥沿海区域的区位和资源等独特优势,主动承接辽宁中部城市群和京津冀都市圈的双重辐射,大力发展临港工业和外向型经济,推进腹地在能源、装备制造、冶金、化工及农副产品深加工等领域与沿海地区对接合作,实现沿海与腹地优势互补、均衡发展。

2. 气象状况

锦州市和葫芦岛市位于中纬度地带,属于温带季风性气候。其气候主要特征是四季分明、大陆性较强,春季(3—5 月)多大风天气,气候干燥少雨;夏季(6—8 月)降水量集中,气温较高;秋季(9—10 月)天高气爽,气候宜人;冬季(11 至翌年 2 月)天气寒冷,气候干燥。其地理位置和自然气候为发展农、林、牧、渔各业提供了良好的条件。

该地区属温带季风气候,冬、夏季特征明显。根据锦州市气象局(即锦州气象站,地理位置121°07′E、41°08′N)、锦州大笔架山海洋站及近期新建的锦州市东部盐场临时气象站资料综合分析,气象特征如下。

1)气温

根据锦州市气象局1970—2009年资料统计,多年平均气温为9.4 ℃,极端最高气温为41.8 ℃(1972年7月),极端最低气温为-24.8 ℃(2001年1月);月平均气温1月最低,平均气温为-7.4 ℃,7月最高,平均气温为24 ℃。

2)降水

龙栖湾地区降水主要集中在每年的6—8月,其降水量占全年总降水量的76%。根据锦州市气象局1970—2009年资料统计,多年平均降水量为573.9 mm,历年最大降水量为918.3 mm,历年最小降水量为348.5 mm,月最大降水量为405.7 mm,日最大降水量为175.0 mm,日降水量≥25 mm的降水日数年平均为7天。

3)雾

根据锦州市气象局1970—2009年资料统计,能见度小于1 km的雾日数最多年份为26天,最少年份为8天,平均为17天;全年各月都有雾出现,但多出现在春、夏两季。

4)风

根据锦州大笔架山海洋站1996—1998年实测风况资料统计分析,该地区冬季多为N至NW向风,夏季多为S至SW向风,年平均风速为3.8 m/s,全年常风向为NNW向,频率为20.9%;次常风向为SW向,频率为18.3%;强风向为NNW向,实测最大风速为23 m/s;次强风向为SSW向,实测最大风速为21 m/s,N、NNE、SW向实测最大风速为20 m/s;6级以上大风出现频率为7.2%,其中NNW向频率为3.39%。(注:最大风速为1986—1998年统计值)

根据锦州市气象局1990—2005年资料统计,常风向为N、S向,频率都为12%;次常风向为SSW向,频率为11%;强风向为S、SSW向,实测最大风速都为12 m/s;次强风向为N向,实测最大风速为11 m/s。由于测站位于内陆,又距港址较远,风速比笔架山小。

根据锦州市气象局东部盐场临时气象站2008—2009年资料统计,年平均风速为4.7 m/s,常风向为S向,频率为16%;次常风向为SSW向,频率为15%;强风向为SSW向,实测最大风速为17.8 m/s;次强风向为S、N向,实测最大风速为16.2 m/s。

3. 水文状况

1)潮汐

根据葫芦岛海洋站附近的长期资料统计分析,该海区的潮汐属不正规半日潮,其潮型数K值为0.67,根据该海域H1、H2、H3和H4四个测站资料计算,K值分别为0.61、0.62、0.61和0.60,故四个测站的潮汐性质均属于不正规半日潮。

根据观测海域四个验潮站和葫芦岛海洋站同步一个月(2009年11月6日0时至2009年12月5日23时)的潮位资料进行统计,实测结果表明4站之间的差值并不明显,而与葫芦岛海洋站之间的差值明显,平均海平面相差0.1 m,平均潮差相差0.28~0.38 m,最大潮差相差0.49~0.61 m;高水位相差0.14~0.3 m,低水位相差0.06~0.29 m。

2)波浪

锦州港于老港区1986年6月开始测波(测波点地理坐标为东经121°04′、北纬40°48′,

测波点水深约 5 m),测波时间为每年 4—10 月,冬季因冰冻停测。根据其 1996—1998 年实测波浪资料统计,该海区常浪向为 SSW 向,频率为 19.87%;次常浪向为 SW 向,频率为 12.43%;强浪向为 SSW 向,实测最大 H1/10 波高为 2.9 m,对应 H1% 波高为 3.1 m,周期为 4.7 s,当时风速为 13 m/s,风向为 SSW 向。次强浪向为 SSE 向,SE 向实测最大 H1/10 波高为 2.5 m,对应全年各向实测 H1/10 ≥ 1.0 m 的波高出现频率为 18%。

港址西南约 25 km 的葫芦岛海洋站(地理坐标东经 121° 01′、北纬 40° 43′,测波点水深 7.9 m),自 1963 年开始进行波浪观测至今,每年冬季停测 5 个月。根据该站 16 年的实测资料(1963、1965—1969、1971、1973—1977、1979、1981、1989、1994 年)统计,该海区以风浪为主,风浪与涌浪之比为 3 : 1,常浪向为 SSW 向,频率为 27.13%;次常浪向为 S 向,频率为 11.9%;强浪向为 SSW 向,实测最大波高为 4.4 m,对应 H1/10 波高为 4.0 m,周期为 5.3 s。

采用葫芦岛海洋站 40 多年资料(1963—2006 年)推算出,该站不同重现期、不同方向的波要素,其中 50 年一遇波浪 S 向最大,H1% 波高为 4.8 m,H1/10 波高为 4.2 m。

3)潮流

葫芦岛东侧大酒篓附近,潮流基本上呈往复流,往北 7~8 km,大笔架山西南侧港区附近,潮流呈旋转流,其依循北半球旋转流规律按逆时针方向旋转,再往北 2 km 左右,潮流又呈往复流。涨潮流平均流向在 330° ~350°,落潮流平均流向在 180° ~200°;最大涨潮流速为 0.44 m/s,流向为 342°;最大落潮流速为 0.53 m/s,流向为 236°;最大平均流速为 0.23 m/s,流向为 335°。最大流速与平均流速的分布规律均为表层流速大于中层流速,中层流速大于底层流速。该海区余流较小,其流速一般均小于 0.07 m/s。

4)海冰

根据锦州港笔架山海洋站 1984—1996 年(其中缺 1985—1986 年)冰情观测资料统计,该海区的总冰期平均每年为 90 天左右,11 年中的 5 年有固定冰出现,固定冰期平均每年约为 60 天,固定冰宽度平均为 1 000~1 400 m 宽,厚度一般为 20 cm,最大为 40 cm。流冰的冰量与密集度大于或等于 8 级,且有灰白冰、白冰出现,平均每年约 10 天。

2009—2010 年冬季,受持续低温及连续多次降雪影响,锦州地区近岸冰情较重。据相关部门监测,锦州近岸海冰坚硬起伏,冰层最厚约 1 m,且向海延伸达 30 海里以上。锦州港港池、航道区及锚地不同程度受冰层覆盖,锦州港 4 艘拖轮全力破冰引航,但仍觉拖轮数量不足。此次冰情的最主要特点是海冰外缘线范围大。据悉,锦州港拖轮救助范围曾至北纬 40° 23′ 附近,离岸约 30 海里。此次冰期与往年相比大致相同,锦州港 12 月中旬进入初冰期,翌年 1 月中下旬开始进入盛冰期,终冰期为 2 月底。得益于持续北风的影响,浮冰在此作用下南移,故而南北走向的航道及港池内冰情并不十分严重,盛冰期一般冰厚为 15~25 cm,最大冰厚为 30 cm。而处于航道南部的锚地冰情十分严重,一般冰厚为 30~50 cm,存在浮冰相互叠加而成的灰白冰,且流冰少而冰带多,在一、二号锚地曾出现船只随冰带漂移及船被冰卡住的现象。

海冰给船舶靠港带来了极大困难,前往锦州港的船舶靠港作业时间普遍延长 1~2 h。并且,在船舶靠港过程中,经常在码头前沿出现厚度约 1 m 的堆积冰,造成船舶无法靠严码头的现象。

根据锦州港开港 20 余年的经验,虽然冰期较长,但冻而不封,港池航道等深水区从来没有出现因冰而影响码头作业的情况。

3.2.3.6　倾倒区附近海域环境质量现状

1. 水质与沉积物环境质量现状

2020 年春季（6 月）监测评价结果显示，除 30 号站位外，其他倾倒区及其临近海域海水pH 值、COD、DO、无机氮、磷酸盐、汞、铜、铅、锌、镉、铬含量均满足二类海水水质标准要求，石油类含量较高。调查区域海水中石油类的质量指数范围为 0.16~1.36，超二类海水水质标准要求，超标率为 66.67%；而 30 号站位海水各项指标均满足三类海水水质标准。

2020 年秋季（10 月）监测评价结果显示，除 30 号站位外，其他倾倒区及其临近海域海水pH 值、COD、DO、无机氮、磷酸盐、汞、铜、铅、锌、镉、铬和石油类含量均满足二类海水水质标准要求；而 30 号站位海水各项指标均满足三类海水水质标准。

综上所述，该倾倒区所在海域海水中的污染因子按其受污染程度排列，主要为石油类。

根据评价结果可知，除 30 号站位外，预选倾倒区附近海域表层各项监测指标沉积物质量指数均小于 1，符合沉积物质量一类标准要求，沉积物质量良好；而 30 号站位按照沉积物质量二类标准执行，也符合要求。

2. 海洋生物群落现状

2020 年春季（6 月）调查海域表层海水中叶绿素 a 含量变化范围在 2.36~10.8 μg/L，平均值为 6.93 μg/L，高者为 32 站，低者为 30 站；底层叶绿素 a 含量变化范围在 2.51~9.99 μg/L，平均值为 6.84 μg/L，高者为 17 站，低者为 31 站。调查海域 2020 年秋季（10 月）表层海水中叶绿素 a 含量变化范围在 1.23~8.29 μg/L，平均值为 3.92 μg/L，高者为 8 站，低者为 17 站；底层叶绿素 a 含量变化范围在 1.45~7.10 μg/L，平均值为 3.61 μg/L，高者为 15 站，低者为 24 站。

2020 年春季（6 月）调查海域共出现 30 种浮游植物，隶属于硅藻、甲藻和金藻 3 个植物门。调查海域浮游植物细胞数量变化范围在 133~103 885 个 /m³，平均密度为 13 747.75 个 /m³，主要优势种为具槽帕拉藻和菱形藻（Nitzschia spp.）。调查海域浮游植物种多样性指数（H'）在 0.98~2.67 波动，平均值为 1.91，波动幅度为 1.69；均匀度（J）在 0.38~0.84 波动，平均值为 0.65，波动幅度为 0.46；丰度（d）在 0.27~1.19 波动，平均值为 0.55，波动幅度为 0.92；优势度（D_2）在 0.55~0.90 波动，平均值为 0.74，波动幅度为 0.35。

2020 年秋季（10 月）调查海域共出现 46 种浮游植物，隶属于硅藻、甲藻和金藻 3 个植物门。调查海域浮游植物细胞数量变化范围在 1 552 168~9 774 600 个 /m³，平均密度为4 828 166.9 个 /m³，主要优势种为海链藻（Thalassiosira spp.）和菱形藻。调查海域浮游植物种多样性指数（H'）在 0.40~2.40 波动，平均值为 1.45，波动幅度为 2.00；均匀度（J）在 0.11~0.52波动，平均值为 0.34，波动幅度为 0.41；丰度（d）在 0.52~1.15 波动，平均值为 0.78，波动幅度为0.63；优势度（D_2）在 0.72~0.98 波动，平均值为 0.87，波动幅度为 0.26。

2020 年春季（6 月）调查海域出现浅水 I 型浮游生物网中的浮游动物共有 15 种，其中浮游幼虫 7 种，占浮游动物种类组成的 46.67%；桡足类 3 种，占种类组成的 20.00%；腔肠动物 2 种，占种类组成的 13.33%；毛颚类、枝角类及被囊类各 1 种，均占 6.67%；II 型浮游生物网中的浮游动物共有 22 种（包括 1 种仔鱼），其中浮游幼虫类 10 种，占浮游动物种类组成的 45.45%；桡足类 7 种，占种类组成的 31.82%；腔肠动物 3 种，占种类组成的 13.64%；毛颚类和被囊类各 1 种，均占种类组成的 4.55%。调查海域中各站 I 型浮游动物生物密度的变化范围在 0.29~1 117.5个 /m³，平均值为 73.50 个 /m³；II 型浮游动物生物密度的变化范围在 11.72~1 237.5 个 /m³，平均值为 123.779 个 /m³。各站浮游动物生物量的变化范围在 8.7~1 258.7 mg/m³,平均值为 116.51 mg/m³。调查海域 I 型浮游动物种群结构分析,占优势的大型浮游动物有中华哲水蚤和短尾类蚤状幼虫(Brachyura zoealarva); II 型浮游动物种群结构分析,占优势的大型浮游动物有中华哲水蚤和双毛纺锤水蚤(Acartia bifilosa)。调查海域大型浮游动物种类多样性指数(H')在 0.00~2.56 波动,平均值为 1.59;除 16 号和 22 号站位没有均匀度外,其他站位的均匀度(J)在 0.08~1.00 波动,波动幅度为 0.92,平均值为 0.78;除 16 号站位丰度不存在外,其他站位的丰度(d)在 0.00~1.82 波动,平均值为 0.94,丰度的最小值出现在 22 号站;除 16 号和 22 号站位没有优势度外,其他站位的优势度(D_2)在 0.28~0.98 波动,波动幅度为 0.70,平均值为 0.695。调查海域中小型浮游动物种类多样性指数(H')在 1.31~2.83 波动,波动幅度为 1.52,平均值为 2.34,以 38 号站最低、1 号站最高;均匀度(J)在 0.41~0.93 波动,波动幅度为 0.52,平均值为 0.80;丰度(d)在 0.60~1.83 波动,平均值为 1.14;优势度(D_2)在 0.45~0.89 波动,波动幅度为 0.44,平均值为 0.62。

2020 年秋季(10 月)调查海域出现浅水 I 型浮游生物网中的浮游动物共有 26 种,其中桡足类 7 种,占浮游动物种类组成的 26.92%;浮游幼虫 6 种,占种类组成的 23.08%;腔肠动物 6 种,占种类组成的 23.08%;被囊类、端足类、磷虾类、毛颚类、鱼类、枝角类和栉水母类各 1 种,均占种类组成的 3.85%;浅水 II 型浮游生物网中的浮游动物共有 19 种,其中桡足类 6 种,占浮游动物种类组成的 31.58%;浮游幼虫 7 种,占种类组成的 36.84%;腔肠动物 3 种,占种类组成的 15.79%;被囊类、毛颚类及枝角类各 1 种,均占 5.26%。调查海域 I 型浮游动物生物密度的变化范围在 8.61~2 056 个 /m³,平均值为 477.23 个 /m³; II 型浮游动物生物密度的变化范围在 72 916~8 750 个 /m³,平均值为 3 457.28 个 /m³;浮游动物生物量的变化范围在 57.7~810.1 mg/m³,平均值为 260.41 mg/m³。调查海域 I 型浮游动物种群结构分析,占优势的 I 型浮游动物有中华哲水蚤和真刺唇角水蚤(Labidocera euchaeta); II 型浮游动物种群结构分析,占优势的大型浮游动物有双毛纺锤水蚤和中华哲水蚤。调查海域大型浮游动物种类多样性指数(H')在 1.44~2.37 波动,平均值为 1.93;均匀度(J)在 0.48~0.92 波动,波动幅度为 0.44,平均值为 0.62;丰度(d)在 0.53~1.21 波动,平均值为 0.84;优势度(D_2)在 0.55~0.91 波动,波动幅度为 0.36,平均值为 0.74。调查海域中小型浮游动物种类多样性指数(H')在 1.84~2.87 波动,平均值为 2.36;均匀度(J)在 0.52~0.80 波动,波动幅度为 0.28,平均值为 0.69;丰度(d)在 0.64~1.09 波动,平均值为 0.84;优势度(D_2)在 0.52~0.78 波动,波动幅度为 0.26,平均值为 0.65。

2020 年春季(6 月)在调查海域共获 37 种底栖生物,隶属纽形、环节、软体、甲壳、节肢和棘皮 6 个动物类别。调查海域生物量变化范围在 0.23~80.27 g/m²,平均值为 8.81 g/m²。调查海域底栖生物栖息密度变化范围在 6.7~100 个 /m²,平均值为 45.1 个 /m²。调查海域底栖生物种类多样性指数(H')在 0.00~3.39 波动,波动幅度为 3.39,平均值为 1.96;均匀度(J)在 0.86~1.00 波动,波动幅度为 0.14,平均值为 0.97;丰度(d)除 7 号和 14 号站位外,其他站位在 1.00~2.70 波动,波动幅度为 1.70,平均值为 1.59;优势度(D_2)在 0.31~1.00 波动,波动幅度为 0.69,平均值为 0.55。

2020 年秋季(10 月)在调查海域共获 39 种底栖生物,隶属纽形、环节、软体、脊椎、节肢、腔肠和棘皮 7 个动物类别。调查海域生物量变化范围在 0.38~30.6 g/m²,平均值为 8.79 g /m²。调查海域底栖生物栖息密度变化范围在 10~160 个 /m²,平均值为 50 个 /m²。调查海域底栖生物种类多样性指数(H')在 0.00~3.16 波动,波动幅度为 3.16,平均为 1.81;均匀度(J)除 38 号站位外,其他站位在 0.92~1.00 波动,波动幅度为 0.08,平均值为 0.98;丰度(d)除 38 号站位没有外,其他站位在 0.63~2.25 波动,波动幅度为 1.62,平均值为 1.44;优势度(D_2)在 0.38~1.00 波动,波动幅度为 0.62,平均值为 0.63。

调查中捕获的生物质量样品包括矛尾鰕虎鱼、日本鼓虾、葛氏长臂虾、口虾蛄及安氏白虾。选用《海洋生物质量》中的一类标准来评价该海域海洋贝类生物的重金属和石油烃的含量水平;鱼类与甲壳类生物质量(除石油烃外)评价标准参照《全国海岸带和海涂资源综合调查简明规程》,该标准无铬和砷的评价限值,暂按贝类评价;鱼类与甲壳类、石油类含量的评价标准采用《第二次全国海洋污染基线监测技术规程》(第二分册)中规定的标准值。所得结论是调查海域生物体内各项指标均符合生物质量标准。

3.2.4　绥中发电厂二期工程配套码头项目临时海洋倾倒区

3.2.4.1　倾倒区概况

绥中发电厂二期工程配套码头项目临时海洋倾倒区由原国家海洋局于 2016 年 11 月 11 日批准设立,该倾倒区是以 120° 06′ 00″ E、39° 59′ 00″ N 为中心,半径 1.0 km 的圆形海域,面积为 3.14 km²,2020 年水深 12.6~15.0 m,由北向南逐渐加深;平均水深 14.05 m;2021 年 9 月水深 12.27~14.68 m,平均水深 13.78 m。

该倾倒区日最大倾倒量不得超过 1.65 万立方米,月倾倒量不得超过 32.5 万立方米;安全水深阈值为 8.6 m,若分区水深低于该阈值,则立即暂停该倾倒分区的使用,该倾倒区分区如图 3-2 和表 3-11 所示。

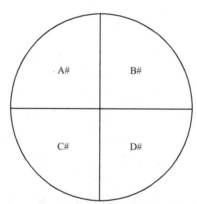

图 3-2　绥中发电厂二期工程配套码头项目临时海洋倾倒区分区示意图

表 3-11　绥中发电厂二期工程配套码头项目临时海洋倾倒区分区情况表

分界点	经纬度	面积 /km²	水深 /m	年倾倒量 / 万立方米
A#	120° 05′ 18″ E、39° 59′ 00″ N, 120° 05′ 33″ E、39° 59′ 25″ N, 120° 06′ 00″ E、39° 59′ 32″ N, 120° 06′ 00″ E、39° 59′ 00″ N	0.785	13.61	68

续表

分界点	经纬度	面积 /km²	水深 /m	年倾倒量 / 万立方米
B#	120° 06′ 00″ E、39° 59′ 32″ N, 120° 06′ 28″ E、39° 59′ 24″ N, 120° 06′ 42″ E、39° 59′ 00″ N, 120° 06′ 00″ E、39° 59′ 00″ N	0.785	14.03	75
C#	120° 06′ 42″ E、39° 59′ 00″ N, 120° 06′ 27″ E、39° 58′ 35″ N, 120° 06′ 00″ E、39° 58′ 28″ N, 120° 06′ 00″ E、39° 59′ 00″ N	0.785	14.26	78
D#	120° 06′ 00″ E、39° 58′ 28″ N, 120° 05′ 28″ E、39° 58′ 39″ N, 120° 05′ 18″ E、39° 59′ 00″ N, 120° 06′ 00″ E、39° 59′ 00″ N	0.785	14.31	79

3.2.4.2　倾倒区周边海洋功能区

根据《辽宁省海洋功能区划(2011—2020 年)》和《全国海洋功能区划(2011—2020 年)》,预选倾倒区附近海域主要功能区有农渔业区、港口航运区、工业与城镇用海区、旅游休闲娱乐区、海洋保护区以及保留区等。

1. 农渔业区

绥中海域农渔业区位于辽冀海域界线至六股河口海域,面积为 1 452.5 km²,陆域岸线长度为 15.2 km,属于海岸基本功能区;兴城海域农渔业区位于六股河口至望海寺海域,面积为 1 049.6 km²,陆域岸线长度 16.6 km,属于海岸基本功能区。

2. 港口航运区

石河口港口航运区位于石河口近岸,面积为 81.1 km²,陆域岸线长度为 9.7 km。

港口航运区是指适于开发利用港口航运资源,可供港口、航道和锚地建设的海域,包括港口区、航道区和锚地区。

3. 工业与城镇用海区

绥中滨海工业与城镇用海区位于绥中电厂近岸,面积为 7.1 km²,陆域岸线长度为 4.3 km;石河口东工业与城镇用海区位于长河口西,面积为 10.0 km²,陆域岸线长度为 5.6 km;二河口工业与城镇用海区位于二河口海域,面积为 6.2 km²,陆域岸线长度为 4.8 km;刘台子工业与城镇用海区位于长山寺角西海域,面积为 20.5 km²,陆域岸线长度为 11.6 km。

工业与城镇用海区是指适于发展临海工业与滨海城镇的海域,包括工业用海区和城镇用海区。

4. 旅游休闲娱乐区

芷锚湾旅游休闲娱乐区位于辽冀海域界线至绥中电厂近岸,面积为 52.6 km²,陆域岸线长度为 25.9 km;天龙寺旅游休闲娱乐区位于长滩河至团山近岸海域,面积为 19.6 km²,陆域岸线长度为 10.7 km。

5. 海洋保护区

六股河口海洋保护区位于六股河口海域,面积为 12.1 km²,陆域岸线长度为 8.8 km。

海洋保护区是指专供海洋资源、环境和生态保护的海域,包括海洋自然保护区、海洋特别保护区。

6.保留区

狗河保留区位于长河口至猫眼河,面积为 35.8 km²,陆域岸线长度为 20.1 km;天龙寺外海保留区位于六股河口外三道砂干海域,面积为 10.4 km²。

该倾倒区所在附近海域海洋功能区划见表 3-12。

表 3-12　绥中发电厂二期工程配套码头项目临时海洋倾倒区所在附近海域海洋功能区划登记表

序号	代码	功能区名称	地区	地理范围	功能区类型	面积/km²	陆域岸线长度/km	管理要求	
								海域使用管理	海洋环境保护
1	A5-01	芷锚湾旅游休闲娱乐区	葫芦岛	辽冀海域界线至绥中电厂近岸	旅游休闲娱乐区	52.6	25.9	(1)维护原生砂质海岸自然形态,限制贴岸式永久性工程活动;(2)保护水产种质资源;(3)整治修复海岸景观与不合理突堤工作,提高和改善沙滩质量	加强海水浴场环境质量监测,保护天然刺参和魁蚶等栖息环境,水质质量执行不低于二类海水水质标准,沉积物质量和海洋生物质量执行不低于一类标准
2	A3-01	绥中滨海工业与城镇用海区	葫芦岛	绥中电厂近岸	工业与城镇用海区	7.1	4.3	(1)严禁岸滩及近岸海域开采海砂;(2)严格限制海岸突堤工程规模,避免海岸侵蚀	加强排污口监测与排污控制,避免影响周边旅游区海洋环境质量,水质质量执行不低于二类海水水质标准,沉积物质量和海洋生物质量执行不低于一类标准
3	A2-01	石河口港口航运区	葫芦岛	石河口近岸	港口航运区	81.1	9.7	(1)维护河口两侧海岸稳定性;(2)保护海底管线与航运安全;(3)整治河口海域用海空间,保障河口防洪安全	加强排污口监测与排污控制,加强溢油风险控制,水质质量执行不低于三类海水水质标准,沉积物质量和海洋生物质量执行不低于二类标准
4	A3-02	石河口东工业与城镇用海区	葫芦岛	长河口西	工业与城镇用海区	10.0	5.6	(1)加强维护河口两侧海岸稳定性;(2)整理河口空间,确保泄洪安全;(3)严禁岸滩及近岸海域开采海砂	定期监测区域环境,水质、沉积物、生物质量标准不低于现状水平
5	A8-01	狗河口保留区	葫芦岛	长河口至猫眼河	保留区	35.8	20.1	(1)加强海岸稳定性监测;(2)允许不改变海域属性的开发利用;(3)整治修复海岸景观	治理养殖污染,控制现有工业排污,水质、沉积物、生物质量标准不低于现状水平

序号	代码	功能区名称	地区	地理范围	功能区类型	面积/km²	陆域岸线长度/km	管理要求	
								海域使用管理	海洋环境保护
6	A1-01	绥中海域农渔业区	葫芦岛	辽冀海域界线至六股河口海域	农渔业区	1 452.5	15.2	（1）严格控制区域采砂活动；（2）发展现代化和规模化海洋牧场；（3）整治修复渔业资源环境	重点保护渔业水域环境，控制溢油风险事故，水质质量执行不低于二类海水水质标准，沉积物质量和海洋生物质量执行不低于一类标准
7	A5-02	天龙寺旅游休闲娱乐区	葫芦岛	长滩河至团山近岸海域	旅游休闲娱乐区	19.6	10.7	（1）修复和保护原生砂质海岸及岸滩景观资源；（2）加强海岸两侧海岸稳定性监测；（3）限制贴岸式永久性海岸工程建设；（4）严禁岸滩及近岸海域开采海砂	重点保护砂质海岸生态系统，水质质量执行不低于二类海水水质标准，沉积物质量和海洋生物质量执行不低于一类标准
8	A3-03	二河口工业城镇用海区	葫芦岛	二河口海域	工业与城镇用海区	6.2	4.8	（1）加强河口两侧海岸稳定性监测，严禁岸滩及近岸海域开采海砂；（2）整理河口空间，确保泄洪安全；（3）保护自然岸线与沙滩	严格新增项目用海环评与监督管理，控制新增污染源，避免影响周边海洋功能区环境，水质质量执行不低于二类海水水质标准，沉积物质量和海洋生物质量执行不低于一类标准
9	A6-01	六股河口海洋保护区	葫芦岛	六股河口海域	海洋保护区	12.1	8.8	（1）保护原生砂质海岸与河口砂坝潟湖体系；（2）定期监测河口两侧海岸稳定性；（3）整治修复原生砂质海岸；（4）整理河口空间，确保泄洪安全	重点保护砂质海岸生态系统与生物栖息环境，海域水质、沉积物质量和海洋生物质量执行不低于国家一类标准
10	A8-02	天龙寺外海保留区	葫芦岛	六股河口外三道砂干海域	保留区	10.4	0.0	（1）监测和维护三道砂干水下砂脊；（2）加强海砂开采监管	区域水质、沉积物、生物质量标准不低于现状水平
11	A3-04	刘台子工业与城镇用海区	葫芦岛	长山寺角西海域	工业与城镇用海区	20.5	11.6	（1）保持区域自然岸线与水下岩礁系统，严格控制海域采砂活动；（2）严格限制区域填海造地规模	严格新增项目用海环评与监督管理，加强区域海水环境质量跟踪监测，水质质量执行不低于二类海水水质标准，沉积物质量和海洋生物质量执行不低于一类标准

续表

序号	代码	功能区名称	地区	地理范围	功能区类型	面积/km²	陆域岸线长度/km	管理要求	
								海域使用管理	海洋环境保护
12	A1-03	兴城海域农渔业区	葫芦岛	六股河口至望海寺海域	农渔业区	1 049.6	16.6	（1）严格控制区域采砂活动； （2）发展现代化和规模化海洋牧场； （3）保护河口、海岛海域和水下岩礁生物栖息环境； （4）整治修复受损海洋渔业资源系统	重点保护渔业水域环境和水产种质资源，水质质量执行不低于二类海水水质标准，沉积物质量和海洋生物质量执行不低于一类标准

3.2.4.3 倾倒区所在海域开发利用现状

1. 港口开发利用现状

葫芦岛市有 261 km 的海岸线，岸线资源丰富，建港自然条件优越，经济腹地广阔，货源供应充足，经过多年的建设和发展，全市港口初步形成了东部葫芦岛港区和西部绥中港区两大港区。

绥中港区位于高岭经济开发区内的大蜊蝗屯以南海域。目前，港区内共有港口（码头）5个，其中业主自运港口（码头）3个（包括绥中发电厂接卸发电燃煤专用码头、绥中 36-1 原油处理厂原油外输码头、辽宁渤海造船有限公司专用码头）和渔混杂货码头 2 个（包括绥中金利船务有限公司杂货码头、绥中团山港杂货码头），现有大小泊位 22 个，全县港口吞吐量预计达到 1 500 万吨，比上一年增长 9.5%。

绥中发电厂现有 1 个在两个 3 000 吨级泊位基础上改建而成的 1 万吨级煤炭专用泊位，年设计通过能力为 350 万吨。

绥中 36-1 油田原有 3 万吨级和 5 000 吨级原油专用码头各 1 个，1 个 1 000 吨级工作船码头，年设计通过能力为 600 万吨。绥中 36-1 原油处理厂在"十二五"期间产量由 600 万吨提高到 1 000 万吨，为满足产能的需要，在一个 3 万吨级泊位和一个 5 000 吨级泊位基础上新建了一个 5 万吨级泊位码头，主要担负 36-1 油田的原油外运。

此外，绥中芷锚湾渔港为农牧渔业部确定的辽宁省重点渔港之一、辽西地区第一大渔港，港区自然条件较优越，5 m 等深线距岸 600 m，10 m 等深线距岸平均为 1.2 km，港池水深为 3.5 m，可容纳渔船 350 只。

2. 海洋水产及渔业开发利用现状

1）渔业乡镇、人口

2010 年，绥中县有海洋渔业乡（镇）8 个，海洋渔业村 36 个，海洋渔业人口 48 680 人，海洋渔业专业劳动力 18 310 人，其中捕捞专业劳动力 14 300 人、养殖专业户劳动力 2 530 人、兼业劳动力 1 480 人。

2）海水养殖

2010 年，绥中县海水养殖面积为 12 190 ha，养殖产量为 127 361 t，其中鱼类养殖面积为 50 ha，产量为 3 243 t；甲壳类养殖面积为 130 ha，产量为 320 t；贝类养殖面积为 11 200 ha，产量为 123 013 t;其他种类养殖面积为 630 ha,产量为 8 785 t。

3)海洋捕捞器具

2010 年,绥中县有刺网船 1 136 艘,45 276 千瓦。

4)海洋渔业捕捞

2007 年,葫芦岛市海洋捕捞产量为 165 470 t,海水养殖产量为 259 114 t,产值为 63 370 万元;2010 年海洋捕捞量为 56 100 t。

3. 旅游开发利用现状

葫芦岛位于渤海之滨,历史悠久,自然风光秀丽,名胜古迹众多,交通便利,旅游资源丰富。其中,近海浴场资源极为丰富,浴场岸线共达 20.69 km,占全市陆域岸线长度的 10%。浴场资源主要分布在龙港区、兴城市和绥中县。葫芦岛市滨海旅游区主要有望海寺滨海旅游度假区、兴城滨海旅游度假区、菊花岛风景旅游区、芷锚湾旅游度假区等。

绥中县山川秀丽,名胜古迹颇多,自然景观独具风采。其中,位于李家乡境内的京东首关"九门口",建于明洪武十四年(公元 1381 年),是明代长城中的重要关隘之一,它飞跨河谷,险峻雄奇,号称"水上长城",是中国古长城中的一绝;位于渤海岸边的秦汉宫遗址,已被国务院列为重点文物保护对象;深山峡谷中的妙峰寺双塔、蔚为奇观的前卫歪塔、水光潋滟的将军湖以及老虎汀、下屯、新庄子、汤口等四大温泉等,构成了著名的游览胜地。绥中海域宽阔,是理想的天然浴场。

绥中县旅游业发展快速。2011 年,全县接待旅游总人数 212 万人次,同比增长 16.4%;旅游总收入达到 9.26 亿元,同比增长 16.5%。旅游基础设施进一步完善,九门口景区路面改造工程、三山景区截潜工程陆续完工,建成登山路 4 300 延长米;经济区东戴河假日酒店和圣托里尼主题酒店正式投入运营,同湾康年酒店已基本建成。

3.2.4.4　倾倒区周边自然地理概况

1. 区域概况

葫芦岛市位于辽东湾西南部沿海地区,东邻锦州市,西与河北省秦皇岛市接壤,北与朝阳毗连,南濒辽东湾,并与营口和大连市隔海相望。葫芦岛市辖 3 个市辖区、1 个县级市、2 个县、35 个街道办事处、34 个镇、59 个乡(含 22 个民族乡),其中 3 区(葫芦岛市龙港、连山和南票区)、一市(兴城市)、一县(绥中县)临海。

绥中县隶属葫芦岛市,位于葫芦岛市的南部,濒辽东湾,东隔六股河与兴城市相望,南临渤海,西与河北省秦皇岛市山海关接壤,北枕燕山余脉与建昌县毗邻。

该工程位于葫芦岛市绥中高岭技术开发区,地处绥中县万家屯乡高岭村附近海域。

2. 气象状况

绥中县隶属葫芦岛市,位于中纬度地带,属于温带季风性气候。其气候主要特征是四季分明,大陆性较强,春季(3—5 月)多大风天气,气候干燥少雨;夏季(6—8 月)降水量集中,气温较高;秋季(9—10 月)天高气爽,气候宜人;冬季(11 月至翌年 2 月)天气寒冷,气候干燥。工程区位于芷锚湾东北 11~13 km 海岸处,当地无实测气象资料,故采用芷锚湾海洋站实测资料进行统计分析。

1)气温

依据芷锚湾海洋站 2009—2011 年的气温观测记录,该站年平均气温为 10.3 ℃,8 月最高为 24.7 ℃，1 月最低为 -6.1 ℃。2009—2011 年，年均最高气温为 10.7 ℃，年均最低气温为 9.8 ℃；最高气温为 36.2 ℃，出现在 2010 年 7 月 8 日；最低气温为 -19.1 ℃，出现在 2010 年 1 月 6 日。

2）相对湿度

依据芷锚湾海洋站 2009—2011 年的相对湿度观测记录，该站年平均相对湿度为 68%。其中，2010 年相对湿度最大，为 73%；2011 年相对湿度最小，为 64%；夏季相对湿度最高，达 85%；春、秋次之，分别为 67.8% 与 63.1%；冬季最低，为 57.2%。该站最小相对湿度为 8%，出现在 2010 年 4 月 1 日。

3）降水量

依据芷锚湾海洋站 2009—2011 年的降水观测记录，该站年平均降水量为 676.0 mm，年均降水日数为 65.0 天；2010 年降水量最大，为 839.7 mm；2009 年降水量最小，为 496.3 mm。日最大降水量为 120.9 mm，发生在 2010 年 8 月 5 日。

该地区降水有显著的季节变化，雨量多集中于每年的 7、8 月，该两个月的降水量约为全年降水量的 56%；而每年的 12 月至翌年的 3 月降水极少，4 个月的总降水量仅为全年降水量的 3% 左右；而降水日主要出现在夏季与春季，4—8 月降水天数约占全年降水天数的 70%。

4）风

该倾倒区处于中高纬度地区，太阳辐射季节变化较大，受西风带副热带系统影响，属于温带半湿润大陆性季风气候区。

依据芷锚湾海洋站观测记录，低于 5.4 m/s 风速的出现频率最大，达 77.8%，而超过 10.8 m/s 风速的出现频率约为 2%；平均风速为 3.9 m/s，其中 WSW 向风速最大，为 5.4 m/s；SW 向次之，为 5.2 m/s；强风多发生于 WSW、SW 和 NE 向，最大风速为 15.0 m/s，发生在 WSW 向。

5）雾

该倾倒区海域的雾以锋面雾和平流雾为主，蒸发雾相对较少。依据芷锚湾海洋站 2009—2011 年的雾观测记录，该海域年均雾日为 40 天，其中 2010 年最多，达 58 天，2011 年最少，为 23 天。雾多发生在夏季（6—8 月），约为全年雾日的 49%；春季（3—5 月）和秋季（9—11 月）次之，分别占 18.5% 和 17.5%；冬季（12 月至翌年 2 月）最少，为 15%。最长持续雾日为 8 天，出现在 2010 年 6 月；能见度小于 1 km 的大雾日，平均每年为 23 天，其中 2010 年最多，达 32 天，2011 年最少，为 15 天。

3. 水文状况

1）潮汐

该海区属于规则日潮，其拟建港区的潮位特征值和设计水位如下（从当地理论最低潮面起算。

（1）潮位特征值：平均海平面为 0.90 m，平均高潮位为 1.42 m，平均低潮位为 0.4 8 m，平均潮差为 0.95 m。

（2）设计水位：设计高水位为 1.88 m，设计低水位为 0.14 m，极端高水位为 2.88 m，极端低水位为 -1.46 m。

2）波浪

芷锚湾海洋站 SW 和 SSW 向波浪出现频率最高，分别达 14.6% 和 10.7%，其次为 WSW 和 NE 向，分别为 8.5% 和 7.8%；其常浪向为 SW、SSW、WSW 与 NE 向。该站波浪较小，0.5 m

以下的波高（H1/10）所占频率达 71.8%，而 1.2 m 以上的波高（H1/10）所占频率仅为 3.0%；波浪强度以 NE 向最大，SSW 和 SW 向次之，其强浪向为 NE、SSW 与 SW 向。波浪发生频率最大周期为 0.0~2.9 s，所占频率达 69.5%，其次为 3.0~3.9 s，所占频率为 26.6%。

3）潮流

该海区潮流属于正规半日潮流，潮流呈往复流性质，涨落潮历时大致相同，涨落潮流速也差异不大，其中涨潮流流向为 60°~90°，落潮流流向为 240°~270°，与岸线大致平行。总体上，该海区潮流动力不强，属于弱潮海岸。

4）海冰

渤海北部近岸海域，冬季温度偏低，特别是受寒潮影响，冬季海面出现不同程度的冰冻现象，由于所处的位置不同，其冰期有显著的差异，海冰出现严重程度取决于水文、气象要素，所以各年间也有较大的差异。1972—1973 年，渤海冰情较轻，而 1968—1969 年冬季出现特大冰冻，流冰布满了整个渤海海面，且有流冰流出海峡。通常在每年 11 月下旬起，由北往南先后从岸边开始结冰，并逐渐向外扩展，到翌年 2 月下旬至 3 月上旬，再由南往北渐渐融化消失。根据芷锚湾海洋站观测的资料，分析工程水域的冰况。

根据芷锚湾海洋站冰情多年观测资料统计，总冰期平均为 106 天，初冰日为 11 月 25 日，终冰日为 3 月 11 日，历年最早的初冰日 11 月 9 日，最晚为 12 月 18 日；固定冰初冰日为 1 月 22 日，终冰日为 2 月 15 日，固定冰期为 24 天左右。

芷锚湾海域在 1、2 月岸边就有固定冰出现，但固定冰范围并不大，此海域固定冰平均宽度一般为 200 m，最大为 470 m，固定冰最大堆积高度一般低于 2.0 m，固定冰厚度一般为 0.2~0.3 m，最大为 0.63 m。

该海域一般在 12 月上旬开始出现流冰，到翌年 3 月消失。严重冰期多出现冰皮、泥罗冰、莲叶冰和灰白冰，白冰出现天数较少，而冰块面积大小不一。流冰的范围一般在 -15 m 等深线以内，流冰的方向大致与岸线平行，为 WSW 至 ENE 向，流冰速度一般为 0.2~0.3 m/s，遇有建筑物阻挡会出现叠冰现象。

综上所述，在一般正常年份，海冰对港口营运及水工建筑物不会构成危害。在海冰冰情严重的年份，冰的分布范围、冰厚、冰期都大大超过正常年份。1969 年 2 月、3 月和 1982 年 2 月出现两次大的冰封，1969 年尤为严重，整个渤海海面被冰覆盖，冰厚在 0.5 m 以上，沿岸堆积冰高度一般为 1~2 m，造成严重的海损。

3.2.4.5　倾倒区附近海域环境质量现状

1. 海洋环境质量现状

2013 年 4 月，该倾倒区及其附近海域环境质量现状调查表明，调查区域水质评价因子均达到二类海水水质标准，沉积物评价因子均符合一类沉积物标准。

2. 海洋生物

叶绿素 a：表层含量变化范围为 0.206~0.474 μg/L，底层含量变化范围为 0.205~0.474 μg/L。

浮游植物：共鉴定到浮游植物 19 种，浮游植物细胞数量变化范围在（1.01~19.04）×10^4 个 /m³，平均值为 7.12×10^4 个 /m³，以硅藻门为主。

浮游动物：共鉴定到浮游动物 14 种，浮游动物生物密度变化范围在（0.27~1.47）×10^4 个 /m³，平均值为 0.95×10^4 个 /m³，以桡足类为主。

底栖生物:共鉴定到底栖生物 51 种,大型底栖生物栖息密度变化范围在 220~4 820 个 /m²,平均值为 911 个 /m²,以多毛类为主。

3. 渔业资源

春季调查共鉴定鱼卵、仔稚鱼 19 种,其中鱼卵 15 种、仔稚鱼 6 种。春季鱼卵密度范围为 0~1.766 粒 /m³,平均值为 0.422 粒 /m³,斑鰶和短吻红舌鳎鱼卵密度最高。仔稚鱼密度范围为 0~1.042 尾 /m³,平均值为 0.188 尾 /m³,小黄鱼和矛尾鰕虎鱼仔稚鱼密度最大。

春、夏两季共捕获鱼类 31 种,其中暖水性鱼类有 15 种、暖温性鱼类有 16 种。按栖息水层分,底层鱼类有 25 种、中上层鱼类有 6 种;按越冬场分,渤海地方性鱼类有 14 种、长距离洄游性鱼类有 13 种;按经济价值分,经济价值较高的有 10 种、经济价值一般的有 14 种、经济价值较低的有 7 种。调查海域的头足类主要有日本枪乌贼、火枪乌贼、短蛸、长蛸、双喙耳乌贼,优势种为火枪乌贼;甲壳类 22 种,包括虾类 10 种、蟹类 11 种、口足类 1 种,优势种为口虾蛄、葛氏长臂虾和日本鼓虾。

渔业资源成体全年平均资源密度为 704.80 kg/km²;幼体均按夏季资源密度计算,幼鱼为 74 555 尾 /km²、头足类幼体为 486 尾 /km²、虾类幼体为 2 138 尾 /km²、蟹类幼体为 498 尾 /km²;鱼卵密度为 0.422 粒 /m³,仔稚鱼密度为 0.188 尾 /m³。

3.3 渤海湾

3.3.1 唐山港京唐港区维护性疏浚物临时性海洋倾倒区

3.3.1.1 倾倒区概况

唐山港京唐港区维护性疏浚物临时性海洋倾倒区由原国家海洋局于 2016 年 9 月 30 日批准设立,该倾倒区是以 119° 06′ 01.80″ E、39° 03′ 36.00″ N 为中心,半径 0.5 km 的圆形海域,面积为 0.785 km,2020 年水深 13.64~19.16 m,2021 年 9 月水深 12.7~17.88 m,平均水深 14.71 m,2021 年 11 月水深 13.38~18.44 m,平均水深 15.32 m。该倾倒区整体呈现中间浅,周围深的趋势,东侧水深略浅。

该倾倒区日最大倾倒量不超过 1.5 万立方米,两船倾倒间隔在 1.5 h 以上;6 月为主要经济种类的产卵盛期,建议停止倾倒活动;5 月、7 月和 10 月为产卵活动相对集中期,每日最大倾倒量控制在 1 万立方米以内。

3.3.1.2 倾倒区周边海洋功能区

该倾倒区附近海域主要开发利用功能区包括港口航运、能源开发、NB35-2 油田 CEP 至 QHD 32-6 油田 SPM 输油管道、旅游休闲娱乐区、农渔业区等。

根据《河北省海洋功能区划(2011—2020 年)》,该倾倒区位于港口航运区,距离其他功能区和用海活动距离均大于 5 km,故影响较小,不会对养殖、保护区和盐田等敏感海域造成影响。

该倾倒区所在附近海域海洋功能区划见表 3-13。

表 3-13　唐山港京唐港区维护性疏浚物临时性海洋倾倒区所在附近海域海洋功能区划登记表

代码	名称	地理范围		面积/ha	使用现状	备注
1.1.17	唐山港京唐港区港池区	小河子口—湖林河口		1 112.80	港池、养殖池塘和未利用滩涂	—
1.2.09	京唐港 20 万吨级航道	唐山港京唐港区港池南,方位角135°		355.48	航道	
1.3.07	京唐港 1# 锚地(散杂货船舶锚地)	唐山港京唐港区东南部		4 864.03	锚地、捕捞	
1.3.08	京唐港 2# 锚地(危险品锚地)	唐山港京唐港区东南部		858.94	锚地、捕捞	兼容功能区,功能顺序为①,与唐山港京唐港区临时倾倒区重叠
1.4.04	唐山港京唐港区其他港用水域区	唐山港京唐港区东南部		12 920.92	捕捞	兼容功能区,功能顺序为②,与南堡 35-2 油田海底管线区重叠
1.3.10	京唐港 3# 锚地(大型散货船舶锚地)	曹妃甸岛南		900.43	捕捞	
2.4.03	唐山捕捞区	冀津—滦乐海域界 5 m 等深线外海域		70 029.49	捕捞	兼容功能区,功能顺序为②,与冀东油田滩海勘采区及平台、石油管线重叠
3.1.01	秦皇岛 32-6 油田开采区	京唐港区东南		2 572.54	建有 6 座平台和 1 个单点系泊	—
3.1.02	南堡 35-2 油田勘采区	京唐港区西南		4 549.04	规划开采区	兼容功能区,功能顺序为①,与唐山海洋风景旅游区、曹妃甸—王滩浅海养殖区重叠
4.1.23	大清河盐田风光旅游区	大清河盐场		1 031.98	盐田	兼容功能区,功能顺序为②,与大清河盐田区重叠
5.1.02	大清河盐场盐田区	小清河—大清河		14 545.74	盐田、未利用滩涂	兼容功能区,功能顺序为②,与冀东油田滩海勘采区①、大清河盐田风光旅游区③和大清河风能利用区④重叠
7.1.06	秦皇岛 32-6 油田 A 平台至世纪号储油轮海底管线区	海底管线区	唐山港京唐港区东南	7.72	海底管线	兼容功能区,功能顺序为①,与秦皇岛 32-6 油田开采区重叠
7.1.07	秦皇岛 32-6 油田 B 平台至 A 平台海底管线区		唐山港京唐港区东南	8.54	海底管线	兼容功能区,功能顺序为①,与秦皇岛 32-6 油田开采区重叠
7.1.08	秦皇岛 32-6 油田 C 平台至 D 平台海底管线区		唐山港京唐港区东南	10.37	海底管线	兼容功能区,功能顺序为①,与秦皇岛 32-6 油田开采区重叠
7.1.09	秦皇岛 32-6 油田 D 平台至世纪号储油轮海底管线区		唐山港京唐港区东南	7.60	海底管线	兼容功能区,功能顺序为①,与秦皇岛 32-6 油田开采区重叠
7.1.10	秦皇岛 32-6 油田 E 平台至 F 平台海底管线区		唐山港京唐港区东南	7.82	海底管线	兼容功能区,功能顺序为①,与秦皇岛 32-6 油田开采区重叠
7.1.11	秦皇岛 32-6 油田 F 平台至世纪号储油轮海底管线区	海底管线区	唐山港京唐港区东南	0.26	海底管线	兼容功能区,功能顺序为①,与秦皇岛 32-6 油田开采区重叠
7.3.08	唐山港京唐港区扩建填海区	唐山港京唐港区东南		1 951.44	旅游、池塘养殖、渔港和未利用滩涂	兼容功能区,功能顺序为①,与唐山港京唐港区陆域区重叠

代码	名称	地理范围	面积/ha	使用现状	备注
8.1.02	乐亭石臼坨诸岛省级自然保护区	石臼坨诸岛及附近海域	3 774.66	省级自然保护区	兼容功能区,功能顺序为①,与石臼坨诸岛生态旅游区②和石臼坨海岛风能利用区③重叠
8.1.09	翔云岛林场防护林保护区	捞鱼尖北部	1 019.36	林地、苗圃、垂钓池塘	兼容功能区,功能顺序为②,与翔云岛林场森林公园旅游区重叠

3.3.1.3　倾倒区周边生态红线区

海洋生态红线是指为维护海洋生态健康和生态安全而划定的海洋生态红线区的边界线及其管理指标控制线,用以在渤海分类指导、分区管理、分级保护具有重要保护价值和生态价值的海域。海洋生态红线区是指为维护海洋生态健康和生态安全,以重要生态功能区、生态敏感区和生态脆弱区为保护重点而划定的实施严格管控、强制性保护的区域。

根据《河北省海洋生态红线》,划定自然岸线 17 段,总长 97.20 km,京唐港预选倾倒区与附近的生态红线区的位置与距离见表 3-14。

该倾倒区位于河北省海洋生态红线区外,距离其他生态红线区的距离大于 10 km,故在预选倾倒区位置进行倾倒不会对河北省海洋生态红线功能产生影响。

表 3-14　唐山港京唐港区维护性疏浚物临时性海洋倾倒区与生态红线区的位置与距离

编号	类型	名称	行政隶属	面积/ha	保护目标	与倾倒区距离/km	
						D 区	E 区
7-4	重要滨海旅游区	大青河口海岛旅游区	唐山乐亭县	11 730.62	保护地貌、植被、沙滩等海岛景观和近岸海域生态环境	9.3	3.5
2-2	海洋保护区	乐亭菩提岛诸岛保护区	唐山乐亭县	4 281.55	保护由海岛及周边海域自然生态环境、岛陆及海洋生物共同组成的海岛生态系统,执行第一类海水、海洋沉积物和海洋生物质量	20.1	15.3
9-4	沙源保护海域	大清河口至小清河口海域	唐山乐亭县、曹妃甸区	13 297.05	保护海底地形地貌、海洋水动力条件、海水质量,海水水质符合所在海域海洋功能区的环质量要求	16.2	10.9
3-3	重要河口生态系统	大清河河口生态系统	唐山乐亭县	682.18	保护河口地形地貌、生态环境	21.8	16.8
7-5	重要滨海旅游区	龙岛旅游区	唐山曹妃甸区	4 000.00	保护地貌、沙滩等海岛景观、近岸海域生态环境	29.3	24.8
1-15	自然岸线	湖林新河至新潮河岸段	唐山乐亭县		保护岸滩地貌	17.7	13.5
9-3	沙源保护海域	滦河口至老米沟海域	唐山乐亭县	11 653.75	保护海底地形地貌、海洋水动力条件、海水质量	21.3	20.7

3.3.1.4　倾倒区所在海域开发利用现状

1. 港口开发利用现状

唐山港京唐港区位于河北省唐山市东南 80 km 的唐山海港开发区,位于渤海湾北岸,沿大沽口至秦皇岛海岸的岬角上,大清河口与滦河口之间,东距秦皇岛港 64 海里,西距天津新港 70 海里,地理坐标为东经 119° 00′ 46″、北纬 39° 12′ 46″。

2. 社会环境概况

唐山是一座具有上百年历史的沿海重工业城市,地处环渤海湾中心地带,南临渤海,北依燕山,东与秦皇岛市接壤,西与北京、天津毗邻,是连接华北、东北两大地区的咽喉要地和走廊,现辖 2 县级市(迁安、遵化)、6 县(滦县、滦南、乐亭、迁西、玉田、唐海)、6 区(路南、路北、开平、古冶、丰润、丰南)和 6 个开发区(高新技术开发区、海港开发区、南堡开发区、芦台经济技术开发区、汉沽管理区和曹妃甸工业区),总面积 13 472 km²,总人口约 730 万,市区面积 3 874 km²,总人口约 310 万。

唐山市有"中国近代工业摇篮"之称,目前已形成以煤炭、钢铁、电力、建材、机械、化工、陶瓷、纺织、造纸、食品等产业为主体的完整工业体系。唐山市自然条件优越,适宜发展农业,素有"冀东粮仓"之称,是重要的粮、棉、油生产基地和海水养殖业基地,农副产品有出口潜力;盐业生产也十分发达;而且唐山陶瓷驰名中外,质地精良,每年有大量出口,日用陶瓷 86% 出口,产品出口到韩国、美国、日本等 169 个国家和地区。

唐山市是河北省的主要工业基地之一,在全国也有较重要的地位,工业门类比较齐全,而且综合能力强,便于协作配套,已形成一批骨干行业,如冶金、电力、煤炭、建材、机械、化工、纺织、陶瓷等,尤其是煤炭、钢铁、电力、水泥、陶瓷洁具的生产能力日益扩大,同时新增加了化肥、烧碱、汽车、自行车、电子、针织、印染、印刷、塑料等门类,已逐步发展成以重工业为主的多门类新型工业城市。目前,唐山市工业产业结构的主要特点为工业结构以重工业为主,重工业结构又以能源、原材料工业为主,行业结构以煤炭、电力、冶金、机械、建材为主,这一特点形成唐山市工业产成品运量大的特征。

唐山正在努力打造科学发展示范区和并在建设沿海经济社会发展强省中当好领头羊,以依托大港、走向海洋、跨越发展为基本方略,紧紧围绕实现更好更快发展、建设和谐唐山两大主要任务,更加着力推进发展模式转变和资源型城市转型,更加着力加快经济结构的战略性调整和产业优化升级,更加着力保护生态环境和节约资源能源,更加着力深化改革、扩大开放和体制机制政策创新,更加着力推动城市与农村、沿海与腹地的良性互动和区域协调发展,更加着力改善民生和不断提高人民群众的幸福指数,扎实推进经济、政治、文化、社会建设,在科学发展道路上实现新跨越,加快建设文化名城、经济强城、宜居靓城、滨海新城。

3.3.1.5　倾倒区周边自然地理概况

1. 区域概况

京唐港位于河北省唐山市东南 80 km 的唐山海港开发区,此处自然条件优越,陆域宽阔平坦,周围近 50 km² 范围内为滩涂,不占用良田,无须征地和拆迁,是建设工贸港口城市不可多得的天然良址。

2. 气象状况

1）气温（以南堡站、乐亭站为代表）

唐山地区属大陆性季风气候，具有明显的暖温带半湿润季风气候特征，四季分明，气候宜人；受海洋调节影响，与同纬度内陆相比具有雨水丰富、空气湿润、气候温和等特点。

2）风

唐山港京唐港区沿海风况在冬季受寒潮影响盛行偏北风，夏季受太平洋副热带高压影响多为暖湿的偏南风，季风特征明显。根据京唐港区 1995—2005 年观测资料统计，常风向为SSW 向，出现频率为 9.87%；次常风向为 WSW 向，出现频率为 8.25%；强风向为 NE 向，其 ≥7级风的出现频率为 0.11%；次强风向为 ENE 向，其 ≥7 级风的出现频率为 0.05%。

3）降水

唐山地区降水量主要集中在 6—9 月，这 4 个月的降水量约占全年的 75%；降雪期为 12 月至翌年 3 月，冬季降水较少，仅占全年降水量的 8% 左右。

4）雾

京唐港区（以乐亭县站统计）年平均雾日数为 32 天，最多为 51 天（1984 年），最少为 17 天（2005 年）。雾多发生在每年的 11 月至翌年 2 月，此期间雾日数约占全年的 77%，最长连续雾日数为 3 天。

5）相对湿度

该地区多年平均相对湿度为 66%，5—9 月相对湿度较大，最大月平均相对湿度为 86%，发生在 7 月；10 月至翌年 4 月相对湿度较小，最小月平均相对湿度为 44%，发生在 2 月。

3. 水文状况

1）潮汐

港口附近海域为不正规半日潮，唐山港京唐港区潮汐形态系数为 1.38，潮汐强度中等，潮位特征值见表 3-15。

表 3-15　唐山港京唐港区潮汐特征值统计表

	潮汐特征值
平均潮位	127
最高潮位	291
最低潮位	−139
平均潮差	88
最大潮差	278
统计年限	1993 年 6 月至 1995 年 5 月
起算面	京唐理论最低潮面

2）波浪

京唐港区海域大浪主要来自 ENE 和 NE 向，年内波浪的分布具有明显的季节特征，即春夏季波浪相对较弱，秋冬季则波浪较强。根据实测波浪资料统计，港口常波向为 SE 向，出现频率为 11.57%；次常波向为 ESE 向，出现频率为 9.20%；强波向为 ENE 向，$H1/10 \geqslant 2.0$ m 的出现频率为 1.46%；次强波向为 NE 向，$H1/10 \geqslant 2.0$ m 的出现频率为 0.78%。

3）海流

该海区以潮流为主,潮流的变化规律基本代表海流的变化规律,且海流具有明显的往复流性质,流向大致与岸线平行,涨潮流向为 SW 向,落潮流向为 NE 向;海流的平面分布规律为近岸流速小于深水区的流速;海流垂线分布规律为表层最大,底层最小,但最大流速发生的时刻表底层基本一致,大潮汛海流流速明显大于小潮汛。

3.3.1.6　倾倒区附近海域环境质量现状

1. 水质与沉积物环境质量现状

2016 年春季调查结果显示,该倾倒区及其临近海域海水 pH 值、COD、磷酸盐、油类、汞、铜、铅、锌、镉、铬含量均满足二类海水水质标准要求,无机氮含量较高,超标率为 48.6%,局部区域达劣四类海水水质。

2013—2015 年秋季调查结果显示,该倾倒区及其临近海域海水 pH 值、DO、COD、汞、铜、铅、锌、镉、砷含量均满足二类海水水质标准要求,磷酸盐、无机氮、油类含量较高,无机氮、磷酸盐局部区域达劣四类海水水质。根据《2015 年北海区海洋环境公报》结果,倾倒区海域无机氮、磷酸盐含量较高与辽东湾整体含量较高相关。

该倾倒区及其临近海域沉积物组分为黏土质粉砂、砂质粉砂、粉砂质砂,表层沉积物粒度平面分布较均匀,调查区域沉积物中总汞、铜、铅、锌、镉、铬、油类、硫化物、有机碳含量符合一类海洋沉积物质量标准,沉积物环境质量良好。

2. 海洋生物群落现状

2016 年春季调查结果显示,共出现 34 种浮游植物,其中硅藻 33 种,占浮游植物种类组成的 97.1%;甲藻 1 种。浮游植物细胞数量变化范围在（0.15~9.48）× 10^4 个 /m^3,平均密度为 3.11 × 10^4 个 /m^3,主要优势种为具槽帕拉藻和星脐圆筛藻。浮游植物的多样性指数（H'）在 0.50~3.10,平均值为 1.76;均匀度（J）在 0.22~0.91,平均值为 0.50;丰度（d）在 0.28~1.14,平均值为 0.81;优势度（D_2）在 0.44~0.95,平均值为 0.76。共出现浮游动物 18 种,其中桡足类 7 种,占浮游动物种类组成的 38.89%;幼虫幼体 4 种,腔肠动物 2 种,毛颚类、端足类、涟虫类、鱼卵及仔鱼各 1 种。浮游动物生物密度的变化范围在 87.7~11 538.5 个 /m^3,平均值为 1 247.4 个 /m^3;生物量的变化范围在 78.2~4 874.2 mg/m^3,平均值为 703.3 mg/m^3,优势种为中华哲水蚤和腹针胸刺水蚤。浮游动物的多样性指数（H'）在 0.09~1.40,平均值为 0.79;均匀度（J）在 0.05~0.52,平均值为 0.32;丰度（d）在 0.22~1.21,平均值为 0.54;优势度（D_2）在 0.88~1.00,平均值为 0.96。共获 32 种底栖生物,其中多毛类 19 种,占底栖生物种类组成的 59.38%;甲壳类 7 种,软体动物 4 种,纽形类和棘皮动物各 1 种。底栖生物生物量变化范围在 1.0~180.1 g/m^2,平均值为 27.2 g/m^2;栖息密度变化范围在 20~380 个 /m^2,平均值为 220.0 个 /m^2。底栖生物种类多样性指数（H'）在 0.00~3.47,平均值为 2.52;均匀度（J）在 0.79~0.95,平均值为 0.87,丰度（d）在 0.00~1.59,平均值为 1.02;优势度（D_2）在 0.37~0.68,平均值为 0.50。

2013—2015 年秋季调查结果显示,共出现浮游植物 59 种,其中硅藻门 51 种,占浮游植物种类组成的 86.4%,甲藻门 7 种,金藻门 1 种。浮游植物细胞数量变化范围在（11.14~127.08）× 10^4 个 /m^3,平均密度为 45.03 × 10^4 个 /m^3,主要优势种为具槽帕拉藻、角毛藻和圆筛藻。浮游植物的多样性指数（H'）在 2.40~3.72,平均值为 1.99;均匀度（J）在 0.54~0.83,平均值为 0.73;丰度（d）在 0.87~1.75,平均值为 0.73;优势度（D_2）在 0.20~0.44,平均值为 0.34。共出现浮游动物 18 种,其中桡足类 7 种,占浮游动物种类组成的 38.89%;糠虾、毛虾、毛颚类及被囊类各 1 种,腔肠动物 2 种,各类幼虫幼体 5 种。浮游动物生物密度的变化范围在 6 679~24 306 个 /m³,平均值为 14 746 个 /m³;生物量的变化范围在 135.9~486.1 mg/m³,平均值为 289.8 mg/m³,优势种为洪氏纺锤水蚤。大型浮游动物种类多样性指数(H')在 0.59~1.84,平均值为 1.00;均匀度(J)在 0.18~0.71,平均值为 0.35;丰度(d)在 0.50~0.96,平均值为 0.72;优势度(D_2)在 0.70~0.92,平均值为 0.84。中小型浮游动物种类多样性指数(H')在 1.64~2.42,平均值为 2.04;均匀度(J)在 0.41~0.64,平均值为 0.53;丰度(d)在 1.20~1.79,平均值为 1.46;优势度(D_2)在 0.36~0.60,平均值为 0.50。

春季生物质量调查结果显示,除 1 个站位生物质量样品镉含量为《海洋生物质量》一类标准的 1.05 倍外,生物质量样品中铜、铅、锌、铬、汞、石油烃含量均符合一类海洋生物质量标准。

3. 渔业资源

6 月和 8 月 2 个航次的调查共鉴定鱼卵、仔稚鱼 17 种,其中鱼卵 12 种,仔稚鱼 9 种。6 月调查鱼卵的平均密度为 0.718 粒 /m³,鳀鱼卵密度最高;仔稚鱼密度平均值为 0.213 尾 /m³,矛尾鰕虎鱼仔稚鱼密度最大。8 月调查鱼卵的平均密度为 0.200 粒 /m³,短吻红舌鳎鱼卵密度最高;仔稚鱼平均密度为 0.219 尾 /m³,短吻红舌鳎和中华栉孔虾虎鱼密度最高。

共捕获鱼类 24 种,隶属于 5 目 16 科 18 属,其中鲈形目种类最多,为 10 种,其次为鲉形目,为 7 种,鲱形目和鲽形目均为 4 种,鲼鳐目 1 种。从鱼类的适温类型来看,暖温种 11 种,占种类总数的 45.83%;暖水种 6 种,占 25.00%;冷温种有 7 种,占 29.17%。从鱼类的栖息水层来看,大部分为底层鱼类,有 21 种,占种类总数的 87.5%;其余为中上层鱼类,占 12.5%。从经济价值来看,经济价值较高的 10 种,占 41.67%;经济价值一般的 9 种,占 37.50%;经济价值较低的 5 种,占 20.83%。

鱼类成体资源密度全年平均值为 230.82 kg/km²,幼鱼为 2 289 尾 /km²。甲壳类成体资源密度全年平均值为 427.352 kg/km²,幼体为 5 379 尾 /km²。头足类成体资源密度全年平均值为 25.589 kg/km²,幼体为 518 尾 /km²。

3.3.2　乐亭东部 2# 临时性海洋倾倒区

3.3.2.1　倾倒区概况

乐亭东部 2# 临时性海洋倾倒区由生态环境部于 2021 年 11 月 24 日批准设立,该倾倒区包括 A 区 和 B 区,A 区 是 118°58′30.55″E、38°58′19.92″N,118°58′56.34″E、38°58′00.16″N,118°57′25.72″E、38°55′16.62″N,118°55′57.43″E、38°56′26.47″N 四点连线围成的区域,面积 9.93 km²;B 区是 118°59′23.20″E、38°57′17.48″N,119°00′24.09″E、38°56′31.69″N,118°58′16.57″E、38°54′53.94″N,118°58′09.21″E、38°55′01.24″N 四点连线围成的区域,面积 4.95 km²。2021 年选划水深 19~24 m,平均水深 22 m;水深呈现北部区块略深、南部区块略浅。

4—8 月仅可使用 A1、A2 区,倾倒区日倾倒量不得超过 14.4 万立方米,倾倒时间段限定为低潮前 1 小时至高潮前 1 小时内,倾倒船舶必须采用开底式排放;1 月、2 月、3 月、9 月、10 月、11 月和 12 月倾倒区日倾倒量不得超过 28.8 万立方米;若倾倒区分区水深低于 11 m 则暂停使用。

该倾倒区分区情况见表 3-16。

表 3-16　乐亭东部 2# 临时性海洋倾倒区分区情况表

分区名称	面积 /km²	容量 /(万立方米 / 年)	拐点坐标	
			经度	纬度
A1	2.28	460	118° 56′ 46.33″ E	38° 57′ 4.48″ N
			118° 57′ 21.14″ E	38° 56′ 36.35″ N
			118° 56′ 41.58″ E	38° 55′ 51.55″ N
			118° 55′ 57.43″ E	38° 56′ 26.47″ N
A2	2.28	460	118° 57′ 21.14″ E	38° 56′ 36.35″ N
			118° 57′ 54.44″ E	38° 56′ 09.43″ N
			118° 57′ 25.72″ E	38° 55′ 16.62″ N
			118° 56′ 41.58″ E	38° 55′ 51.55″ N
A3	2.03	410	118° 56′ 46.33″ E	38° 57′ 4.48″ N
			118° 57′ 56.19″ E	38° 57′ 54.47″ N
			118° 58′ 16.01″ E	38° 57′ 38.81″ N
			118° 57′ 21.14″ E	38° 56′ 36.35″ N
A4	2.08	420	118° 58′ 16.01″ E	38° 57′ 38.81″ N
			118° 58′ 35.83″ E	38° 57′ 23.15″ N
			118° 57′ 54.44″ E	38° 56′ 09.43″ N
			118° 57′ 21.14″ E	38° 56′ 36.35″ N
A5	1.26	250	118° 58′ 30.55″ E	38° 58′ 19.92″ N
			118° 58′ 56.34″ E	38° 58′ 00.16″ N
			118° 58′ 35.83″ E	38° 57′ 23.15″ N
			118° 57′ 56.19″ E	38° 57′ 54.47″ N
B1	1.94	390	118° 59′ 23.20″ E	38° 57′ 17.48″ N
			119° 00′ 24.09″ E	38° 56′ 31.69″ N
			118° 59′ 52.21″ E	38° 56′ 7.25″ N
			118° 59′ 04.70″ E	38° 56′ 43.42″ N
B2	1.93	390	118° 59′ 04.70″ E	38° 56′ 43.42″ N
			118° 59′ 52.21″ E	38° 56′ 07.25″ N
			118° 59′ 07.58″ E	38° 55′ 33.04″ N
			118° 58′ 38.81″ E	38° 55′ 55.74″ N
B3	1.08	220	118° 58′ 38.81″ E	38° 55′ 55.74″ N
			118° 59′ 07.58″ E	38° 55′ 33.04″ N
			118° 58′ 16.57″ E	38° 54′ 53.94″ N
			118° 58′ 09.21″ E	38° 55′ 01.24″ N

3.3.2.2　倾倒区周边海洋功能区

该倾倒区位于京唐港至曹妃甸农渔业区，与倾倒区所在功能区相邻的海洋功能区主要有京唐港港口航运区、打网岗港口航运区、曹妃甸港口航运区、曹妃甸生态城工业与城镇用海区、曹妃甸南工业与城镇用海区、京唐港矿产与能源区、月坨南矿产与能源区、大清河矿产与能源区、大清河口海岛旅游休闲娱乐区、龙岛旅游休闲娱乐区、石臼坨诸岛海洋保护区等。

该倾倒区所在附近海域海洋功能区划见表3-17。

表3-17　乐亭东部2#临时性海洋倾倒区所在附近海域海洋功能区划登记表

区划类型	代码	功能区名称	海域使用管理	海洋环境保护
农渔业区	1-8	滦河口农渔业区	用途管理：用海类型为渔业用海；重点保障开放式养殖用海和渔港及航道用海需求；生产活动须避免对相邻的特殊利用区、海洋保护区产生影响，保证海上航运安全；二滦河口（浪窝口）海域开发利用须保障行洪安全；浪窝口至老米沟口近岸海域为唐山港京唐港区预留发展区，严禁建设有碍港口发展的永久性设施。 用海方式控制：严格限制改变海域自然属性。 海域整治：实施养殖区综合整治，合理布局养殖空间，控制养殖密度；实施河口海域综合整治，提高港址资源质量，降低对毗邻区域的环境影响	生态保护重点目标：保护三疣梭子蟹、花鲈、假睛东方鲀、文昌鱼等水产种质资源珍稀海洋生物以及滨海湿地、自然沙质岸滩。 环境保护要求：禁止进行污染海域环境的活动；防止外来物种侵害，防治养殖自身污染和水体富营养化，加强水产种质资源保护，维持海洋生物资源可持续利用，保持海洋生态系统结构和功能稳定，执行不劣于二类海水水质质量标准、一类海洋沉积物和海洋生物质量标准
	1-9	京唐港至曹妃甸农渔业区	用途管制：用海类型为渔业用海；重点保障开放式养殖用海和渔港航道用海需求；养殖生产活动须保证海上航运安全；小清河口（大庄河口）海域开发利用须保障行洪安全。 用海方式：严格限制改变海域自然属性。 海域整治：实施底播养殖综合整治，合理布局养殖空间，控制养殖密度；实施河口海域综合整治，提高港址资源质量，降低对毗邻区域的环境影响	生态保护重点目标：保护青蛤、四角蛤蜊、光滑蓝蛤等潮间带底栖生物和滨海湿地、海水质量。 环境保护要求：禁止进行污染海域环境的活动；防止外来物种侵害，防治养殖自身污染和水体富营养化，维持海洋生物资源可持续利用，保持海洋生态系统结构和功能稳定；执行不劣于二类海水水质质量标准、一类海洋沉积物和海洋生物质量标准
	1-11	曹妃甸至涧河口农渔业区	用途管制：用海类型为渔业用海，兼容工业（油气开采）用海；重点保障开放式养殖用海、捕捞用海、渔港航道和油气勘采设施用海需求，生产活动须保证海上航运安全；沙河口（黑沿子）海域开发利用须保障行洪安全；油气勘探开采和储运设施周边海域禁止与油气开采作业无关、有碍生产和设施安全的活动。 用海方式：严格限制改变海域自然属性，允许以人工岛以及透水构筑物或非透水构筑物方式建设油气勘探开采和储运设施。 海域整治：实施底播养殖区综合整治，合理布局养殖空间，控制养殖密度；实施河口海域综合整治，提高港址资源质量，降低对毗邻区域的环境影响	生态保护重点目标：保护滨海湿地，保护青蛤、四角蛤蜊、光滑蓝蛤等潮间带底栖生物和中国明对虾、小黄鱼、三疣梭子蟹等水产种质资源。 环境保护要求：禁止进行污染海域环境的活动；防止外来物种侵害，防治养殖自身污染和水体富营养化，维持海洋生物资源可持续利用，保持海洋生态系统结构和功能稳定；养殖区执行不劣于二类海水水质质量标准、一类海洋沉积物和海洋生物质量标准，捕捞区执行一类海水水质、海洋沉积物和海洋生物质量标准；兼容功能利用须加强海洋环境风险防范，保证海洋生态安全

续表

区划类型	代码	功能区名称	海域使用管理	海洋环境保护
港口航运区	2-4	京唐港港口航运区	用途管制:用海类型为交通运输用海,近岸围填成陆区兼容工业用海;重点保障港口建设用海需求;禁止捕捞和养殖等与港口作业无关的活动;工程建设未实施前,相关海域维持现状或适宜的海域使用类型。 用海方式:允许适度改变海域自然属性,以填海造地、构筑物和围海等用海方式实施港口和工业设施建设,严格控制填海造地规模。 海域整治:实施环境综合整治,降低对毗邻区域的环境影响	生态保护重点目标:保护水深地形和海洋动力条件。 环境保护要求:强化污染物控制,提高粉尘、废气、油污、废水处理能力,实施废弃物达标排放;减少对海洋水动力环境、岸滩及海底地形地貌的影响,防治海岸侵蚀;加强海洋环境风险防范,确保毗邻海洋生态敏感区、亚敏感区的海洋环境及海域生态安全;港池区执行不劣于四类海水水质标准、不劣于三类海洋沉积物和海洋生物质量标准,航道、锚地区执行不劣于三类海水水质标准、不劣于二类海洋沉积物和海洋生物质量标准,其他港用水域执行不劣于二类海水水质标准、一类海洋沉积物和海洋生物质量标准
	2-5	打网岗港口航运区	用途管制:用海类型为交通运输用海,兼容旅游娱乐用海;重点保障海洋管理执法船舶基地(海监码头)建设用海需求;工程建设未实施前,相关海域维持现状或适宜的海域使用类型。 用海方式:允许适度改变海域自然属性,以填海造地、构筑物和围海等用海方式实施海洋管理执法船舶基地建设,严格控制填海造地规模。 海域整治:实施环境综合整治,降低对毗邻区域的环境影响	生态保护重点目标:保护水深地形和海洋动力条件。 环境保护要求:强化船舶污染物控制,提高废气、油污、废水处理能力,实施废弃物达标排放;减少对海洋水动力环境、岸滩、海岛及海底地形地貌的影响,防治海岸侵蚀;加强海洋环境风险防范,确保毗邻海洋生态敏感区、亚敏感区的海洋环境及海域生态安全;执行不劣于三类海水水质标准、不劣于二类海洋沉积物和海洋生物质量标准
	2-6	曹妃甸港口航运区	用途管制:用海类型为交通运输用海,围填成陆区兼容工业用海;重点保障港口建设用海需求;禁止捕捞和养殖等与港口作业无关、有碍航行安全的活动,禁止在船舶定线制警戒区、通航分道及其端部的附近水域锚泊;工程建设未实施前,相关海域维持现状或适宜的海域使用类型;青龙河口、双龙河口海域开发利用须保障行洪安全。 用海方式:允许适度改变海域自然属性,以填海造地、构筑物和围海等用海方式实施港口和工业设施建设,严格控制填海造地规模。 海域整治:实施港区、河口海域综合整治,提高港址资源质量,降低对毗邻区域的环境影响	生态保护重点目标:保护水深地形和海洋动力条件。 环境保护要求:强化污染物控制,提高粉尘、废气、油污、废水处理能力,实施废弃物达标排放;加强深槽及水动力环境监控,减少对海洋水动力环境、岸滩及海底地形地貌的影响;加强海洋环境风险防范,确保毗邻海洋生态敏感区、亚敏感区的海洋环境及海域生态安全,港池区执行不劣于四类海水水质标准、不劣于三类海洋沉积物和海洋生物质量标准,航道、锚地区执行不劣于三类海水水质标准、不劣于二类海洋沉积物和海洋生物质量标准,其他港用水域执行不劣于二类海水水质标准、一类海洋沉积物和海洋生物质量标准
	2-7	嘴东西南港口航运区	用途管制:用海类型为交通运输用海;重点保障待港船舶锚泊用海需求;禁止进行与船只锚泊无关的活动。 用海方式:禁止改变海域自然属性	生态保护重点目标:保护水深地形和海洋动力条件。 环境保护要求:强化船舶污染物控制,实施废弃物达标排放;加强海洋环境风险防范,确保毗邻海洋生态敏感区、亚敏感区的海洋环境及海域生态安全;执行不劣于三类海水水质标准、不劣于二类海洋沉积物和海洋生物质量标准

区划类型	代码	功能区名称	海域使用管理	海洋环境保护
工业与城镇用海区	3-6	曹妃甸生态城工业与城镇用海区	用途管制:用海类型为城镇建设用海,兼容旅游娱乐用海;重点保障城镇配套设施建设用海需求;在工程未实施前,相关区域维持现状或适宜的海域使用类型;溯河口(西河口)海域开发利用须保障行洪安全。 用海方式:允许适度改变海域自然属性,以填海造地方式实施城镇建设,严格控制填海造地规模。 海域整治:实施环境综合整治和生态廊道建设,改善周边海域环境;整治岸线不少于10 km,整治海域面积不低于5 000 ha。	生态保护重点目标:保护海域地形地貌、水动力条件、海水质量。 环境保护要求:强化污染物控制,实施污染物达标排放;减少对滩涂湿地及海底地形地貌的破坏;加强海岸生态廊道建设和海洋环境风险防范,降低对毗邻海洋生态敏感区、亚敏感区的影响;执行不劣于三类海水水质质量标准,不劣于二类海洋沉积物和海洋生物质量标准
	3-7	曹妃甸南工业与城镇用海区	用途管制:用海类型为工业用海;重点保障曹妃甸循环经济示范区建设用海需求;在工程未实施前,相关区域维持现状或适宜的海域使用类型。 用海方式:允许适度改变海域自然属性,以填海造地方式实施工业设施建设,严格控制填海造地规模。 海域整治:实施围填海区综合整治,改善工程地质条件,提高防灾减灾能力	生态保护重点目标:保护周边海域地形地貌、水动力条件。 环境保护要求:强化污染物控制,提高粉尘、废气、油污、废水和工业废弃物处理能力,实施废弃物达标排放;减少对滩涂湿地及海底地形地貌的破坏;加强海洋环境风险防范,降低对毗邻海洋生态敏感区、亚敏感区的影响;执行不劣于三类海水水质质量标准,不劣于二类海洋沉积物和海洋生物质量标准
	3-8	曹妃甸北工业与城镇用海区	用途管制:用海类型为工业用海;重点保障曹妃甸循环经济示范区建设用海需求;在工程未实施前,相关区域维持现状或适宜的海域使用类型。 用海方式:允许适度改变海域自然属性,以填海造地方式实施工业和城镇设施建设,严格控制填海造地规模。 海域整治:实施围填海区综合整治,改善工程地质条件,提高防灾减灾能力	生态保护重点目标:保护周边海域地形地貌、水动力条件。 环境保护要求:强化污染物控制,提高粉尘、废气、油污、废水和工业废弃物处理能力,实施废弃物达标排放;减少对滩涂湿地及海底地形地貌的破坏;加强海洋环境风险防范,降低对毗邻海洋生态敏感区、亚敏感区的影响;执行不劣于三类海水水质质量标准,不劣于二类海洋沉积物和海洋生物质量标准
	3-9	嘴东工业与城镇用海区	用途管制:用海类型为工业用海;重点保障临港工业区建设用海需求;在工程未实施前,相关区域维持现状或适宜的海域使用类型。 用海方式:允许适度改变海域自然属性,以填海造地方式实施工业设施建设,严格控制填海造地规模。 海域整治:实施围填海区综合整治,改善工程地质条件,提高防灾减灾能力	生态保护重点目标:保护周边海域地形地貌、水动力条件。 环境保护要求:强化污染物控制,提高粉尘、废气、油污、废水和工业废弃物处理能力,实施废弃物达标排放;减少对滩涂湿地及海底地形地貌的破坏;加强海洋环境风险防范,降低对毗邻海洋生态敏感区、亚敏感区的影响;执行不劣于三类海水水质质量标准,不劣于二类海洋沉积物和海洋生物质量标准

续表

区划类型	代码	功能区名称	海域使用管理	海洋环境保护
矿产与能源区	4-1	京唐港矿产与能源区	用途管制:用海类型为工业(油气开采)用海,重点保障油气开采设施建设用海需求;禁止与油气开采作业无关、有碍安全生产的活动。 用海方式:严格限制改变海域自然属性,允许以平台式、透水构筑物或非透水构筑物方式建设油气开采和储运设施。 海域整治:实施环境综合整治,降低对毗邻区域的环境影响	生态保护重点目标:保护海洋生态环境。 环境保护要求:严格控制生产过程中废弃物的排放,制定油气泄漏应急预案和快速反应系统,减少对海洋水动力环境、海底地形地貌的影响;确保毗邻海洋生态敏感区、亚敏感区的海洋环境及海域生态安全;海水水质、海洋沉积物和海洋生物质量不劣于现状水平
	4-2	月坨南矿产与能源区	用途管制:用海类型为工业(油气开采)用海,非生产区兼容渔业用海;重点保障油气开采设施建设用海需求;生产区禁止与油气开采作业无关、有碍生产和设施安全的活动,非生产区的渔业生产活动须保障油田作业船舶通行安全。 用海方式:严格限制改变海域自然属性,允许以平台式、透水构筑物或非透水构筑物方式建设油气勘采和储运设施。 海域整治:实施环境综合整治,降低对毗邻区域的环境影响	生态保护重点目标:保护海洋生态环境。 环境保护要求:严格控制生产过程中废弃物的排放,制定油气泄漏应急预案和快速反应系统,减少对海洋水动力环境、海底地形地貌的影响;确保毗邻海洋生态敏感区、亚敏感区的海洋环境及海域生态安全;海水水质、海洋沉积物和海洋生物质量不劣于现状水平
	4-3	大清河矿产与能源区	用途管制:用海类型为工业(盐业和油气开采)用海,兼容渔业用海;重点保障盐场扩建、油气开采设施建设用海需求;渔业生产活动须保障盐业和油气开采生产安全;油气勘探开采和储运设施周边海域禁止与油气开采作业无关、有碍生产和设施安全的活动。 用海方式:允许适度改变海域自然属性,以盐田,取、排水口等方式建设盐业生产设施,以人工岛、透水构筑物或非透水构筑物等方式建设油气勘探开采和储运设施	生态保护重点目标:保护海水质量。 环境保护要求:严格控制生产过程中废弃物的排放,减少对海洋水动力环境、岸滩及海底地形地貌的影响,防治海岸侵蚀;加强海洋环境风险防范,确保毗邻海洋生态敏感区、亚敏感区的海洋环境及海域生态安全;海水执行不劣于二类海水水质量标准
旅游休闲娱乐区	5-4	大清河口海岛旅游休闲娱乐区	用途管制:用海类型为旅游娱乐用海;重点保障旅游设施建设用海需求;严格执行《风景名胜区条例》的相关规定,禁止与旅游休闲娱乐无关的活动,旅游休闲娱乐活动须避免对相邻的海洋保护区产生影响;周边海域使用活动须与旅游休闲娱乐功能相协调。 用海方式:严格限制改变海域自然属性,允许以填海造地、透水构筑物或非透水构筑物等方式建设适度规模的旅游休闲娱乐设施。 用海方式:实施潟湖清淤、退养还岛和海岸整治和修复,减缓岸滩侵蚀退化,提高岛体稳定性,修复海岛生态系统受损功能。整治岸线不少于 30 km,整治海域面积不低于10 000 ha。	生态保护重点目标:保护海岛、潟湖—沙坝生态系统。 环境保护要求:按生态环境承载能力控制旅游开发强度;防治海岸侵蚀,严格实行污水达标排放和生活垃圾科学处置;确保海洋环境及海域生态安全;海域执行不劣于二类海水水质量标准、一类海洋沉积物和海洋生物质量标准

区划类型	代码	功能区名称	海域使用管理	海洋环境保护
旅游休闲娱乐区	5-5	龙岛旅游休闲娱乐区	用途管制:用海类型为旅游娱乐用海;重点保障旅游设施建设用海需求;禁止与旅游休闲娱乐无关的活动,周边海域使用活动须与旅游休闲娱乐功能相协调。 用海方式:严格限制改变海域自然属性,允许以填海造地、透水构筑物或非透水构筑物等方式建设适度规模的旅游休闲娱乐设施,严格控制填海造地规模。 用海方式:实施岸线修复,提高岛体稳定性	生态保护重点目标:保护海岛生态系统。 环境保护要求:按生态环境承载能力控制旅游开发强度;防治海岸侵蚀,严格实行污水达标排放和生活垃圾科学处置;确保海洋环境及海域生态安全;海域执行不劣于二类海水水质量标准、一类海洋沉积物和海洋生物质量标准
海洋保护区	6-6	石臼坨诸岛海洋保护区	用途管制:用海类型为海洋保护区用海,实验区兼容旅游娱乐用海;重点保障自然保护区用海需求;遵从自然保护区总体规划,规范保护区内各类开发与建设活动。旅游开发活动不得对保护对象及其生境产生负面影响,禁止各类破坏性开发活动。 用海方式:核心区内禁止改变海域自然属性,其他区域严格限制改变海域自然属性;实验区允许适度开发建设旅游基础设施。 用海方式:实施海岛及周边海域综合整治,提高海岛稳定性,恢复、改善生态环境和生物多样性	生态保护重点目标:保护海岛生态系统。 环境保护要求:严格执行《中华人民共和国海洋环境保护法》《中华人民共和国海岛保护法》《自然保护区条例》和《海洋自然保护区管理办法》,维持、恢复、改善海洋生态环境和生物多样性,保护自然景观;将核心区界限作为"生态红线"进行保护和管理;海域执行一类海水水质、海洋沉积物和海洋生物质量标准

3.3.2.3 倾倒区周边生态红线区

河北省海洋生态红线分为禁止开发区和限制开发区,具体划分了2类禁止开发区和9类限制开发区。禁止开发区指海洋生态红线区内禁止一切开发活动的区域,主要包括自然保护区的核心区和缓冲区、海洋特别保护区的重点保护区和预留区。限制开发区指海洋生态红线区内除禁止开发区以外的其他红线区,主要包括自然保护区的实验区、海洋特别保护区的适度利用区和生态与资源恢复区、重要渔业海域、重要砂质岸线及邻近海域、重要河口生态系统、重要滨海湿地、特殊保护海岛、自然景观与历史文化遗迹和重要滨海旅游区等。

根据河北省海洋生态红线控制图,该倾倒区附近主要的生态红线区有乐亭菩提岛诸岛保护区、滦河河口生态系统、大清河河口生态系统、滦河河口沼泽湿地、渤海湾(南堡海域)种质资源保护区、大清河口海岛旅游区、龙岛旅游区、滦河口至老米沟海域、大清河口至小清河口海域。

该倾倒区周边海洋生态红线区见表3-18。

表 3-18　乐亭东部 2# 临时性海洋倾倒区周边海洋生态红线区登记表

序号	编号	类型	名称	行政隶属	面积/ha	保护目标	管控措施	备注
2	2-2	海洋保护区	乐亭菩提岛诸岛保护区	唐山乐亭县	4 281.55	保护由海岛及周边海域自然生态环境、岛陆及海洋生物共同组成的海岛生态系统,具体包括海岛岛体及周边海域、岛陆植被、海洋生物和鸟类及其栖息地	核心区和缓冲区为禁止开发区,不得建设任何生产设施,无特殊原因,禁止任何单位或个人进入;实验区实施严格的区域限批政策,遵从自然保护区总体规划,规范保护区内各类开发与建设活动,开发活动不得对保护对象及其生境产生负面影响;实施岛体修复、侵蚀岸滩恢复、植被恢复与构建、海域清淤等综合整治工程,提高海岛稳定性,维持、恢复、改善生态环境和生物多样性,保护自然景观;海域执行一类海水水质、海洋沉积物和海洋生物质量标准	省级自然保护区,2002 年 5 月建区
6	3-2	重要河口生态系统	滦河河口生态系统	秦皇岛昌黎县	158.04	保护河口地形地貌、生态环境	加强入海污染物总量控制,禁止开展采挖海砂、围填海、设置直排排污口等破坏河口生态功能的开发活动,确保行洪安全;实施退养还海和河口海岸生态修复工程,改善河口生态环境;海域执行二类海水水质标准、一类海洋沉积物和海洋生物质量标准	列入"中国重要湿地名录"的滨海湿地
				唐山乐亭县	857.33	保护河口地形地貌、生态环境	—	—
7	3-3	重要河口生态系统	大清河河口生态系统	唐山乐亭县	682.18	保护河口地形地貌、生态环境	加强入海污染物总量控制,禁止开展采挖海砂、围填海、设置直排排污口等破坏河口生态功能的开发活动,确保行洪安全;实施退养还海、清淤清污、清障和海岸生态修复等河口海域综合整治工程,改善河口生态环境;海域执行二类海水水质标准、一类海洋沉积物和海洋生物质量标准	实施河口海域综合整治工程区域
8	4-1	重要滨海湿地	滦河河口沼泽湿地	唐山乐亭县	5 459.62	保护潟湖—沙坝海岸景观,河口湿地和鸟类	建立滨海湿地保护管理体系,推进"滦河口滨海湿地海洋特别保护区(海洋公园)"建设;禁止开展围垦、填海造陆、城市建设开发等改变湿地自然属性、破坏湿地生态系统功能的开发活动;严格按生态容量控制生态旅游和生态渔业开发规模;实施河口海域综合整治,退养还湿,恢复、改善湿地生态环境和生物多样性	列入"中国重要湿地名录"的滨海湿地
13	5-4	重要渔业海域	渤海湾(南堡海域)种质资源保护区	唐山滦南县	5 779.41	保护海底地形地貌和中国明对虾、小黄鱼、三疣梭子蟹等水产种质资源,保护海洋环境质量	禁止围填海、截断洄游通道、设置直排排污口等开发活动,特别保护期内不得从事捕捞、爆破作业以及其他可能对保护区内生物资源和生态环境造成损害的活动;实施养殖综合整治,合理布局养殖空间,控制养殖密度,防治养殖自身污染和水体富营养化,防止外来物种侵害,保持海洋生态系统结构和功能稳定;采取人工鱼礁、增殖放流、恢复洄游通道等措施,有效恢复渔业生物种群;执行一类海水水质量、海洋沉积物和海洋生物质量标准	国家级水产种质资源保护区的组成部分,2007 年 12 月建立

序号	编号	类型	名称	行政隶属	面积/ha	保护目标	管控措施	备注
22	7-4	重要滨海旅游区	大清河口海岛旅游区	唐山乐亭县	11 730.62	保护地貌、植被、沙滩等海岛景观、近岸海域生态环境	严格保护海岛地形、地貌、砂质岸滩和近岸海域生态环境,禁止采挖海砂等破坏性开发活动;禁止与旅游休闲娱乐无关的开发活动,严格按照生态环境承载能力控制旅游强度,实施固体废弃物和污水科学处置,避免对相邻的海洋保护区和生态敏感区产生影响,确保海岛及周边海域生态安全;推进"唐山湾国际旅游岛国家级海岛开发利用示范基地"建设,探索海岛生态旅游发展模式,突出资源特色,避免同质性开发,注重新能源、新材料、新技术的应用,提高海岛资源利用效率;实施海岛及周边海域综合整治,提高海岛稳定性,减缓岸滩侵蚀退化,修复海岛受损生态功能,改善海岛生态环境	省级风景名胜区、4A级景区
23	7-5	重要滨海旅游区	龙岛旅游区	唐山曹妃甸区	4 000.00	保护地貌、沙滩等海岛景观、近岸海域生态环境	严格保护海岛地形、地貌、砂质岸滩和近岸海域生态环境,禁止采挖海砂等破坏性开发活动;禁止与旅游休闲娱乐无关的开发活动,严格按照生态环境承载能力控制旅游强度,实施固体废弃物和污水科学处置,确保海岛及周边海域生态安全;实施岛体修复、沙滩修复、植被构建等海岛综合整治工程,提高岛体稳定性,减缓岸滩侵蚀退化,修复海岛受损生态功能,改善海岛生态环境	潜在旅游区
43	9-3	沙源保护海域	滦河口至老米沟海域	唐山乐亭县	11 653.75	保护海底地形地貌、海洋动力条件、海水质量。	禁止开展可能改变或影响沙源保护海域自然属性的开发建设活动;禁止在沙源保护海域内构建永久性建筑、采挖海砂、围填海、倾废等可能诱发沙滩蚀退的开发活动;实施严格的水质控制指标,陆源入海直排口污染物达标排放,严格控制河流入海污染物排放;实行海洋垃圾巡查清理制度,有效清理海洋垃圾,海水水质须符合所在海域海洋功能区的环境质量要求	—
44	9-4	沙源保护海域	大清河口至小清河口海域	唐山乐亭县、曹妃甸区	13 297.05	保护海底地形地貌、海洋动力条件、海水质量	禁止开展可能改变或影响沙源保护海域自然属性的开发建设活动;禁止在沙源保护海域内构建永久性建筑、采挖海砂、围填海、倾废等可能诱发沙滩蚀退的开发活动;实施严格的水质控制指标,陆源入海直排口污染物达标排放,严格控制河流入海污染物排放;实行海洋垃圾巡查清理制度,有效清理海洋垃圾,海水水质须符合所在海域海洋功能区的环境质量要求	—

3.3.2.4　倾倒区所在海域开发利用现状

1. 港口开发利用现状

倾倒区所在海域港口资源主要为唐山港。唐山港地处渤海中部、渤海湾东北端沿海,背依京津冀地区,包括京唐港区、曹妃甸港区及拟建的丰南港区。其中,京唐港区位于唐山市东南80 km 处的唐山海港经济开发区境内,湖林河口与湖林新河口之间,地理坐标为东经119° 01′、北纬39° 13′,东北距秦皇岛港约64 海里;曹妃甸港区位于唐山市南部曹妃甸区境内,青龙河口与双龙河口之间,地理坐标为东经118° 30′、北纬38° 55′,西距天津港约38 海里;在建丰南港区位于唐山市丰南区辖境,黑沿子河口(沙河口)至涧河口(陡河口)之间。

根据《唐山港总体规划》,唐山市大陆海岸线总长229.7 km,规划港口岸线长65.5 km,码头岸线长190.3 km,可建设各类泊位579 个。其中,京唐港区利用岸线19.1 km,预留岸线

6.2 km,规划码头岸线 49.3 km,可建设各类泊位 138 个;曹妃甸港区利用岸线 33.6 km,规划码头岸线 116 km,可建设各类泊位 375 个;丰南港区利用岸线 6.6 km,规划码头岸线 25 km,可建设各类泊位 66 个。

京唐港区目前以煤炭、矿石、一般散杂货和集装箱内贸、内支线、近洋等运输为主。京唐港区现有生产性码头泊位 43 个,其中万吨级以上泊位 29 个,总通过能力为 17 540 万吨/140 万标准箱,其中专业化泊位(包括 8 个煤炭、2 个矿石、2 个液体化工、1 个纯碱、1 个散装水泥泊位和 4 个集装箱泊位)的通过能力为 12 398 万吨/、110 万标准箱,其余均为通用散货、杂货泊位。

曹妃甸港区位于唐山南部地区,坐落于渤海湾的中心地带,是北方的深水大港,港区投入使用的 45 个泊位都是万吨级以上级别,具备可供现代大型及超大型集装箱船靠岸的天然条件。港区陆域面积 42 万平方米,集装箱码头岸线长达 440 m,现有两个 5 万吨级泊位,设计的年通过能力为 100 万标准箱;港区码头岸线达 2 000 m,现有 8 个 10 万吨级的通用散杂泊位,设计年货物通过能力为 2 500 万吨。曹妃甸港区目前主要以煤炭、矿石等大型干散货接卸运输为主,分为甸头区、第一港池、第二港池和第三港池,共有已投产泊位 59 个,已建成并且即将投产的泊位 45 个。其中,万吨级以上深水泊位 27 个,通过能力为 16 989 万吨。累计建成运营码头泊位 92 个,建成包头、二连浩特、乌兰察布、石嘴山和阿拉山口 5 个内陆港,港区腹地纵向延伸;2019 年完成港口货物吞吐量 3.7 亿吨,集装箱吞吐量 65 万标准箱,港口企业实现整体利税 30 亿元。

该倾倒区距离曹妃甸港区最近距离为 35.77 km,距离京唐港港区最近距离为 24.7 km。

2. 海洋水产及渔业开发利用现状

乐亭县是河北省沿海大县,滩涂面积 32.5 万亩,-10 m 等深线浅海面积 200 余万亩,利用这一资源优势,水产养殖业已经成为乐亭县的重要支柱产业。近年来,乐亭县依托资源优势,大力发展海水养殖业,养殖品种有牙鲆、河豚、青石斑鱼、海参、大菱鲆等,年出口量近 3 000 t,创汇近 500 万美元。目前,京唐港区附近海域养殖主要种类有对虾及经济贝类(文蛤、青蛤)。乐亭县海岸养殖对虾主要分布于滦河口,乐亭盐厂至王滩段海域有 500 亩虾池。在大清河口附近有捞渔尖渔港;在二排干附近海域有老米沟渔港。以上两个渔港的捕获量占全县的 1/3以上,主要捕获种类为鲈、梭、鲟、对虾、毛虾等。

3. 旅游开发利用现状

该倾倒区海域的风景旅游区主要有唐山国际旅游岛旅游区,该旅游区位于唐山市东南沿海渤海湾北源、滦河口西南侧,范围为菩提岛(石臼坨岛)、月岛(月坨岛)、祥云岛(打网岗岛)及其北侧陆域。陆域范围为祥云岛林场最北端向西延伸至大清河盐场,再向西南延伸至海挡,祥云岛林场最北端向东延伸至小河子东岸,再向南延伸至海挡。海域范围为东至海港开发区京唐港五号港池西堤,西至乐亭县与滦南县交界处,北至海挡,南至渤海深海。

唐山国际旅游岛旅游区总面积 125.57 km²,其中海岛面积 39.76 km²、配套陆域 85.81 km²,岸线总长 94.63 km,其中海岛岸线 49.03 km、大陆岸线 45.60 km。菩提岛、月岛、祥云岛三个海岛均为泥沙岛,植物、动物、地热、渔业及人文旅游资源丰富,是国家级海岛开发利用示范基地。祥云岛是三个海岛中面积最大的海岛,属离岸沙坝岛,滩涂广阔、沙质优良,陆地海拔高度 3.5 m,呈 NE 至 SW 走向,岛屿面积 2 068.19 ha,岸线长 24.46 km,海岛东北段为潮汐通道,现已人为改造,西南端为大清河口。菩提岛由于成岛时间长,生境条件相对稳定,距陆地仅 3 km,所以岛上成土过程长,土质良好,植被繁茂。菩提岛物质组成为中细砂,植被概况为落叶阔叶林、灌丛、灌草丛、滨海盐生植被、沼生植被等。月岛距陆地 4.8 km,一方萦回涛声的海上胜地,是中国北部海域最负盛名的生态旅游度假中心之一,又有"绿岛"之称。月岛总面积 11.96 km²,其成因是古滦河三角洲受海水冲蚀后,经海浪、潮汐、余流等海洋动力和风力的再改造,形成了现在个体呈新月形和腰形,整体呈链状的格局。月岛上发育有沙丘,最高海拔高程 6.6 m。岛上灌草比较茂密,内侧潮滩宽阔,面积达 10.587 km²,潮滩上饵料丰富,又因人为影响较少,成为各种海鸟理想的栖息之地。菩提岛、祥云岛、月岛互相呼应,形成了东起山海关、南北戴河、黄金海岸,西至曹妃甸的一条漫长的沿海旅游观光链。

4. 石油平台和海底管道

该倾倒区所在海域的石油开采项目有 5 个,冀东油田南堡 4 号构造 1 号和 2 号人工岛油气开发项目、曹妃甸 11-1/11-2 油田、南堡 35-2 油田、渤海 12 号可移动式有人值守平台,与倾倒区相对距离较远,均在 10 km 以外。

该倾倒区所在海域有曹妃甸 6-4 油田开发工程、渤南 35-2 平台、秦皇岛 32-6 油田、曹妃甸 11-1 平台间的海底电缆管道 5 条,与倾倒区相对距离满足《海底电缆管道保护规定》大于 500 m 的要求。

5. 风电资源

唐山沿海地区是河北省风能资源的富存区,属全国沿海风能较丰富区,年有效风能贮量 1 034~1 457 kW·h/m²,开发潜力巨大,各季风能以春季最大,冬季次之,夏秋较小。该倾倒区所在区域已建风电资源有唐山乐亭菩提岛海上风电场示范项目 300 MW 工程和唐山乐亭月坨岛海上风电场一期工程。2 个风电场均位于唐山市乐亭县南部海域,项目总装机容量为 300 MW。乐亭菩提岛海上风电场示范项目位于倾倒区西北 6.20 km,场址水深 10~30 m,场址中心距离岸线约 18 km,由 300 MW 海上样机示范、270 MW 单机容量不小于 3 000 kW 的风力发电机组及 220 kV 海上升压站组成。月坨岛海上风电场一期工程与倾倒区距离较近,位于倾倒区西北 1.65 km,整个风电场区域呈多边形,东西宽约 8.1 km,南北长约 8.2 km,场址水深 15~21 m,场址中心距离岸线约 15 km,涉海面积约 45.3 km²,项目用海包括海上风机基础、海上升压站、海底输电电缆等。

3.3.2.5　倾倒区周边自然地理概况

1. 区域概况

该倾倒区海域位于渤海曹妃甸外附近海域,隶属唐山市。唐山市位于渤海湾与辽东湾的结合部,背靠京津,南临渤海。海岸线东起滦河口,西至洒金坨插网铺,全长 229.7 km。唐山市是我国沿海的重工业城市,是联络华北、东北两大地区的咽喉,隔海与朝鲜、韩国、日本相望,成为东北亚区域经济的重要组成部分。唐山市是我国重要的重化工业和能源原材料基地,经济总量和地方财政收入均居河北省第二位。唐山市是河北省矿产资源最为丰富的地区之一,沿海区域的原盐、石油、天然气资源以及建港和养殖资源丰富,潜在开发价值巨大。

根据《河北省 2018 年国民经济和社会发展统计公报》,2018 年河北省生产总值实现 36 010.3 亿元。其中,第一产业增加值 3 338.0 亿元;第二产业增加值 16 040.1 亿元;第三产业增加值 16 632.2 亿元,三次产业比例为 9.3∶44.5∶46.2。全省人均地区生产总值为 47 772 元,年末全省常住总人口 7 556.30 万人,其中城镇常住人口 4 264.02 万人,占总人口比重(常住人口城镇化率)为 56.43%。全部财政收入 5 585.1 亿元,其中一般公共预算收入 3 513.7 亿元、税收收入 2 555.6 亿元、一般公共预算支出 7 720.2 亿元。规模以上工业企业实现利润 2 211.7 亿元，从经济类型看，国有控股企业实现利润 374 亿元，集体企业 3 亿元，股份制企业 1 757.9 亿元；外商及港澳台商投资企业 432.6 亿元，私营企业 1 120.8 亿元。全年粮食播种面积 653.9 万公顷，粮食总产量 3 700.9 万吨。豆类产量 28.1 万吨、棉花总产量 23.9 万吨、油料总产量 121.4 万吨、蔬菜总产量 5 154.5 万吨、园林水果产量 957.0 万吨、猪牛羊禽肉产量 462.2 万吨、水产品产量 103.1 万吨。全部工业增加值 13 698.0 亿元、社会消费品零售总额实现 16 537.1 亿元、进出口总值完成 3 551.6 亿元。全年货物运输总量 25.0 亿吨、货物周转量 13 876.7 亿吨公里、旅客运输总量 4.8 亿人。沿海港口货物吞吐量 11.6 亿吨、沿海港口集装箱吞吐量 426.0 万标准箱。全省高速公路通车里程达到 7 279 km。全年全省居民人均可配收入 23 446 元。

曹妃甸区总面积 1 943.72 km²，位于北纬 39° 07′ 43″～39° 27′ 23″、东经 118° 12′ 12″～118° 43′ 16″，地处环渤海中心地带，唐山南部，毗邻京津，是唐山市打造国际航运中心、国际贸易中心、国际物流中心的核心组成部门，是河北省国家级沿海战略的核心，是“一带一路”合作倡议和“京津冀协同发展”战略的重要连接点。曹妃甸毗邻京津冀城市群，曹妃甸距韩国仁川 400 海里，距日本长崎 680 海里、神户 935 海里，与矿石出口国澳大利亚、巴西、秘鲁、南非、印度等国海运航线也十分顺畅，且是 2017 年度全国综合实力百强区，2018 年入选 2018 年度全国投资潜力百强区、全国科技创新百强区。曹妃甸区沿海城镇主要包括曹妃甸工业区和曹妃甸新城，主要港口为唐山港曹妃甸港区。曹妃甸港区位于曹妃甸工业区内，因港前 500 m 是渤海湾最深点，有天然深槽直通外海，拥有得天独厚的港口条件而闻名，是海上丝绸之路的重要支撑点。

2. 气象状况

根据《唐山市曹妃甸区年鉴》(2014 年卷)和大清河盐场气象站多年资料统计，曹妃甸地区气候气象条件如下。

1) 气温

该地区年平均气温 11.8 ℃，历年平均气温 10.2～11.8 ℃，历年最高气温在 32.0～36.5 ℃，最高气温 36.5 ℃，历年最低气温在 -15.2～-9.5 ℃，最低气温 -15.2 ℃，3—4 月气温仍很低，进入 5 月气温回升较为明显，极端最高气温一般出现在 6 月，气温在 37.9 ℃左右，极端最低气温常出现在 1 月，气温为 -23.7 ℃。

2) 降水

该地区年平均降水量为 413 mm，降水多集中在 7—8 月，约占全年降水总量的 56.6%，由于该地区受暖温带亚湿润季风的影响，6—8 月降水量约占全年降水总量的 70%，而冬季降水量很少，冬春两季(12 月至翌年 4 月)的降水量仅占全年降水总量的 3.5% 左右。年最大降水量为 934.4 mm，年最小降水量为 334.5 mm，最大日降水量为 186.9 mm，日降水量 ≥25.0 mm 的年平均降水日数为 5.8 天，日降水量 ≥50.0 mm 的年平均降水日数为 2 天。

3) 雾况

该地区的雾以锋面雾和平流雾为主，蒸发雾相对较少，雾日大多发生在冬季，一般在凌晨起雾，持续数小时，最长可延续至下午。能见度小于 1 km 的大雾平均每年出现天数为 9 天。大雾多出现于每年的 11 月至翌年 2 月。

4) 风况

该地区冬季受寒潮影响盛行偏北风，夏季受太平洋副热带高压影响，多为偏南风；强风向为 E、ENE 和 ESE 向,年风速在 6 m/s 以上,常风向为 S 向,出现频率为 14.28%,次常风向为 E 和 SSE 向,出现频率分别为 8.39% 和 7.94%。

该地区 6 级及 6 级以上连续作用 4 h 以上的大风主要来自 NE 至 E 向,平均每年出现 5.9 次,出现频率达到 73.7%;ESE 至 S 向平均每年出现 2.0 次,出现频率为 25.8%。从曹妃甸海岸线走向分析,对岸滩掀沙和港口影响的大风主要为 E 至 S 向,平均每年出现 3.6 次。而从京唐港海岸线走向分析,对岸滩掀沙和港口影响的大风主要为 NE 至 S 向,平均每年出现 7.9 次。从大风出现的次数分析,大风对曹妃甸港的影响要小于京唐港。该倾倒区所在海域的主风向为 SW 向,次主风向为 NE 向。

3. 水文状况

1)潮汐

曹妃甸海域的潮汐性质系数为 0.77,属不正规半日混合潮,最低潮面在当地平均海平面下 1.77 m,在黄海平均海平面下 1.71 m。

2)海流和海浪

渤海内潮流属于不正规半日潮流,表层和底层属同类型潮流。潮流为往复流,涨潮流流向为 W 向,落潮流流向为 E 向,涨潮流速大于落潮流速,余流较小。表层最大海流流速可达 118 cm/s,方向为 E 向,主流向为 E 至 W 向。

根据搜集的 2013 年对该倾倒区海域的水文观测资料,该区域表现为较强的往复性流动,涨潮流向为偏 SW 向,落潮流向为偏 NE 向。夏季大潮期落潮流平均流速最大为 49 cm/s,流向为 90°;涨潮流平均流速最大为 59 cm/s,流向为 268°;中潮期落潮流平均流速最大为 37 cm/s,流向为 82°,涨潮流平均流速最大为 54 cm/s,流向为 267°;小潮期落潮流平均流速最大为 35 cm/s,流向为 92°,涨潮流平均流速最大为 65 cm/s,流向为 268°。冬季大潮期落潮流平均流速最大为 35 cm/s,流向为 71°,涨潮流平均流速最大为 47 cm/s,流向为 258°;中潮期落潮流平均流速最大为 35 cm/s,流向为 81°,涨潮流平均流速最大为 31 cm/s,流向为 251°;小潮期落潮流平均流速最大为 32 cm/s,流向为 78°,涨潮流平均流速最大为 37 cm/s,流向为 259°。

夏季大潮期垂向平均的落潮流最大流速的变化范围在 61~107 cm/s,流向为 91°,垂向平均的涨潮流最大流速的变化范围在 53~112 cm/s,流向为 264。中潮期垂向平均的落潮流最大流速的变化范围在 50~77 cm/s,流向为 85°,垂向平均的涨潮流最大流速的变化范围在 46~99 cm/s,流向为 266°;小潮期垂向平均的落潮流最大流速的变化范围在 45~59 cm/s,流向为 92°,垂向平均的涨潮流最大流速的变化范围在 49~102 cm/s,流向为 267°。冬季大潮期垂向平均的落潮流最大流速的变化范围在 44~76 cm/s,流向为 68°,垂向平均的涨潮流最大流速的变化范围在 55~79 cm/s,流向为 261°;中潮期垂向平均的落潮流最大流速的变化范围在 42~65 cm/s,流向为 100°,垂向平均的涨潮流最大流速的变化范围在 46~58 cm/s,流向为 265°;小潮期垂向平均的落潮流最大流速的变化范围在 43~64 cm/s,流向为 78°,垂向平均的涨潮流最大流速的变化范围在 36~55 cm/s,流向为 255°。

所在海域的海浪以风浪为主,海域主浪向为 SW 向,次主浪向为 NE 向,该海域最大有效波高可达 4.7 m,方向为 NE 向。

3)潮流

海流按其成因可分为梯度流、风海流、补偿流和潮流等四类,就唐山附近海域而言,由实测资料可知主要是潮流。

曹妃甸海域潮流性质为不正规半日潮流,运动形式基本呈往复流,其流向与海底地形有密切关系。在浅滩外侧基本与岸线一致,涨潮时的流向在曹妃甸甸头西侧向西而略偏北,东侧向西略偏南;落潮流向则反之,在甸头以西流向东略偏东南,甸头以东流向东略东北。

4)波浪

曹妃甸海域常浪向为 S 向,出现频率为 10.87%;次浪向为 SW 向,出现频率为 7.48%;强浪向为 ENE 向,最大波高 4.9 m,该方向波高 H4% ≥ 1.5 m 的出现频率为 1.63%;次强浪向为 NE 向,最大波高 4.1 m。

3.3.2.6　倾倒区附近海域环境质量现状

1. 水质、沉积物环境质量现状

2019 年在倾倒区海域开展了春、秋两季水质、沉积物、生物生态、生物质量调查,调查与评价结果显示:倾倒区所在海域秋季水质环境良好,所有调查指标均符合二类水质标准;春季水质环境局部站位无机氮、锌含量超标,超标率分别为 2.0% 和 8.1%;调查海域 pH 值、溶解氧、化学需氧量、石油类、活性磷酸盐,重金属铜、铅、镉、总铬、总汞、砷项目均符合第二类海水水质标准,水质整体环境状况较好;倾倒区海域沉积物中石油类、硫化物、有机碳、铜、铅、镉、锌、总铬、砷、总汞各评价因子的标准指数均小于 1.0,均满足第一类沉积物质量标准,该海域沉积物质量良好。

2. 海洋生物生态现状

叶绿素 a:春季含量变化范围为 1.54~14.5 μg/L,平均值为 6.10 μg/L;秋季含量变化范围为 2.02~7.86 μg/L,平均值为 4.63 μg/L。

浮游植物:2019 年春季调查共鉴定浮游植物 17 属 20 种,优势种是新月菱形藻和中肋骨条藻, 2019 年秋季调查共鉴定浮游植物 18 属 24 种,优势种是威利圆筛藻和星脐圆筛藻。浮游植物群落多样性指数、均匀度指数和丰富度指数在合理范围内变动,群落较为稳定。

浮游动物:2019 年春季调查共获得浮游动物 14 种、浮游幼虫 9 类,合计种类 23 个,优势种是中华哲水蚤和强壮箭虫;2019 年秋季调查共获得浮游动物 16 种、浮游幼虫 7 类,合计种类 23 个,优势种是强壮箭虫和中华哲水蚤。浮游动物群落多样性指数、均匀度指数和丰富度指数在合理范围内变动,优势种突出,群落较为稳定。

底栖生物:2019 年春季调查共鉴定出底栖生物 37 种,优势种为日本倍棘蛇尾,底栖动物种类组成以环节动物为主要类群;2019 年秋季调查共鉴定出底栖生物 31 种,优势种为日本倍棘蛇尾,底栖动物种类组成以环节动物为主要类群。底栖生物种类和栖息密度水平适中,各站位优势种突出。

潮间带生物:2019 年春季调查共采集到潮间带生物 15 种,种类组成以软体动物为主,优势种为中国蛤蜊和双扇股窗蟹,低潮带栖息密度高,主要优势种突出,其余站位潮间带栖息密度水平适中,生物量分布差异较大;2019 年秋季调查共采集到潮间带生物 10 种,种类组成以软体动物为主,主要优势种为绒毛近方蟹和短滨螺,潮间带生物种类和栖息密度水平适中,生物量分布差异较大,优势种较为明显。

生物质量:倾倒区海域春、秋两季调查中生物体内的各评价要素均满足第一类海洋生物质量标准,该海域生物体质量良好。

3. 渔业资源现状

春季鱼卵密度范围为 0~1.182 粒 /m³,平均值为 0.344 粒 /m³;仔稚鱼密度范围为 0~1.231 尾 /m³,平均值为 0.176 尾 /m³。

春、秋两季调查共捕获鱼类 32 种,隶属于 5 目、12 科、22 属。其中,鰕虎鱼和鳀科种数最多,分别为 5 种,分别占鱼类总种数的 15.66%;其次为石首鱼科为 3 种,占 9.38%;舌鳎科、鳚科、鲉科均为 2 种,分别占 6.25%。从生态类型来看,调查海区鱼类以暖温性、底层、地方性及经济价值较低为主。春季平均渔获量 906 尾 /h, 10.112 kg/h,秋季平均渔获量 708 尾 /h, 7.602 kg/h;鱼类全年平均资源密度,幼鱼为 5 677 尾 /km²,成鱼为 129.342 kg/km²。

共捕获头足类三种,分别为日本枪乌贼、短蛸和长蛸头足类,优势种为日本枪乌贼和短蛸;春季平均渔获量为 155 尾 /h、2.116 kg/h;头足类平均资源密度为 2 426 尾 /km² 和 33.117 kg/km²,其中幼体平均资源密度为 438 尾 /km²,成体平均资源密度为 30.676 kg/km²。秋季平均渔获量为 526 尾 /h、4.790 kg/h;头足类平均资源密度为 74.97 kg/km²、8 232 尾 /km²,其中头足类幼体为 3 537 尾 /km²,成体为 62.682 kg/km²。头足类全年平均资源密度,成体为 46.679 kg/km²,幼体为 1 988 尾 /km²。

春季共捕获甲壳类 9 种,其中虾类 6 种、蟹类 2 种、口足类 1 种;甲壳类平均资源密度为 28 892 尾 /km² 和 255.235 kg/km²,其中虾类成体为 217.141 kg/km²,幼体为 7 919 尾 /km²;蟹类成体为 11.989 kg/km²,幼体为 250 尾 /km²。秋季共捕获甲壳类 8 种,其中虾类 5 种、蟹类 2 种、口足类 1 种;甲壳类资源平均密度为 111.388 kg/km² 和 11 456 尾 /km²,其中虾类成体为 82.089 kg/km²,幼体为 3 365 尾 /km²;蟹类成体为 11.503 kg/km²,幼体为 516 尾 /km²。甲壳类全年平均资源密度,虾类成体为 149.615 kg/km²,虾类幼体为 5 642 尾 /km²;蟹类成体为 6.362 kg/km²,蟹类幼体为 383 尾 /km²。

3.3.3　天津疏浚物海洋倾倒区

3.3.3.1　倾倒区概况

天津疏浚物海洋倾倒区由国务院于 2010 年 10 月 29 日批准设立,该倾倒区为以 118° 04′ 25″ E、38° 59′ 06″ N 为中心,半径 1.0 km 的圆形海域,面积为 3.14 km²,以 120° 为标准将倾倒区分为三个扇形区域,分界点坐标为 1 号点 38° 59′ 39.30″ N、118° 04′ 25″ E, 2 号点 38° 58′ 49.08″ N、118° 04′ 59.81″ E, 3 号点 38° 58′ 49.17″ N、118° 03′ 50.12″ E, 2020 年水深 8.3~13.9 m,平均水深 12.25 m,海底呈中间高、四边低的趋势,两处形成隆起山包。

3.3.3.2　倾倒区周边海洋功能区

根据《天津市海洋环境保护规划图》,该倾倒区所在位置符合天津市海洋环境保护规划,水质环境为三类。邻近的海洋环境功能区主要有航道、大沽锚地、天津港口区、贝类增殖区、大港滨海湿地海洋特别保护区、滨海休闲旅游区、汉沽浅海贝类资源恢复增殖区、汉沽浅海生态系海洋特别保护区等。该倾倒区距离各环境敏感目标距离均较远,主要的环境保护目标为航道、大沽锚地、渤海湾种质资源保护区以及渔业资源。

该倾倒区周边海洋功能区见表 3-19。

表 3-19 天津疏浚物海洋倾倒区周边海洋功能区

1.1.2	海洋功能区	位置	面积/ha	使用现状	管理要求
1.1.3	南疆港区	天津市	1 470	以散货和液体散货码头为主,新建 20 万吨级煤炭出口泊位,在横堤规划建设 30 万吨级原油泊位,将成为国家级煤炭、矿石和原油、油品、化工品的输出、输入的重要港口	水质要求不低于四类海水水质标准
1.1.5	海河港区	天津市	1 140	目前共有泊位 83 个,岸线总长 7 158 m,主要为天津市内贸物资运输和海河沿岸企业物资运输、仓储、中转、加工等服务的港区,并具有旅游服务等功能	同上
1.1.6	天津港散货物流中心	天津市	2 680	部分已建	同上
1.2.1	唐家河渔港	大港区		可停靠小型渔船	同上
1.3.1	主航道	天津市	1 542	主航道总长 54 km,航道底宽 150~366 m	清除非法占用航道的设施,保证航道的畅通
2.2.1	大沽口锚地	天津市	11 400	东西长 12.96 km,南北宽 10.186,是引航检疫锚地	保持锚地及附近航道的完整,禁止其他活动影响船只锚泊
2.2.3	洒金坨养殖区	汉沽区	800	已建	水质要求不低于二类海水水质标准
2.3.1	天津市渤海资源增殖站养殖区	大港区老马棚口北部	113.3	已建	同上
2.3.2	大港贝类资源恢复增殖区	大港区	37 350	以恢复增殖对虾、红螺资源为主,兼顾梭鱼、毛虾、虾蛄等资源	同上
2.3.3	汉沽浅海贝类资源恢复增殖区	汉沽区	8 600	以保护毛蚶资源为主,兼顾红螺、扇贝等资源	同上
3.1	汉沽大神堂青蛤、多毛类资源恢复增殖区	汉沽区	1 360	以增殖青蛤资源为主,兼顾低值贝类资源	同上
4.1.1	油气区	大港区	—	—	密切关注勘探开采过程的泄漏和排污问题,一旦发生污染损害事故,应及时有效处理
4.1.3	大沽炮台旅游区	塘沽区大沽口炮台遗址	—	国家级文物大沽口炮台遗址是中外驰名的人文景观,具有很高的历史文物价值	水质要求不低于三类海水水质标准
4.1.6	海河下游观光旅游区	塘沽区城区中心海河河道	171	海河核岛弯曲,水域辽阔,两岸景色不俗,以游船为媒介,连接两岸田园和都市景观及各旅游区,是很有价值的田园、都市、海景观光带	同上
5.1.1	上古林贝壳堤旅游区	大港区	—	天津市古海岸与湿地国家级自然保护区的核心区之一	同上
5.1.2	长芦海晶集团公司	塘沽区	20 700	已建	水质要求不低于二类海水水质标准
5.3.2	长芦汉沽盐场	汉沽区	10 878	已建	同上

代码	海洋功能区	位置	面积/ha	使用现状	管理要求
6.1.1	大港电厂取水口区	大港区独流减河河口	—	已建	水质要求不低于三类海水水质标准
7.1.1	渤西油田管线区	大港区、塘沽区	—	已铺设	严格海底管线铺设,减少施工过程对环境的污染
7.2.2	北大港湿地自然保护区	大港区	23 000	包括北大港水库、独流减河等部分	严格控制人类活动影响,尽量减少对自然资源的人为破坏
7.3.1	上古林贝壳堤	天津市	3 207	天津古海岸与湿地国家级自然保护区之一	加大执法力度,严禁破坏和损害自然遗迹和非生物资源
8.2.1	汉沽浅海生态系统海洋特别保护区	汉沽区	3 400	从海底地貌上看,主要是东北至西南方向呈椭圆形的沙岗,主要保护浅海生态环境、底栖生物增殖地、浅海生态生物多样性基因库	重点保护珍稀濒危生物物种和海珍品资源,严禁破坏性开发
8.2.2	天津港倾倒A区	塘沽区	82.5	主要的疏浚物为航道、港池三类疏浚物和骨灰	科学划定倾倒区域,加强监视、监测,严格控制倾倒强度
8.2.3	天津港倾倒B区	塘沽区	333.6	主要的疏浚物为航道、港池三类疏浚物和骨灰	同上
10.1.1	天津港倾倒C区	塘沽区	333.6	主要的疏浚物为航道、港池三类疏浚物和骨灰	同上
10.1.3	独流减河河口泄洪区	大港区独流减河河口左、右治导线之间	—	已使用	科学划定泄洪区范围,加固防洪设施,确保重要城镇汛期安全
—	海河河口泄洪区	塘沽区海河河口左、右治导线之间	—	已使用	同上

3.3.3.3　倾倒区周边生态红线区

　　该倾倒区附近有天津大神堂牡蛎礁国家级海洋特别保护区、天津汉沽重要渔业海域、渤海湾(南堡海域)种质资源保护区等。其中,该倾倒区距离南堡海域种质资源保护区最近,边缘距离约为5.9 km。

　　该倾倒区距周边生态红线区距离见表3-20。

表3-20　天津疏浚物海洋倾倒区距周边生态红线区距离

名称	大沽口锚地	新港主航道	洒金坨养殖区	汉沽浅海贝类资源恢复增殖区	汉沽浅海生态系统海洋特别保护区
距离/km	1.0	5.8	33.3	12.7	17.1
名称	大沽炮台旅游区	南疆港区	长芦汉沽盐场	青蛤、多毛类资源恢复增殖区	上古林贝壳堤
距离/km	29.6	19.8	26.9	22.5	>50

3.3.3.4　倾倒区所在海域开发利用现状

天津港陆域毗邻的区域主要有天津经济技术开发区和天津港保税区,海域附近产业主要为港口航运业、盐业、渔业(包括养殖业)及海上油气业等。

该倾倒区的主要自然资源为港口航道、土地资源、海洋水产、旅游、海洋能源、海盐等,目前各种资源都得到了不同程度的开发和利用。

3.3.3.5　倾倒区周边自然地理概况

1. 区域概况

渤海湾位于渤海西部,三面环陆,北起河北省乐亭县大清河口,南到山东省黄河口,东以滦河口至黄河口的连线为界与渤海相通,有蓟运河、海河等河流注入,海底地势由岸向湾中缓慢加深,平均水深 12.5 m,湾内有天津港等港口。

天津港的交通便利,有京山、津浦两条干线所组成的铁路运输网;通过津蓟线与大秦、京秦铁路相连;通过津霸联络线与京九铁路相连;公路四通八达,京津塘高速公路连接北京和新港;天津机场可起降大型客货机。经过多年的发展,在天津港后方形成了完善的海、陆、空立体交通网。

2. 气象状况

渤海湾是深入陆地的内陆海湾,海洋对其影响相对较弱,因此该倾倒区基本上属暖温带半湿润大陆性季风气候,受季风环流的影响很大。

1)气温

根据 2000—2006 年天津塘沽海洋站实测值进行特征值统计与分析,天津年平均气温为13.1 ℃,年平均最高气温为 16.4 ℃,年平均最低气温为 10.9 ℃。

2)降水

该倾倒区年平均降水量为 363.7 mm,年最大降水量为 491.1 mm,年最小降水量为 196.6 mm。该倾倒区降水有显著的季节变化,降水量多集中于每年的 7、8 月,这两个月的降水量为全年降水量的 58%,而每年的 12 月至翌年 3 月的降水极少,4 个月的总降水量仅为全年降水量的 3%左右。

3)雾

该倾倒区能见度 <1 km 的大雾平均每年为 16.6 个雾日,雾多发生在每年的秋冬季,每年12 月大雾日约为全年大雾日的 30% 左右,最长的延时可达 24 h 以上,按大雾实际出现时间统计,平均每年为 8.7 天。

4)风

风是气象要素中一个不稳定的要素,年与年之间观测统计值有一定的差异,为了更真实地反映天津港的风况,统计 1996—2005 年(共计 10 年)每日 24 次风速、风向观测资料,结果表明港区常风向为 S 向,次常风向为 E 向,出现频率分别为 9.89%、9.21%;强风向为 E 向,次强风向为 ENE 向,7 级及 7 级以上风出现的频率分别为 0.32%、0.11%。

5)湿度

该倾倒区年平均相对湿度为 67%,最大相对湿度为 100%,最小相对湿度为 3%。

3. 水文状况

1）潮汐

天津港附近海域潮汐性质属正规半日潮。根据 1963—1999 年资料统计,年最高高潮位为 5.81 m(1992 年 9 月 1 日),年最低低潮位为 -1.03 m(1968 年 11 月 10 日),年平均高潮位为 3.74 m,年平均低潮位为 1.34 m,平均海平面为 2.56 m,平均潮差为 2.40 m,最大潮差为 4.37 m。

2）波浪

根据天津塘沽海洋站波浪实测资料统计,该倾倒区常浪向为 ENE 和 E 向,出现频率分别为 9.70% 和 9.54%,强浪向为 ENE 向,该向 H4% ≥ 1.6 m 的波高出现频率为 1.35%,全年各方向 H4% ≥ 1.6 m 的波高出现频率为 5.06%,H4% ≥ 2.0 m 的波高出现频率为 2.24%,≥ 7.0 s 的出现频率仅为 0.33%。

3）海流

该倾倒区基本为往复流,涨潮主流向为 NW 向,落潮主流向为 SE 向,涨潮流速大于落潮流速,最大流速垂直分布大致由表层向底层逐渐减小,平面分布由岸边向外海随着水深增加而逐渐增大。

4）海冰

渤海湾常年冰期约为 3 个月(12 月上旬至次年 3 月初),其中 1 月中旬至 2 月中旬冰况最为严重,为盛冰期。盛冰期间,沿岸固定冰宽度一般在 500 m 以内,流冰外缘线大致在 10~15 m 等深线,流冰方向多为 SE 至 NW 向,流速一般为 0.3 m/s。位于北部浅滩地区的曹妃甸和南堡一带沿岸固定冰宽度较宽,曹妃甸一带可达 3~4 km,南堡一带可达 2 km 左右;渤海湾冰厚一般为 30~40 cm,最大为 60 cm 左右。

在重冰年份的盛冰期间,渤海结冰范围占整个渤海海面 70% 以上,除渤海中部外,其他海区全被海冰覆盖。1969 年 2—3 月渤海发生了自有记录以来最严重的冰封,其冰封范围之广、时间之长、危害之大非常罕见,直接影响海上交通,并严重威胁海上建筑物及船只安全。

5）水温

该倾倒区海域的年平均水温为 13.5 ℃,最冷月 2 月的平均水温为 -0.1 ℃,最热月 8 月的平均水温为 27.2 ℃,极端最低水温出现在 1 月,为 -2.5 ℃,极端最高水温出现在 8 月,为 33 ℃。1、2 月近海表层水温低而稳定,平均在 0 ℃ 左右;从 3 月起,水温很快回升,3—6 月平均每月升高 6 ℃;7、8 月又趋稳定,平均在 27 ℃ 左右。9—12 月又以每月平均 7 ℃ 的速度下降。

6）盐度

该倾倒区蒸发量大,降水量和入海径流季节变化明显,因而海水的盐度变化较为剧烈。该海域海水盐度的时空变化主要受降水、陆地径流、沿岸流和外海海水交换的影响。该倾倒区海域多年平均盐度为 28.4,平均盐度最高月出现在 1 月,盐度值为 31.6;平均盐度最低月出现在 8 月,盐度值为 22.6;平均盐度最高年出现在 1984 年,盐度值达 34.4;平均盐度最低年出现在 1977 年,盐度值为 15.2。

3.3.3.6 倾倒区附近海域环境质量现状

1. 海水水质现状

在 2006 年 11 月的调查中，海水监测项目共 16 项，包括 pH 值、盐度、溶解氧、化学耗氧量、悬浮物、油类、磷酸盐、硝酸盐、亚硝酸盐、氨盐、硅酸盐、铜、铅、锌、镉、总汞。其中，分析方法按照《海洋监测规范 第 4 部分：海水分析》（GB 17378.4—1998）和执行，评价因子无机氮、油类有超标现象，其中无机氮有 7 个站位超标，油类有 3 个站位超标，其余各项调查因子在 2006 年 11 月的调查中均没有超过二类海水水质评价标准。

2. 沉积物现状

该海域附近沉积物中以粉砂含量的百分比最多，其次是黏土的含量，最低的是砂的含量，沉积物中值粒径近岸地带比远岸地带大。在 2006 年调查的沉积物中，所有评价因子，如有机碳、油类、铬、铜、铅、锌、镉的各个监测站位均未超过一类沉积物评价标准，表明该海域沉积物质量状况较为良好。

3. 生物生态现状

叶绿素 a：2006 年 11 月叶绿素 a 表层含量的变化范围在 1.12~2.27 mg/m³，平均值为 1.64 mg/m³，分布较为平均；底层含量的变化范围在 1.12~8.85 mg/m³，平均值为 2.76 mg/m³，略高于表层含量。

浮游植物：调查共发现浮游植物 18 种，隶属于硅藻、甲藻 2 门 12 属，其中硅藻 9 属 14 种，占发现总种数的 77.8%；甲藻 4 种，占发现总种数的 22.2%。调查海域浮游植物的数量分布比较平均，细胞变化范围在（0.58~3.30）×10⁴ 个/m³，平均值为 2.06×10⁴ 个/m³。浮游植物数量的平面分布趋势较为明显，为由南向北逐渐降低，低值区位于调查区的北部。

浮游动物：调查共发现浮游动物 5 种，其中桡足类 2 种，甲壳类、腔肠动物和毛颚动物各 1 种，另外还有 2 种浮游幼体。浮游动物的生物密度分布范围在 1.43~38.75 个/m³，平均值 14.81 个/m³，生物密度平面分布趋势是由西向东逐渐升高，在调查区的中部有一块低值区。

底栖生物：调查共发现底栖生物 18 种，其中软体动物 6 种，占发现底栖生物的 33.3%；甲壳动物 5 种，占发现底栖生物的 27.8%；多毛类和棘皮动物各 2 种，均占 11.1%；另外，纽型动物、扁形动物和腕足动物各 1 种，共占发现底栖生物的 16.7%，软体动物和甲壳动物在数量和质量上均占有较大比重，种类组成也以这两类生物为主。底栖生物生物密度的分布范围在 4~236 个/m²，平均值为 45.6 个/m²；除 15 号站外，其他各站的生物密度均在 100 个/m² 以内，生物密度平面分布趋势为自西向东逐渐降低。

渔业资源：调查结果显示，该海域的鱼卵、仔稚鱼数量分布较低，调查期间共采集到鱼卵 15 粒，其中带鱼科 1 粒，占总数的 6.67%；鳀科 8 粒，占总数的 53.33%；鲱科 3 粒，占总数的 20%；石首鱼科 3 粒，占总数的 20%。调查期间共捕获仔鱼 56 尾，以石首鱼科的仔前期为优势种，共有 42 尾，占仔鱼总数的 75%；其次为石首鱼科的仔后期，共有 8 尾，占总数的 14.3%；黄鲫 2 尾，占总数的 3.6%；其他种类（鳀科（仔前期）、石首鱼科（稚鱼）、鳀科（稚鱼）、带鱼科（仔前期））各 1 尾，共占总数的 7.1%。调查海域鱼卵总数量的变化范围为 1.32~4.54 个/m³，平均值为 1.45 个/m³；仔稚鱼总数量的变化范围为 0.01~7.89 尾/m³，平均值为 1.70 尾/m³。

3.3.4 天津南部倾倒区

3.3.4.1 倾倒区概况

天津南部倾倒区由生态环境部于 2022 年 11 月 14 日批准设立,该倾倒区是由 118° 07′ 56.80″ E、38° 40′ 8.67″ N,118° 12′ 5.21″ E、38° 40′ 8.67″ N,118° 12′ 5.21″ E、38° 38′ 32.38″ N,118° 07′ 56.80″ E、38° 38′ 57.52″ N 四点连线围成的海域,面积 15.3 km²,2022 年选划水深范围 12~14.2 m,平均水深约 13.09 m,海底地形均较为平坦,水深呈现西南浅、东北深的特点。

该倾倒区位于辽东湾、渤海湾、莱州湾国家级水产种质资源保护区内,4 月 25 日—6 月 15 日禁止倾倒,倾倒区日最大倾倒量不超过 14 万立方米。为使倾倒活动及倾倒物质均匀地分散于倾倒区内,使局部淤积最小化,采用分区倾倒管控措施。该倾倒区设置水深阈值为 8.8 m,若水深低于阈值,则立即对该倾倒分区进行暂停使用。该倾倒区分区示意如图 3-3 所示。

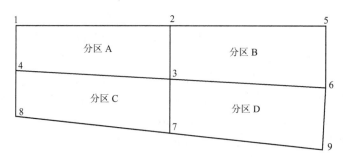

图 3-3　天津南部倾倒区分区示意图

3.3.4.2 倾倒区周边海洋功能区

根据《天津市海洋功能区划(2011—2020 年)》和《河北省海洋功能区划(2011—2020 年)》,该倾倒区位于天津市海洋功能区划和河北省海洋功能区划以外海域,覆盖 A7-02 南部特殊利用区。

该倾倒区周围海洋功能区主要有南部特殊利用区、天津东南部农渔业区、天津港南港港口航运区、曹妃甸至涧河口农渔业区、嘴东西南港口航运区。

该倾倒区所在附近海域海洋功能区划见表 3-21。

表 3-21　天津南部倾倒区所在附近海域海洋功能区划登记表

代码	功能区名称	地区	功能区类型	面积 /ha	岸段 /m	管理要求		与倾倒区相对位置 /km
						海域使用管理	海洋环境保护	
A7-02	南部特殊利用区	天津市滨海新区	特殊利用区	315	0	充分论证,科学确定倾倒种类、位置和范围,倾废区建立前可作为农渔业使用;严格限制改变海域自然属性,当不宜继续倾倒时,应经论证及时予以关闭	加强倾废活动监视监测和执法力度,控制倾废强度,严控非法倾倒行为;防止改变海洋水动力环境条件,避免对海底地形地貌的影响,避免对毗邻海洋生态敏感区、亚敏感区产生影响	覆盖

代码	功能区名称	地区	功能区类型	面积 /ha	岸段 /m	管理要求		与倾倒区相对位置 /km
						海域使用管理	海洋环境保护	
A1-03	天津东南部农渔业区	天津市滨海新区	农渔业区	53 632	0	适宜养殖用海、渔业资源养护和捕捞作业活动;北部海域兼容航道用海;南部海域兼容小规模平台式油气开采及海底电缆管道等用海。严格限制改变海域自然属性;禁止填海造地以及建设妨碍海上交通的建构筑物;航道两侧预留一定水域不得从事渔业活动;注意与邻省功能区的协调	重点保护近海水生生物产卵场和洄游生物种群,恢复中国对虾、三疣梭子蟹、经济鱼种及贝类资源;中东部海域扩大梭鱼、经济贝类等渔业资源的增殖。加强海上溢油及排污监测,预防污染事故;海水水质不劣于二类标准,海洋沉积物质量和海洋生物质量不劣于一类标准;油气开采、航道、电缆管道等用海活动应保证农渔业区的海洋环境质量管理要求。	西 3.4
A2-02	天津港南港港口航运区	天津市滨海新区	港口航运区	14 894	4 743	保障交通运输安全、适宜港口用海和航道用海,保障工业取水安全,在保障港口航运安全的前提下,兼容油气开采用海; 允许适度改变海域自然属性,港口工程鼓励采用突堤和构筑物形式,码头、仓储地可适度填海造地,应循序渐进、节约集约利用和优化码头岸线; 保障防洪治理管理要求,禁止在独流减河治导线范围内建设妨碍行洪的建构筑物,保障行洪排涝安全	保障港区前沿的水深条件和水动力环境;加强监管,防范溢油等各类风险事故;废、污水须达标排海。 海水水质不劣于四类标准,海洋沉积物质量和海洋生物质量不劣于三类标准;本区南港工业与城镇用海区东部水域(东西宽约2.6 km)为与毗邻农渔业区和保护区的缓冲水域,海水水质、海洋沉积物质量和海洋生物质量不劣于二类标准	西北 17.2
1-11	曹妃甸至涧河口农渔业区	唐山市滦南县、唐海县、丰南区	农渔业区	55 748.70	1 800	用海类型为渔业用海,兼容工业(油气开采)用海;重点保障开放式养殖用海、捕捞用海、渔港航道和油气勘采设施用海需求,生产活动须保证海上航运安全,沙河口(黑沿子)海域开发利用须保障行洪安全。 严格限制改变海域自然属性,允许以人工岛以及透水构筑物或非透水构筑物方式建设小规模油气勘采设施;实施底播养殖区综合整治,合理布局养殖空间,控制养殖密度;实施河口海域综合整治,提高港址资源质量,降低对毗邻区域的环境影响	保护滨海湿地,以及青蛤、四角蛤蜊、光滑蓝蛤等潮间带底栖生物和中国明对虾、小黄鱼、三疣梭子蟹等水产种质资源。 禁止进行污染海域环境的活动;防止外来物种侵害,防治养殖自身污染和水体富营养化,维持海洋生物资源可持续利用,保持海洋生态系统结构和功能稳定;养殖执行不劣于二类海水水质质量标准、一类海洋沉积物和海洋生物质量标准,捕捞区执行一类海水水质、海洋沉积物和海洋生物质量标准;兼容功能利用须加强海洋环境风险防范,保证海洋生态安全	东北 13.1

代码	功能区名称	地区	功能区类型	面积 /ha	岸段 /m	管理要求		与倾倒区相对位置 /km
						海域使用管理	海洋环境保护	
2-7	嘴东西南港口航运区	唐山市滦南县	港口航运区	2 419.79	0	用海类型为交通运输用海;重点保障待港船舶锚泊用海需求;禁止进行与船只锚泊无关的活动;禁止改变海域自然属性	保护水深地形和海洋动力条件,强化船舶污染物控制,实施废弃物达标排放;加强海洋环境风险防范,确保毗邻海洋生态敏感区、亚敏感区的海洋环境及海域生态安全;执行不劣于三类海水水质质量标准,不劣于二类海洋沉积物和海洋生物质量标准	北 14.9

3.3.4.3 倾倒区周边生态红线区

生态红线区域是指为维护海洋生态健康与生态安全,以重要生态功能区、生态敏感区和生态脆弱区为保护重点而划定的实施禁止开发或限制开发的区域。天津市划定大神堂牡蛎礁国家级海洋特别保护区、大神堂自然岸线、汉沽重要渔业区域、大港滨海湿地共 4 个区域为生态红线区域。

该倾倒区附近生态红线区有天津大港滨海湿地和渤海湾(南排河南海域)种质资源保护区,且位于倾倒区西面,距离较远,故不会对该生态红线区造成影响。

该倾倒区周边海洋生态红线区见表 3-22。

表 3-22 天津南部倾倒区周边海洋生态红线区登记表

类型	名称	所在行政区域	覆盖区域	保护目标	管控措施	与倾倒区距离 /km
重要滨海湿地	大津大港滨海湿地	天津市滨海新区	大港海岸线以东、天津南港工业区南边界以南,天津、河北海域分界线以北的近矩形区域,面积约为 106.37 km²,岸线长度为 9.69 km。	重点保护滨海湿地、贝类资源及其栖息环境,恢复滩涂湿地生态环境和浅海生物多样性基因库	禁止围填海、矿产资源开发及其他城市建设开发项目等改变海域自然属性、破坏湿地生态功能的开发活动,禁止在青静黄和北排水河治导线范围内建设妨碍行洪的永久性建构筑物,保障行洪排涝安全	西 24.2
重要渔业海域	渤海湾(南排河南海域)种质资源保护区	沧州黄骅市	—	保护海底地形地貌和中国明对虾、小黄鱼、三疣梭子蟹等水产种质资源,保护海洋环境质量	禁止围填海、截断洄游通道、设置直排排污口等开发活动,特别保护期内不得从事捕捞、爆破作业以及其他可能对保护区内生物资源和生态环境造成损害的活动;实施养殖区综合整治,合理布局养殖空间,控制养殖密度,防治养殖自身污染和水体富营养化,防止外来物种侵害,保持海洋生态系统结构和功能稳定;采取人工鱼礁、增殖放流、恢复洄游通道等措施,有效恢复渔业生物种群,执行一类海水水质质量、海洋沉积物和海洋生物质量标准	西南 22.1

3.3.4.4　倾倒区所在海域开发利用现状

该倾倒区周边海域权属主要有渤中 13-1WHPB 平台至歧口 18-1APP 平台海底管线、天津港 9# 锚地、天津港 8# / 黄骅港 6# 锚地、黄骅港 4A# 锚地、黄骅港 4B# 锚地、天津港 7# 锚地。该倾倒区与周围开发利用现状位置及距离见表 3-23。

表 3-23　天津南部倾倒区与周围开发利用现状位置及距离表

名称	方位	距离 /km
渤中 13-1WHPB 平台至歧口 18-1APP 平台海底管线	南	0.7
天津港 9# 锚地	北	1.0
天津港 8# / 黄骅港 6# 锚地	东	1.7
黄骅港 4A# 锚地	西南	2.3
黄骅港 4B# 锚地	东南	2.2
天津港 7# 锚地	西北	7.5

3.3.4.5　倾倒区周边自然地理概况

此部分相关内容见 3.3.3.5 章节。

3.3.4.6　倾倒区附近海域环境质量现状

1. 海水水质现状

2021 年 5 月，调查海域部分站位表层海水 BOD_5、COD、铅、镉、锌超过第一类海水水质标准，符合第二类，其余监测要素浓度均符合第一类海水水质标准；部分站位底层海水 BOD_5、COD、铅、锌浓度超过第一类海水水质标准，符合第二类，其余监测要素浓度均符合第一类海水水质标准。2021 年 9 月，调查海域部分站位表底层海水 COD、底层海水无机氮浓度超过第二类海水水质标准，符合第三类；无机氮浓度超过第三类海水水质标准，符合第四类；表层海水全部调查站位的 BOD_5、部分站位铅和镉浓度超过第一类海水水质标准，符合第二类；其余监测要素浓度均符合第一类海水水质标准。

2. 沉积物现状

2021 年 9 月，对预选倾倒区及周边海域的监测结果表明，调查海域的沉积物类型一致，所有站位的沉积物类型均属于黏土质粉砂（YT），沉积物各监测要素的标准指数符合海洋沉积物质量一类标准要求，沉积物质量良好。

3. 生物生态现状

叶绿素 a：2021 年 5 月表层海水中叶绿素 a 含量变化范围在 1.19~7.94 μg/L，平均值为 3.37 μg/L；9 月表层海水中叶绿素 a 含量变化范围在 1.62~45.6 μg/L，平均值为 14.2 μg/L。

浮游植物：2021 年 5 月调查海域共鉴定出浮游植物 2 门 16 种，其中硅藻 13 种、甲藻 3 种，浮游植物平均细胞数量为 4.42×10^4 个 /m³，浮游植物细胞数量站位间差别不大，变化趋势不明显，本次调查浮游植物细胞数量组成中，甲藻细胞数量占绝对优势，浮游植物多样性指数处于中等水平；2021 年 9 月调查海域共鉴定出浮游植物 2 门 46 种，其中硅藻 34 种，甲藻 12 种，浮游植物平均细胞数量为 79.21×10^4 个 $/m^3$，浮游植物细胞数量站位间差别总体呈由西向东降低的趋势，本次调查浮游植物细胞数量组成中，硅藻和甲藻细胞数量相差不大。

浮游动物：2021 年 5 月调查海域共鉴定出浮游动物 9 类 34 种（类），其中桡足类 11 种，水母类 6 种，毛颚类、被囊类、端足类、糠虾类、涟虫类、原生动物各 1 种，浮游幼虫 11 类。其中，浅水 I 型网共鉴定出 9 大类 33 种（类），浅水 II 型网共鉴定出 5 大类 26 种（类）；附近海域浅水 I 型网浮游动物平均密度为 6 033.4 个 $/m^3$，浅水 II 型网浮游动物平均密度为 89 089.7 个 $/m^3$。浅水 I 型网浮游动物平均生物量为 865.4 mg/m^3。2021 年 5 月倾倒区附近海域浅水 I 型网浮游动物和浅水 II 型网浮游动物多样性指数均处于较差水平。2021 年 9 月对预选倾倒区 2 附近海域的调查，共鉴定出浮游动物 9 类 39 种（类），其中桡足类 12 种，水母类 8 种，毛颚类、被囊类、端足类、藻虾类、涟虫类、枝角类各 1 种，浮游幼虫 13 类。其中，浅水 I 型网共鉴定出 9 大类 36 种（类），浅水 II 型网共鉴定出 7 大类 34 种（类）。2021 年 9 月预选倾倒区 2 附近海域浅水 I 型网浮游动物平均密度为 587.5 个 $/m^3$，浅水 II 型网浮游动物平均密度为 5 640.5 个 $/m^3$；调查海域浅水 I 型网浮游动物平均生物量为 63.0 mg/m^3。2021 年 9 月倾倒区附近海域浅水 I 型网浮游动物和浅水 II 型网浮游动物多样性指数均处于中等水平。

底栖生物：2021 年 5 月调查海域共鉴定出大型底栖生物 7 大类 60 种，其中软体动物、环节动物和节肢动物是大型底栖生物种类组成的主要部分，大型底栖生物平均密度为 44.1 个 $/m^2$，平均生物量为 5.057 3 g/m^2，调查海域大型底栖生物多样性指数均处于中等水平。2021 年 9 月调查海域共鉴定出大型底栖生物 8 大类 68 种（含未定名种），其中环节动物、软体动物和节肢动物是大型底栖生物种类组成的主要部分，大型底栖生物平均密度为 55 个 $/m^2$，平均生物量为 6.186 1 g/m^2，调查海域大型底栖生物多样性指数均处于中等水平。

鱼卵仔鱼：2021 年春季共采集到鱼卵、仔稚鱼 7 种，隶属于 3 目 6 科，其中鲱科 2 种，鳀科、石首科、虾虎鱼科、鲻科和鲅科各 1 种；共采集到鱼卵 6 种，隶属于 3 目 5 科；共采集到仔稚鱼 5 种，隶属于 3 目 4 科。垂直拖网捕获鱼卵 685 粒，鱼卵密度变化范围为 0~3.46 粒 $/m^3$，平均密度为 0.731 粒 $/m^3$。垂直拖网捕获仔稚鱼 41 尾，仔稚鱼密度变化范围为 0~1.78 尾 $/m^3$，平均密度为 0.254 尾 $/m^3$。2021 年秋季调查共采集到鱼卵 1 种，为鲈，隶属于鲈形目、狼鲈科，垂直拖网未捕获鱼卵和仔稚鱼；水平拖网捕获鱼卵 6 个，鱼卵密度变化范围为 0~0.216 粒 $/m^3$，平均密度为 0.002 粒 $/m^3$；水平拖网未捕获仔稚鱼；鱼卵全年平均值为 0.331 粒 $/m^3$，仔稚鱼为 0.116 粒 $/m^3$。

鱼类资源：调查海区春、秋 2 个航次共捕获鱼类 22 种，隶属于 4 目 12 科 19 属。其中，鲈形目的鱼类种类最多为 14 种，其次鲱形目为 5 种，鲽形目为 2 种，鲉形目为 1 种。所捕获的 22 种鱼类中，暖水性鱼类有 9 种，暖温性鱼类有 12 种，冷温性鱼类有 1 种；按栖息水层分，底层鱼类有 15 种，中上层鱼类有 7 种；按越冬场分，渤海地方性鱼类有 14 种，长距离洄游性鱼类有 8 种；按经济价值分，经济价值较高的有 7 种，经济价值一般的有 7 种，经济价值较低有 8 种。2021 年春季渔业资源重要性分析结果表明，优势种为 5 种，其中鱼类 4 种、甲壳类 1 种，分别是黄鲫、焦氏舌鳎、叫姑、口虾蛄和矛尾虾虎鱼；重要种为 7 种，分别为日本枪乌贼、赤鼻棱鳀、长蛸、鲬、鹰爪虾、斑鰶和中华栉孔虾虎鱼。2021 年秋季渔业资源重要性分析结果表明，优势种为 3 种，其中鱼类 1 种、甲壳类 2 种，分别是日本蟳、口虾蛄和矛尾虾虎鱼；重要种为 8 种，分别为日本枪乌贼、焦氏舌鳎、梭子蟹、日本鼓虾、鹰爪虾、隆线强蟹、斑鰶和青鳞鱼。

3.3.5　黄骅港港区疏浚物临时性海洋倾倒区

3.3.5.1　倾倒区概况

黄骅港港区疏浚物临时性海洋倾倒区由原国家海洋局于 2017 年 3 月 17 日批准设立,该倾倒区是以 118°04′34.35″E、38°36′19.75″N,118°08′01.44″E、38°36′19.75″N,118°08′01.44″E、38°34′10.24″N, 118°05′33.04″E、38°34′10.24″N, 118°05′33.04″E、38°34′55.34″N, 118°04′34.35″E、38°34′55.34″N 六点所围成的海域,面积约为 18 km²,2020 年水深 6.0~10.8 m,平均水深 9.38 m, 2021 年 9 月水深 6.52~10.37 m,平均水深 8.69 m(其中 6 区水深条件最好,其次为 2 区, 3 区水深最浅,审批顺序选择 6—2—4—5—1—3,建议 3 区暂不使用)。

该倾倒区日最大倾倒量不得超过 10.95 万立方米;单船倾倒量不大于 5 000 m³,每两船倾倒时间间隔不得小于 1 h;辽东湾、渤海湾、莱州湾国家级水产种质资源保护区核心区特别保护区每年 4 月 25 日至 6 月 15 日禁止倾倒,部分区域的水深接近安全阈值 7.8 m,施工中应使用分区中的深水区域,并注意满载吃水水深不得大于 7.3 m,随时测定水深,避免部分区域过度淤积而影响航行安全及倾倒区后续使用。该倾倒区分区示意如图 3-4 所示。

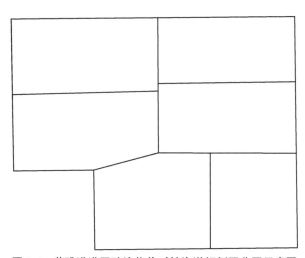

图 3-4　黄骅港港区疏浚物临时性海洋倾倒区分区示意图

3.3.5.2　倾倒区周边海洋功能区

根据《河北省海洋功能区划(2011—2020 年)》,该倾倒区位于河北省海洋功能区划划定范围以外,临近主要功能区有歧口至前徐家堡农渔区、歧口东矿产与能源区。该倾倒区位于歧口至前徐家堡农渔业区的西南向,与其相对距离为 13.8 km;位于歧口东矿产与能源区的西向,与其最近距离为 16.4 km。预选倾倒区距离功能区较远,倾倒不会影响功能区功能的正常发挥。

该倾倒区所在附近海域海洋功能区划见表 3-24。

表 3-24　黄骅港港区疏浚物临时性海洋倾倒区所在附近海域海洋功能区划登记表

序号	51	代码		1-12	功能区类型	农渔业区
功能区名称	歧口至前徐家堡农渔业区					
地区	沧州黄骅市					
地理范围	歧口至前徐家堡海域					
面积 /ha	47 270.36					
岸线长度 /km	32.3					
海域使用管理要求	用途管制	用海类型为渔业用海,兼容工业(油气开采和盐业)用海;重点保障围海养殖用海、开放式养殖用海、捕捞用海、渔业基础设施用海、油气勘采设施用海和盐业取水用海需求;各类生产活动须避免对相邻的海洋保护区产生影响,保证海上航运安全;北排河(歧口)、捷地减河、老石碑河、南排河、新黄南排干等河口海域开发利用须保障行洪安全;南排河口至前徐家堡黄南排干河口近岸海域为黄骅港预留发展区,严禁建设有碍港口发展的永久性设施;油气勘探开采和储运设施周边海禁止与油气开采作业无关、有碍生产和设施安全的活动				
	用海方式控制	河口和近岸海域允许适度改变海域自然属性,以填海造地、构筑物和围海等用海方式实施渔业基础设施改扩建工程,以围海方式建设养殖池塘;其他海域严格限制改变海域自然属性,允许以透水构筑物或非透水构筑物方式建设油气勘探开采和储运设施				
	海域整治	实施河口海域综合整治,降低对毗邻区域的环境影响				
海洋环境保护要求	生态保护重点目标	保护古贝壳堤及淤泥质岸滩,保护光滑蓝蛤、光滑狭口螺、日本大眼蟹等潮间带底栖生物和中国明对虾、小黄鱼、三疣梭子蟹等水产种质资源				
	环境保护	禁止进行污染海域环境的活动;防止外来物种侵害,防治养殖自身污染和水体富营养化,维持海洋生物资源可持续利用,保持滨海湿地、海洋生态系统结构和功能稳定,加强北排河、沧浪渠、捷地减河、石碑河、黄南排干、南排河、廖家洼排水渠入河污染源防治;养殖区执行不劣于二类海水水质标准、一类海洋沉积物和海洋生物质量标准,捕捞区执行一类海水水质、海洋沉积物和海洋生物质量标准;兼容功能利用须加强海洋环境风险防范,保证海洋生态安全				

序号	53	代码		4-7	功能区类型	矿产与能源区
功能区名称	歧口东矿产与能源区					
地区	沧州黄骅市					
地理范围	歧口东 5 m 等深线外海域					
面积 /ha	7 882.98					
岸线长度 /km	—					
海域使用管理要求	用途管制	用海类型为工业(油气开采)用海,非生产兼容渔业用海;重点保障油气开采设施建设用海需求;生产区禁止与油气开采作业无关、有碍生产和设施安全的活动,非生产区的渔业生产活动须保障油田作业船舶通行安全				
	用海方式控制	严格限制改变海域自然属性,允许以平台式、透水构筑物或非透水构筑物方式建设油气勘采和储运设施				
	海域整治	实施环境综合整治,降低对毗邻区域的环境影响				

续表

海洋环境保护要求	生态保护重点目标	保护海洋生态环境
	环境保护	严格控制生产过程中废弃物的排放,制定油气泄漏应急预案和快速反应系统,减少对海洋水动力环境、海底地形地貌的影响;确保毗邻海洋生态敏感区、亚敏感区的海洋环境及海域生态安全;海水水质、海洋沉积物和海洋生物质量不劣于现状水平

3.3.5.3 倾倒区周边生态红线区

河北省海洋生态红线区主要包括海洋保护区、重要河口生态系统、重要滨海湿地、重要渔业海域、特殊保护海岛、自然景观与历史文化遗迹、重要滨海旅游区、重要砂质岸滩和沙源保护海域。临近预选倾倒区的生态红线区为河北省海洋生态红线区中的沧州生态红线区。

沧州生态红线区包括:2 段总长 6.73 km 的自然岸线;5 个海洋生态红线区,总面积 15 398.72 ha。其中,海洋保护区类生态红线区 1 个,面积 4.15 ha;重要滨海湿地类生态红线区 1 个,面积 4 000.00 ha;重要渔业海域类生态红线区 2 个,面积 11 283.81 ha;重要滨海旅游区类生态红线区 1 个,面积 110.76 ha。生态红线区有效期限为 2014—2020 年。

该倾倒区周边海洋生态红线区见表 3-25。

表 3-25 黄骅港港区疏浚物临时性海洋倾倒区周边海洋生态红线区登记表

编号	类型	名称	行政隶属	面积/ha	岸线长度/m	保护目标	管控措施
2-3	海洋保护区	黄骅古贝壳堤保护区	沧州黄骅市	18.00	—	保护古贝壳堤地质遗迹、地形地貌和植被	核心区和缓冲区为禁止开发区,不得建设任何生产设施,无特殊原因禁止任何单位或个人进入;实验区实施严格的区域限批政策,遵从自然保护区总体规划,规范保护区内各类开发与建设活动,开发活动不得对保护对象及其生境产生负面影响;实施保护区围护、生态修复等整治工程,维持保护对象稳定,恢复、改善生态环境,保护自然景观
4-2	重要滨海湿地	沧州歧口浅海湿地	沧州黄骅市	4 000.00	—	保护淤泥质浅海湿地生态系统	建立滨海湿地保护管理体系,推进沧州歧口滨海湿地海洋特别保护区(海洋公园)建设;禁止开展围海养殖、填海造陆等改变海域自然属性、破坏湿地生态系统功能的开发活动;严格按生态容量控制开放式底播养殖开发规模,禁止各类破坏性开发活动;实施海域生态修复工程,恢复与重建滨海湿地生物群落;执行二类海水水质标准、一类海洋沉积物和海洋生物质量标准
5-5	重要渔业海域	渤海湾(南排河北海域)种质资源保护区	沧州黄骅市	4 775.91	—	保护海底地形地貌和中国明对虾、小黄鱼、三疣梭子蟹等水产种质资源,保护海洋环境质量	禁止围填海、截断洄游通道、设置直排排污口等开发活动,特别保护期内不得从事捕捞、爆破作业以及其他可能对保护区内生物资源和生态环境造成损害的活动;实施养殖综合整治,合理布局养殖空间,控制养殖密度,防治养殖自身污染和水体富营养化,防止外来物种侵害,保持海洋生态系统结构和功能稳定;采取人工鱼礁、增殖放流、恢复洄游通道等措施,有效恢复渔业生物种群,执行一类海水水质质量、海洋沉积物和海洋生物质量标准

编号	类型	名称	行政隶属	面积/ha	岸线长度/m	保护目标	管控措施
5-6	重要渔业海域	渤海湾（南排河南海域）种质资源保护区	沧州黄骅市	6 507.90	—	保护海底地形地貌和中国明对虾、小黄鱼、三疣梭子蟹等水产种质资源，保护海洋环境质量	禁止围填海、截断洄游通道、设置直排排污口等开发活动，特别保护期内不得从事捕捞、爆破作业以及其他可能对保护区内生物资源和生态环境造成损害的活动；实施养殖区综合整治，合理布局养殖空间，控制养殖密度，防治养殖自身污染和水体富营养化，防止外来物种侵害，保持海洋生态系统结构和功能稳定；采取人工鱼礁、增殖放流、恢复洄游通道等措施，有效恢复渔业生物种群；执行一类海水水质量、海洋沉积物和海洋生物质量标准
7-6	重要滨海旅游区	大口河口旅游区	沧州海兴县	110.76	—	保护河口生态系统	禁止与旅游休闲娱乐无关的活动，按生态环境承载能力控制旅游开发强度；严格实行污水达标排放和生活垃圾科学处置；实施退养还海、清淤清污和河口海岸生态修复工程，改善河口生态环境；加强入海污染物总量控制和海洋环境监视、监测，执行二类海水水质量标准、一类海洋沉积物和海洋生物质量标准，确保海域生态安全

距离倾倒区最近的海洋生态红线区为渤海湾（南排河南海域）种质资源保护区，倾倒区位于该保护区东向，相对距离为 13.8 km。预选倾倒区距离生态红线区较远，倾倒对生态红线区环境不会造成影响。

3.3.5.4 倾倒区所在海域开发利用现状

1. 港口开发利用现状

黄骅港主要由河口港区、煤炭港区和综合港区三部分组成。目前，黄骅港为以煤炭港区、综合港区为主，河口港区为补充的生产格局。

综合港区码头分为 12 个 10 万吨级通用散杂货泊位、4 个 20 万吨级矿石专用泊位。其中，4 个 10 万吨级通用散货泊位，设计通过能力为 1 402 万吨 / 年；8 个 10 万吨级通用散杂货泊位，设计通过能力为 1 800 万吨 / 年；4 个 20 万吨级矿石专用泊位，设计通过能力为 6 000 万吨 / 年。

煤炭港区共有生产性泊位 19 个，码头总长度 5 272 m，最大靠泊能力 10 万吨；设计年吞吐能力 1.915 5 亿吨，其中煤炭装船能力 1.88 亿吨。

2. 海洋水产及渔业开发利用现状

黄骅市的特点是滩涂面积大，人均耕地少，渔业产值占农业产值的 90% 以上。黄骅市的歧口、南排河、赵家堡等沿海各村镇和市管养场从事海洋捕捞与养殖生产。2015 年，黄骅市海洋渔业年产值 21.8 亿元；机动渔船 1 300 多艘，海水产品总产量 91 510 t，其中海洋捕捞产量 83 505 t、海水养殖产量 8 005 t。

黄骅市现有渔港 6 个，分别是歧口、南排河、张巨河、廖家洼、石碑河和徐家堡渔港。大港区有 2 个渔港，分别是新马棚口和老马棚口渔港。

黄骅市近岸海域渔业资源丰富，是鱼、虾、贝类等产卵、索饵和育肥场，在我国渔业生产中占有重要的地位。鱼类是该海区的重要渔业资源之一。根据资源量调查结果，共发现生活在渤海的鱼类有 46 科 100 种左右。其中，分布于渤海湾的鱼类有 47 种，占渤海鱼类的 47%，主要的鱼类有小黄鱼、带鱼、鳓、黄姑鱼、蓝点马鲛、真鲷、黄鲫、青鳞、斑鰶等。除鱼类外,头足类为重要的类群,其数量大,在海洋渔业中占有重要地位。在该海区周年拖网渔获物中,头足类主要有双喙耳乌贼、北方四盘耳乌贼、日本枪乌贼、火枪乌贼、曼氏无针乌贼、太平洋柔鱼、短蛸和长蛸 8 种,主要优势种为火枪乌贼和曼氏无针乌贼。虾类是无脊椎动物中经济价值较高的种类,栖息于该海域的虾类主要有中国毛虾、中国对虾、鹰爪虾和虾蛄。底栖生物资源经济种类较少,短竹蛏、小刀蛏、口虾蛄和矛尾刺鰕虎鱼等,资源量较低。

歧口至大口河口地处黑龙港下游,系海退地形成沼泽盐碱地。全区地势平坦,水面宽阔,滩涂宽阔,以淤泥质为主,分布着大面积的池塘养殖区、滩涂增殖区、滩涂养殖区和浅海养殖区。

浅海养殖区即歧口至大口河口 5~15 m 等深线海域,面积 10 724 ha,为淤泥底质,海水深浊,适合牡蛎和缢蛏养殖。

南排河滩涂贝类养殖区即歧口至徐家堡滩涂中低潮带,面积 36 419 ha,为淤泥底质,适合毛蚶、缢蛏等养殖。

池塘养殖区遍布沧州市的整个滩涂,沧州市沿海为淤泥底质,海水清洁,营养盐丰富,适合虾鱼蟹类养殖。

3. 旅游开发利用现状

黄骅近岸的主要风景区和自然保护区包括南大港湿地和古贝壳堤。南大港湿地位于渤海湾顶端,属于典型的滨海湿地类,是河北省自然保护区,也是河北师范大学地理学院学生实习基地和研究生研究基地。湿地海拔最高处 5.4 m,最低处 2.9 m,分为泻湖洼地、浅槽型洼地、岗地和高平地等,90% 的植被为芦苇。这里是候鸟南北迁徙带与东西迁徙带的交汇点,据观察统计,已发现 168 种鸟类,其中有国家一级保护鸟类丹顶鹤、白鹤、白头鹤、白鹳、中华秋沙鸭、大鸨等,每年都会看到大批白天鹅到这里栖息。

黄骅古贝壳堤是世界三大古贝壳堤之一,位于黄骅市沿海地区。黄骅古贝壳堤由 6 条贝壳堤组成,总面积 117 ha,其中核心区面积 10 ha,位于张巨河村以南,后唐堡村以北,为重点保护区。古贝壳堤主要由贝类、孢粉、藻类、有孔虫、介形虫等组成,为不可再生资源。据科学考证,这些古贝壳堤的发育规模、时间跨度和所包含的地质古环境信息为世界所罕见,在国际第四纪地质研究中占有十分重要的位置。它可为研究古海洋变迁、环境变化趋势提供天然本底,对于进行科学研究以及预测今后的环境变化趋势,为各级政府制定地区经济发展规划具有重要的科学价值。除供科学研究外,它还对风暴潮造成海水内侵起到保护作用。1998 年 9 月23 日,经河北省人民政府批准建立的海洋自然保护区,属海洋地质自然遗迹。

3.3.5.5　倾倒区周边自然地理概况

1. 区域概况

该倾倒区位于渤海湾西部海域,邻近河北省沧州市黄骅市外部海域。河北省沧州市沿海北起黄骅市歧口,与天津海域接壤,南至海兴县大口河口,与山东为邻,地理坐标为115° 6′ ~117° 8′ E,37° 4′ ~38° 9′ N,海岸线长度为 95.3 km,预选倾倒区位于 12 海里以外,与河北省管辖海域尚有一定的距离。

黄骅市位于河北省东南部,东临渤海,北靠京津,南接齐鲁,西倚京沪铁路,位处环渤海、环京津的枢纽地带和东北亚经济圈的中心位置,是国家跨世纪工程——神华工程的龙头项目黄骅港所在地,也是河北省地方综合大港——沧州黄骅港散货港区和综合港区的所在地;辖3个街道(骅中街道、骅东街道、骅西街道),4个镇(黄骅镇、南排河镇、旧城镇、吕桥镇),4个乡(官庄乡、常郭乡、齐家务乡、滕庄子乡),3个民族乡(羊二庄回族乡、新村回族乡、羊三木回族乡),总面积1 544 km²,拥有65.8 km的海岸线;全市总人口41.97万,城区面积18 km²,城区常住人口12万;耕地面积72.6万亩,湿地15万亩,盐碱荒地51万亩,滩涂36万亩,浅海(0~15 m等深线)238.4万亩。黄骅拥有中国冬枣之乡、中国北方模具之乡、全国科技先进市、全国文化先进市和全国体育先进市等称号,是新兴的沿海开放城市,综合经济实力居河北十强,是新欧亚大陆桥的东桥头堡,现已成为华北地区对外开放的重要窗口。

2.气象状况

1)气候

渤海湾是深入陆地的内陆海湾,海洋对其影响较弱,因此黄骅地区属于暖温带半湿润大陆性季风气候。其气候特点是四季分明:冬季盛行偏北气流,降雪较少,寒冷干旱;春季天气多变;夏季盛行偏南风,高温多雨;秋季天高气爽,气候宜人。

海岸带气候与内陆相比,具有风速大、光照足、降水多、空气湿度大、蒸发量大的特点。它的夏季平均气温及最高气温偏低,冬季平均气温与最低气温偏高,无霜冻期偏长,雾日偏少,平均全年雾日仅13.8天。

造成该区上述气候特点的主要原因有两点。

一是大气环流控制着该区气候变化的格局,因为冬季受强大的蒙古冷高压控制,盛行西北气流,形成冷干少雪的气候;春季北上的暖湿气团,形成春季回暖快、干旱多风的气候;夏季受印度洋低气压及太平洋副热带高压控制,盛行偏南气流,空气暖湿,出现温湿、多雨气候;秋季蒙古冷高压又南侵,暖湿气团南撤,形成秋季降温快、晴朗少雨的气候特点。

二是海陆性质影响着该区气候。由于海岸带包括陆地及海洋两部分,海洋和陆地辐射性质不同,热属性不同,热传导方式不同,如海水热容量比陆地大,海水运动促进了热量交换等,使得该区气候与陆地相比出现冬季气温偏高、夏季气温偏低、春季回暖迟、秋季降温晚、气温年较差及日较差小以及有利海陆风形成等特点。由于大气环流是控制该区气候的主导因素,因此出现上述气候特点。

2)气温

该区平均气温为12.2 ℃。近20年中,该区气温变化不大,变化幅度为±2 ℃,全年以7、8月平均气温最高,在25~26 ℃,1月气温最低,平均为-4.7 ℃。平均气温秋季略高于春季,大于或等于0 ℃的年积温是4 606 ℃(其间为3月1日—11月20日),大于或等于14 ℃的年积温是3 934.3 ℃(其间为4月21日—10月12日)。该区的气温年较差为30.9 ℃,气温日较差全年平均为10.8 ℃,以5月值最大,7月值最小。据近年的统计,平均气温低于或等于-5 ℃的日数年平均为71天,低于或等于-10 ℃的日数年平均为23.8天。

该区历年初霜最早是10月15日,最晚是11月14日;历年终霜最早是3月1日,最晚是4月11日;霜期约154天,无霜期约211天,年平均地温为12.1~13 ℃,稍高于年平均气温。通常12月中旬开始封冻,3月下旬开始解冻,常年封冰期为107天,冻土日为96天,冻土最大深度为50 cm。水面最早结冰初日是10月28日,最晚终日为4月3日,结冰期约150天,冻层厚度一般为5~25 cm,最大厚度为50 cm。年水温在10 ℃以上的天数为190~195天,年水温在15 ℃以上的天数为175~180天(北大港水库)。

3）降水量

该区年平均降水日数为 54.8 天,年平均降水量为 508 mm,年际变化较大,降水量集中在夏季(6—9 月),平均降水量为 491.5 mm,占全年降水量的 68%~75%,且秋季多于春季,冬季最少,雨季很短,其中 7 月降水量是全年最多的月份,历年平均值为 232.2 mm,占全年降水量的 39.1%;1 月降水量最少,历年平均值为 3.2 mm,占全年降水量的 0.5%,因而春旱比秋旱现象严重。年际间降水量变化比较大,丰水年($P = 20\%$)降水量为 778.2 mm,平水年($P = 50\%$)降水量为 604.0 mm,偏枯水年($P = 75\%$)降水量为 428.0 mm,枯水年($P = 95\%$)降水量为 271.0 mm。

该区各地历年冬季均有降雪,常年平均降雪初、终日期间隔 118.6 天,降雪初日一般在 11 月,降雪终日一般在 3 月中下旬,积雪天数年平均为 73 天,积雪深度一般为 3 cm。

4）风

根据黄骅新村气象站风的实测资料统计分析得出,该区常风向为 E 向,次常风向为 SW 向,其出现频率分别为 10.5% 和 9.8%;强风向为 E 和 ENE 向,该向 ≥6 级风的出现频率平均为 1.2%。

根据《黄骅气象志》介绍,黄骅属河北省范围内大风较多的地区之一。记录到的 10 min 最大风速为 22 m/s,瞬时极大风速大于 40 m/s,风向秋冬季节以偏北风为主,春季以偏东风居多,夏季雷暴大风则方向不定。按影响该区大风的天气系统分析,有寒潮、台风、龙卷风、气旋雷暴等,以寒潮大风为主。

5）日照、湿度、雾日

该区地处中纬度,晴天多于阴天,全年晴天为 244~283 天,占总天数的 66.8%~77.5%;年平均日照为 2 618.9 h,光照条件较好,日照百分率平均为 60%。月日照时数以 4、5、6 月最长,其中 5 月平均日照数为 299.2 h,11 月至次年 2 月日照时数最短,12 月平均日照时数为 178.8 h。累计年太阳总辐射量为 121.1×10^3 cal/cm^2,生理辐射总量为 61.544×10^3 cal/cm^2。总辐射量以 5 月和 6 月为最大,11 月与 12 月为最小。全区年平均日照时数为 2 700~2 900 h,年辐射总量为 124~131 cal/cm^2。日照时数较多,太阳辐射较丰富。该区日照时数在全省属中等水平,高于石家庄、衡水以南地区。由于日照条件较好,所以太阳辐射量也较多,在全省属中上等水平,在全国来说也属中等较高水平。

年平均相对湿度为 63% 左右,气候比较干燥。每年以 7、8 月平均相对湿度为最大,其值为 80%;以 1—5 月为最小,其值为 57%。每年 1—5 月蒸发量逐月递增,5 月以后至年底呈逐渐减少趋势。4—9 月蒸发量最大,月平均值在 125 mm 以上,其中 5 月蒸发量最高,平均达到 323.6 mm。12 月蒸发量最小,历年平均值为 55.9 mm。按季节计算,平均值以春季和夏季为最大,秋季次之,冬季最小。能见度小于 1 000 m 的年平均雾日为 13 天,最多 20 天,最少 8 天。

海雾一般发生于秋、冬两季的夜间,占年平均的 83%,其中尤其以 1 月最多,平均为 3.5 天,最多为 7 天。日变化一般由傍晚开始,入夜浓度加大,后半夜至清晨极浓,约在上午 10 时消失。可见,雾对作业的影响天数极少。

3. 水文状况

1）潮汐

Ⅰ. 潮型及潮位特征值(以黄骅港理论最低潮面为基准,下同)

附近海域的潮汐性质属于不规则半日潮型,其($H_{K1} + H_{O1}$)/H_{M2} = 0.64。

最高高潮位:5.71 m(1992年9月1日)。

最低低潮位:0.26 m(1983年3月18日)。

平均高潮位:3.58 m。

平均低潮位:1.28 m。

平均海面:2.40 m。

最大潮差:4.14 m(1985年2月12日)。

最小潮差:0.19 m(1992年2月29日)。

平均潮差:2.30 m。

Ⅱ. 设计水位

设计高水位:4.05 m。

设计低水位:0.62 m。

极端高水位:5.61 m。

极端低水位:-1.22 m。

2)波浪

根据离黄骅港区西北约25 km的7号平台多年实测资料统计分析,该海区的波浪是以风浪为主、涌浪为辅。该海区纯风浪频率为66.81%,以涌浪为主的混合浪频率为27.1%,以风浪为主的混合浪频率为4.64%,风涌混合浪频率为0.12%。该区常浪向为E向,次常浪向为ESE向,出现频率分别为8.6%和7.7%;强浪向为ENE向,次强浪向为NE向。另据历史资料统计得,累年平均波高为0.57 m,平均周期为2.7 s;ENE向为平均最大波高向,该向累年平均波高为0.97 m,平均最大波高为2.17 m。

3)海流

该海区为规则半日潮流,($W_{O1}+W_{K1}$)/W_{M2}在0.23~0.43。涨潮历时小于落潮历时,涨潮流速大于落潮流速,-3 m等深线以外往复流较明显,-3 m等深线以内显示出旋转流的性质。据实测资料统计,从-5~0 m等深线,涨潮流流向在226°~267°,落潮流流向在59°~100°。

据实测资料统计,大潮涨潮流速平均在0.29~0.64 m/s,最大在0.47~1.00 m/s;落潮流速平均在0.19~0.56 m/s,最大在0.29~0.89 m/s。中潮涨潮流速平均在0.22~0.54 m/s,最大在0.33~0.88 m/s;落潮流速平均在0.17~0.44 m/s,最大在0.25~0.67 m/s。小潮涨潮流速平均在0.12~0.21 m/s,最大在0.19~0.78 m/s;落潮流速平均在0.14~0.30 m/s,最大在0.22~0.43 m/s。

根据来自《黄骅港综合港区港池、航道泥沙淤积数学模型试验研究报告》(交通部天津水运工程科学研究所工程泥沙交通行业重点实验室2008年10月)的资料显示,该海区余流较小,从各测站资料分析得出余流在0.01~0.09 m/s,平均为0.04 m/s,方向上近岸由北向南,外海(-10 m水深以外)由南向北。

4)海冰

该区地处华北平原,冬季常受寒潮侵袭,产生海冰。该区初冰日在12月上旬,盛冰日在12月下旬,融冰日在2月下旬,终冰日在3月上旬,总冰期91天,盛冰期58天。该区固定冰最大宽度1984年约为7 km,即沿0 m等深线分布,1985年为4 km;流冰外缘线最大距岸距离1984年为46 km,1985年为43 km;最大冰厚1984年为35 cm,1985年为30 cm;沿岸冰最大堆积高度1984年为4.2 m,1985年为3.6 m。流冰厚度最大为0.2 m,流冰速度一般为0.3~0.4 m/s,流冰方向主要集中在偏西(WNW、W、WSW)和偏东(ENE、NE)两个主方向。

5）含沙量

黄骅港海区含沙量的观测自 2000 年以来已积累了大量的资料，2001 年 11 月—2002 年 5 月进行了 3 个月的含沙量巡测工作（6 级以上大风在风后 24 h 后观测）；2003 年 3—5 月进行了 2 个月的含沙量观测。

在 6 级风况下，滩面和底层平均含沙量为 4.6 kg/m³，垂线平均含沙量与滩面和底层平均含沙量比值为 1∶1.77，表层平均含沙量与滩面和底层平均含沙量比值为 1∶2.16；6 级风后，滩面和底层平均含沙量为 3.6 kg/m³，垂线平均含沙量与滩面和底层平均含沙量比值为 1∶3.22，表层平均含沙量与滩面和底层平均含沙量比值为 1∶4.83，上下层的梯度明显增大；5 级风下，滩面和底层平均含沙量为 1.3 kg/m³，垂线平均含沙量与滩面和底层平均含沙量比值为 1∶2.52，表层平均含沙量与滩面和底层平均含沙量比值为 1∶3.12，上下层含沙量有一定的变化。

从现场观测的含沙量垂线分布结果分析，在 6 级大风作用下，底层明显存在大于 5 kg/m³ 高浓度含沙层，厚度不大。

在特殊大风情况下，2003 年 4 月 17 日和 5 月 7 日现场均观测到底部高浓度含沙水体的存在，含沙量与风有很好的对应性，最大含沙量出现在风后期，4 月 17 日底部平均最大含沙量为 40 kg/m³，5 月 7 日为 20 kg/m³，含沙量大于 10 kg/m³ 的水体厚度小于 1.5 m；风后含沙量衰减较快，风后 16 h 底部含沙量衰减至 1 kg/m³ 左右。

6）水温、盐度

该区海域的年平均水温为 13.5 ℃，平均年差为 27.3 ℃，最冷月 2 月的平均水温为 -0.1 ℃，最热月 8 月的平均水温为 27.2 ℃，极端最低水温出现在 1 月，为 -2.5 ℃，极端最高水温出现在 8 月，为 33 ℃。3—8 月，海水呈增温阶段，属夏季型，即岸高外低、上暖下冷；9 月至翌年 2 月，海水呈降温阶段，属冬季型，即岸低外高、上下较均一。1、2 月近海表层水温低而稳定，从 3 月起水温很快回升，3—6 月平均每月升高 6 ℃；7、8 月又趋稳定，平均在 27 ℃上下；9—12 月又以平均每月 7 ℃ 的速度下降。

该区蒸发量大，降水量和入海径流季节变化明显，因而海水的盐度变化较为剧烈。该海域海水盐度的时空变化主要受降水、陆地径流、沿岸流和外海海水交换的影响。海水盐度由于近年来径流减少、渤海环流弱，沿海盐度有增高的趋势。沿岸属于高盐区，盐度达 33 以上，呈近岸高、远岸低分布，海区盐差在 3 左右。海区盐度的季节变化，夏季最低，表层盐度平均为30.94，底层平均盐度为 31.30；冬季最高，平均盐度为 33.0（表层）。该区海域多年平均盐度为28.4，平均盐度最高月出现在 1 月，盐度值为 31.6；平均盐度最低月出现在 8 月，盐度值为22.6。平均盐度最高年出现在 1984 年，盐度值达 34.4；平均盐度最低年出现在 1977 年，盐度值为 15.2。

3.3.5.6　倾倒区附近海域环境质量现状

在该倾倒区周围海域水质各要素中，除无机氮超过二类海水水质标准外，其他各项要素均满足二类海水水质要求，沉积物各要素也均满足一类沉积物质量标准。

2016 年 9 月调查共鉴定浮游植物 28 属 56 种，隶属于硅藻和甲藻两个大类，其中硅藻 23 属 46 种，甲藻 5 属 10 种；浮游动物 20 种和幼体或幼虫及鱼卵 8 种，其中桡足类 11 种、毛颚类 1 种、水母类 5 种、涟虫类 1 种、被囊类 1 种、糠虾类 1 种和幼体或幼虫 8 种；底栖生物 24 种，其中环节动物 12 种、节肢动物门 6 种、纽形动物门 1 种、棘皮动物门 2 种、软体动物门 3 种。调查海域浮游植物和浮游动物种类与数量分布相对均匀,浮游生物优势种类比较明显而且分布广泛,个体总数量较高;大型底栖动物栖息密度和生物量相对不高,分布相对均匀。

2015 年 6 月调查共鉴定浮游植物 27 属 41 种,其中硅藻 19 属 29 种、甲藻 7 属 11 种、金藻 1 属 1 种;浮游动物 I 型 4 类 16 种,幼体或幼虫 9 种、鱼卵 1 种、仔鱼 1 种,其中桡足类 10 种,水母类 4 种,幼体或幼虫 9 种,毛颚类、涟虫类、鱼卵、仔鱼各 1 种;浮游动物 II 型 3 类 18 种,幼体或幼虫 9 种、鱼卵 1 种、仔鱼 1 种,其中桡足类 11 种,水母类 6 种,毛颚类、鱼卵、仔鱼各 1 种,幼体或幼虫 9 种;底栖生物 41 种,其中环节动物 21 种、软体动物 8 种、节肢动物 7 种、棘皮动物 3 种、纽形动物和蟥门动物各 1 种。调查海域内浮游生物和大型底栖生物多样性指数、均匀度、丰度和优势度总体相差不大,分布相对比较均匀;大型底栖动物生物量和栖息密度相对不高。

调查海域共出现渔业资源种类 54 种,其中鱼类 38 种,占总种类数的 70%;甲壳类 12 种,占 22%;头足类 4 种,占 8%。平均渔获质量为 28.45 kg/h,平均渔获数量为 2 828 尾 /h,优势种有 5 种,分别为枪乌贼、口虾蛄、六丝钝尾虾、虎鱼、绿鳍鱼,重要种有 17 种,依次为三疣梭子蟹、黄鮟鱇、长蛇鲻、许氏平鲉、斑鰶、大泷六线鱼、长蛸、绯䲢、短蛸、鲬、高眼鲽、赤鼻棱鳀、小黄鱼、日本蟳、银姑鱼、鹰爪虾、矛尾虾虎鱼。调查海域渔业资源尾数密度和重量密度均值分别为 82.68 × 10³ 尾 /km² 和 775.42 kg/km²。调查海域生物种类多样性指数平均为 1.96,变化范围为 1.13~2.50;物种均匀度指数平均为 0.60,变化范围为 0.33~0.73;物种丰富度指数平均为 3.58,变化范围为 3.02~4.13。

3.4 莱州湾

3.4.1 黄河口外远海倾倒区

3.4.1.1 倾倒区概况

黄河口外远海倾倒区由生态环境部于 2022 年 11 月 11 日批准设立,该倾倒区是以 119° 22′ 30.559″ E、38° 9′ 16.0″ N,119° 24′ 33.728″ E、38° 9′ 13.635″ N,119° 24′ 31.717″ E、38° 8′ 8.795″ N,119° 22′ 28.577″ E、38° 8′ 11.159″ N 四点连线围成的海域,面积 6.0 km²,2020 年 12 月水深 18.6~19.7 m,整个区域表现出由西南向东北逐渐变深的变化趋势;水深最浅处位于倾倒区西南角,为 18.6 m;最深处位于倾倒区东北角,为 19.7 m;平均水深为 19.30 m;2023 年倾倒区年控量为 2 000 万立方米,倾倒区日最大倾倒量不超过 12 万立方米,6~9 月倾倒区日最大倾倒量不超过 6 万立方米。

3.4.1.2 倾倒区周边海洋功能区

该倾倒区位于《全国海洋功能区划(2011—2020 年)》中的渤海中部海域,是我国重要的海洋矿产资源利用区域,主要功能为矿产与能源开发、渔业、港口航运;西南部、东北部海域重点发展油气资源勘探开发,需要协调好油气勘探、开采用海与航运用海之间的关系。区域积极探索风能、潮流能等可再生能源和海砂等矿产资源的调查、勘探与开发;合理利用渔业资源,开展重要渔业品种的增殖和恢复;加强海域生态环境质量监测,防治赤潮、溢油等海洋环境灾害和突发事件。

根据《全国海洋倾倒区规划(2021—2025 年)》中渤海海域规划倾倒区布局表,山东省东营、潍坊周边海域倾倒区属于新增远海倾倒区,规划倾倒区名称为"黄河口外远海倾倒区",规划坐标为 119°22′30.56″E、38°9′16.00″N,119°24′33.73″E、38°9′13.64″N,119°24′31.72″E、38°8′08.80″N,119°22′28.58″E、38°8′11.16″N。该倾倒区位置坐标与规划坐标基本一致,倾倒区选划与《全国海洋倾倒区规划(2021—2025 年)》相符。

该倾倒区位于东营潍坊周边海域,可以满足滨州港、东营港、广利港、潍坊港等对倾废作业的需求,能加快推进港口集群的建设。该倾倒区的设立与《全国海洋主体功能区规划》相符。

该倾倒区位于《山东省海洋功能区划(2011—2020 年)》之外,其临近海洋功能区有河口-利津农渔业区、东营港口航运区、东营黄河口北保留区、东营港特殊利用区、黄河三角洲海洋保护区等。该倾倒区倾倒疏浚物均为清洁疏浚物,不会对附近海域的海洋环境造成较大的危害,不会对附近海域渔业资源造成较大影响。

该倾倒区与临近海洋功能区见表 3-26。

表 3-26　黄河口外远海倾倒区与临近海洋功能区登记表

名称	代码	海域使有管制要求	海洋环境保护目标
河口-利津农渔业区	A1-3	用途管制:该区域基本功能为农渔业,兼容矿产与能源、旅游休闲娱乐等功能;在船舶习惯航路和依法设置的锚地、航道及两侧缓冲区水域禁止养殖;需符合黄河河口综合治理规划和黄河入海流路规划,满足黄河沉沙的需求;加强渔业资源养护,控制捕捞强度。 用海方式:允许渔港建设等适度改变海域自然属性的用海,鼓励开放式用海,允许小规模建设石油平台基座、油田后勤服务基础设施。 海域整治:该区域可进行沿海防潮堤坝建设,鼓励对人工岸线进行生态化改建	生态保护重点目标:传统渔业资源的产卵场、索饵场、越冬场、洄游通道等。 环境保护要求:加强海域污染防治和监测;油气资源开发注意保护海洋资源环境,防止溢油,避免对毗邻海洋保护区产生影响;渔业设施建设区海水水质不劣于二类标准(渔港区执行不劣于现状海水水质标准),海洋沉积物质量和海洋生物质量均不劣于二类标准;其他海域海水水质不劣于二类标准,海洋沉积物质量和海洋生物质量均不劣于一类标准
东营港口航运区	A2-2	用途管制:该区域基本功能为港口航运,在基本功能未利用时允许兼容农渔业、矿产与能源等功能;保障港口航运用海,航道及两侧缓冲区内禁止养殖;港口建设需符合黄河河口综合治理规划和黄河入海流路规划,满足黄河沉沙的需求。 用海方式:允许适度改变海域自然属性,港口内工程鼓励采用多突堤式透水构筑物用海方式	生态保护重点目标:港口水深地形条件。 环境保护要求:加强海洋环境质量监测,防止溢油等污染事故发生;港口区海域海水水质不劣于四类标准,海洋沉积物质量和海洋生物质量均不劣于三类标准;航道及锚地海域海水水质不劣于三类标准,海洋沉积物质量和海洋生物质量均不劣于二类标准
东营黄河口北保留区	A8-3	用途管制:该区域功能待定,为保留区,有待通过科学论证确定具体用途。 用海方式:严格限制改变海域自然属性;调整时需经科学论证,调整保留区的功能,并按程序报批	生态保护重点目标:海洋自然生态系统。 环境保护要求:保持现状
东营港特殊利用区	A7-1	用途管制:该区域基本功能为特殊利用功能,对环境的影响应符合《海水水质标准》(GB 3097—1997)的相应要求,对倾废活动要加强监视、监测,控制倾倒强度;当不宜继续倾倒时应经过论证依法予以关闭。 用海方式:允许适度改变海域自然属性;严格控制倾倒范围	环境保护要求:禁止倾倒超过规定标准的有毒、有害物质;避免对毗邻养殖产生影响;海水水质不劣于四类水质标准,海洋沉积物质量和海洋生物质量不劣于三类标准

名称	代码	海域使有管制要求	海洋环境保护目标
黄河三角洲海洋保护区	A6-5	用途管制:该区域基本功能为海洋保护,实验区兼容旅游功能;保障黄河三角洲国家级自然保护区和东营黄河口生态国家级海洋特别保护区用海,按照《中华人民共和国自然保护区条例》和《海洋自然保护区管理办法》进行管理;需符合黄河口综合治理规划和黄河入海流路规划,满足黄河沉沙的需求;保障河口行洪安全。 用海方式:核心区和缓冲区禁止改变海域自然属性,实验区严格限制改变海域自然属性。 海域整治:保持自然岸线形态、长度和邻近海域底质类型的稳定,对侵蚀岸段进行合理整治	生态保护重点目标:原生性湿地生态系统及珍禽。 环境保护要求:严格执行国家关于海洋环境保护的法律、法规和标准,加强海洋环境质量监测;维持、恢复、改善海洋生态环境和生物多样性,保护自然景观;海水水质、海洋沉积物质量和海洋生物质量均执行一类标准

3.4.1.3　倾倒区周边生态红线区

该倾倒区附近的生态红线区有黄河口文蛤渔业海域限制区、黄河北三角洲限制区、东营黄河口生态禁止区、东营黄河口生态限制区、黄河故道三角洲限制区、东营利津底栖鱼类生态限制区等。距该倾倒区最近的生态红线区为东营黄河口生态限制区,距离为 21.2 km。

3.4.1.4　倾倒区所在海域开发利用现状

该倾倒区附近有渤中、垦利油田开发及岸电工程,垦利 3-2 油田群开发工程,渤中 28/34 油田群综合调整项目等开发利用项目。该倾倒区距渤中 28/34 油田群综合调整项目的最近距离为 3.4 km,正常倾废活动不会影响该区域油气资源勘探开发。此外,该倾倒区周围还有东营港总体规划锚地,距倾倒区最近距离约为 2.8 km。

该倾倒区附近海域分布的航路主要包括滨州港—长山水道,东营港—长山水道,广利港、潍坊港—长山水道,莱州港西航路,龙口港—潍坊港和龙口港—长山水道。该倾倒区附近最近的航路为东营港—长山水道,最近距离为 6.29 km。

3.4.1.5　倾倒区周边自然地理概况

1. 区域概况

该倾倒区位于东营东北部远海区域,距岸线最近距离约为 35 km,周边腹地有滨州港、东营港、广利港、潍坊港等。

东营港是我国国家一类开放口岸,也是国务院确定的黄河三角洲区域中心港,还是黄河三角洲对外开放的桥头堡和鲁晋冀地区的最佳出海通道。其位于我国山东半岛北部、东营市河口区五号桩海域,渤海湾与莱州湾的交汇处,距黄河入海处北侧 45 km。东营港区港口向东敞开,宽约 1 海里,建有南港池、北港池两个作业区,北港池作业区是为胜利油田石油运输和海上石油开发服务的企业专用码头,南港池作业区主要是为社会服务的公用码头。由于港池及进港航道不断淤积变浅,南港池作业区自 2002 年以来基本处于停产状态。

广利港是黄河三角洲高效生态经济区重要港口,山东省省会城市群最近出海口,东营市发展临港产业的重要平台。其致力打造外向型经济物流港、滨海新城基础港、旅游服务载体港、临港产业聚集港、海上运输客运港,建设最具特色的多功能综合性港区。广利港区以散货、杂货运输为主,兼顾集装箱和滚装运输,主要服务于东营经济技术开发区临港产业和东营市东部地区生产生活物资运输,是东营市外向型经济发展的重要载体。

滨州港位于渤海湾西南岸,隶属于山东港口渤海湾港口集团,作为黄河三角洲高效生态经济区和山东半岛蓝色经济区两大国家战略共同规划建设的重要港口之一,是山东省省会城市群经济圈最近的出海通道,是山东对接天津滨海新区最近的出海口岸。现已经建成东、西两条防波堤及 17 km 集疏运通道, 3 万吨级航道建成通航,建成并投入运营 3 万吨级(结构预留 5 万吨级)散杂货泊位 2 个、3 万吨级(结构预留 5 万吨级)液体化工泊位 2 个,国家一类开放口岸获得国务院正式批复。

潍坊港位于山东半岛中部,位于渤海"金项链"莱州湾南岸,现为国家一类开放口岸,区位优越,交通便利,拥有海岸线 140 km。按照《潍坊港总体规划》,潍坊港辖区内规划四处港区,即潍坊港东、中、西港区和内河港区。其中,中港区为森达美港,西港区为寿光港,东港区为昌邑下营港,内河港区由羊口港务局经营,位于寿光市羊口镇北部的小清河下游南岸,港口距离河道入海口约 20 km。

2. 气象状况

该倾倒区所在海域位于渤海湾,其气候特点为冬季寒冷、夏季炎热,气温年较差较大,具有明显的季风特性,根据附近海域最近 30 年气象数据资料统计相关气象特征,描述如下。

1)气温

该倾倒区所在海域累年平均气温为 13.0 ℃,全年以 1 月平均气温最低,为 0.5 ℃; 8 月平均气温最高,为 25.6 ℃。累年极端最高气温为 36.5 ℃,出现在 2005 年 6 月;累年极端最低气温为 -10.0 ℃,出现在 2004 年 1 月。

2)降水

该倾倒区所在海域累年平均年降水量为 434.3 mm,全年降水主要集中在夏季,特别是 7、8 月。累年各月平均降水量在 7 月达到最大,为 124.6 mm;1 月最小,仅有 5.1 mm。其中,累年各月最大降水量出现在 1996 年 7 月,高达 349.0 mm,历年降水量分配很不均匀,最多的 1996 年达到 668.1 mm;最小降水量出现在 2008 年,全年只有 290.6 mm。

3)雾

该倾倒区所在海域雾日较少,累年平均为 19.1 天。其中, 2003 年雾日最多,达到 31 天;1997 年雾日最少,只有 7 天。12 月雾日最多,平均达到 2.5 天,最多的达到 12 天,出现在 1996 年 12 月;9 月最少,15 年只出现过 1 次。

4)相对湿度

该倾倒区所在海域平均相对湿度为 71%,一年中 1—7 月相对湿度逐渐增大, 7 月最大,达到 84%;7—12 月逐渐减小, 12 月最小,只有 64%。累年最大相对湿度为 100%,累年最小相对湿度为 7%,出现在 1995 年 4 月。

5)风况

该倾倒区所在海域位于温带季风区,受季风影响明显,全年最多风向主要出现在东北偏北和西南偏南两个方位。其中,冬、春季东北风偏多;夏、秋季西南风偏多。风速月际变化相对也较为明显,在 4.59-8.67 m/s。夏季(6—8)月平均风速较小,在 4.6-5.1 m/s;春、冬季风速相对较大,在 4.8-8.7 m/s。

3. 水文状况

1）潮汐

该海区潮汐为正规日潮，一个月中有 20 天左右每天只出现一次高潮和一次低潮，潮位曲线较规则。根据该倾倒区附近海域的潮汐观测资料统计，倾倒区海域特征潮位如下。

平均海平面：0.93 m。

最高潮位：2.75 m。

最低潮位：-1.10 m。

平均高潮位：1.50 m。

平均低潮位：0.76 m。

最大潮差：2.42 m。

平均潮差：0.76 m

2）波浪

该倾倒区附近海区的波浪以风浪为主，涌浪较少，常浪向为 NE 向，出现频率 10.3%；次常浪向为 SE 向，出现频率为 8%；强浪向为 NE 向，最大波高为 5.2 m。

冬季波浪主要为偏北向浪；春季，总的趋势多为偏东向浪，总频率达 62%，其中 NE 向浪最多，出现频率 16.7%，其次为 E、SE 向浪，出现频率 15.6%；夏季，ESE 向浪占优势，出现频率为 13%，其次为 SE 向浪，出现频率为 11%；秋季，偏北向浪出现频率增多，偏北向浪总出现频率达 68%，其中 NE 向浪出现频率最高，达 10.1%，其次为 NNW、SSW 向浪，出现频率为 9.0%。

3）潮流

该倾倒区附近海域潮流属正规半日潮流，呈明显的东南到西北向的往复流，潮流矢量的旋转方向主要为顺时针方向。-15~-8 m 等深线区域为强潮流区。-8 m 等深线以内，随深度的变浅流速逐渐变小，至 -4 m 等深线处流速已明显降低。该海区西北向流速大于东南向流速，平均约大 10%。

4）海冰

该海域在国家级冰区区划中被划分为第四级第九区，为历史上曾出现过严重冰情的地区。半个多世纪以来，渤海湾出现灾害性冰情共 6 次，大约每 10 年出现一次严重冰冻。一般初冰日为 12 月上旬，终冰日为 3 月上旬，冰期为 3 个月左右，固定冰期为 2 个月左右，东营港海域盛冰期为 30~50 天，多出现在 1 月上旬至 2 月中旬。冰厚一般为 5~15 cm，最厚达 35 cm。一般年份固定冰宽度距岸 2~5 km，该海域在 -15~-10 m 水深处 25 年一遇设计平整冰厚值为 0.24 m，50 年一遇设计平整冰厚值为 0.26 m。东营海域流冰外缘线一般距岸 10~15 km，最大 20 km。

5）风暴潮

该海区风暴潮引起的增水极值一般在 1.3~1.8 m，5 年一遇增水值为 1.57 m，10 年一遇增水值为 1.66 m，20 年一遇增水值为 1.85 m，50 年一遇增水值为 2.0 m。

3.4.1.6 倾倒区附近海域环境质量现状

1. 海水水质现状

根据 2020 年 9 月海水水质评价结果，位于农渔业区的 5 个调查站位海水水质评价执行《海水水质标准》（GB 3097—1997）中的第二类水质标准，部分站位无机氮超标，超标率为

50%,其他因子均符合《海水水质标准》中的第二类水质标准要求;位于保留区和不在《山东省海洋功能区划(2011—2020年)》内的16个调查站位执行《海水水质标准》中的第一类水质标准,部分站位无机氮、铜、铅、锌超标,其他因子均符合第一类水质标准要求。2020年9月调查海域海水水质等级主要为一类海水水质、二类海水水质和三类海水水质。

根据2021年4月海水水质评价结果,位于农渔业区的5个调查站位海水水质评价执行《海水水质标准》中的第二类水质标准,所有评价因子均符合《海水水质标准》中的第二类水质标准要求;位于保留区和不在《山东省海洋功能区划(2011—2020年)》内的16个调查站位执行《海水水质标准》中的第一类水质标准,部分站位无机氮、铅、锌超标,其他因子均符合《海水水质标准》中的第一类水质标准要求。2021年4月调查海域海水水质等级主要为二类海水水质、三类海水水质、四类海水水质和劣四类海水水质。

根据春、秋两季的调查资料分析得出,预选倾倒区附近海域水质超标因子主要集中在无机氮、铜、铅和锌,其余评价因子均满足相应的海水水质标准。

2. 沉积物现状

根据2020年9月和2021年4月的调查,该倾倒区附近海域所有沉积物各监测要素的标准指数均小于1,符合一类海洋沉积物质量标准,沉积物质量较好。该倾倒区附近海域沉积物类型主要为粉砂、粉砂质砂、砂质粉砂、砂及黏土质粉砂。

3. 生物生态现状

叶绿素a:2020年9月倾倒区附近海域叶绿素a含量变化范围在0.221~1.00 μg/L,平均值为0.799 μg/L;2021年4月倾倒区附近海域叶绿素a含量变化范围在0.789~2.05 μg/L,平均值为1.02 μg/L。

浮游植物:2020年9月调查海域共获浮游植物41种,隶属于硅藻、甲藻2个植物门,其中硅藻31种,占种类组成的75.6%,甲藻10种,占种类组成的24.4%,浮游植物细胞密度波动范围在(50.78~162.08)×10^{4}个/m³,平均值为74.40×10^{4}个/m³;2021年4月调查共鉴定出浮游植物18种,其中硅藻15种,占种类组成的83.3%,甲藻3种,占种类组成的16.7%,浮游植物细胞密度波动范围在(7.51~20.36)×10^{4}个/m³,平均值为12.54×10^{4}个/m³。

浮游动物:2020年9月调查海域共获浮游动物41种,其中腔肠类、桡足类各10种,各占浮游动物总种数的24.4%;糠虾类、端足类各2种,各占浮游动物总种数的4.9%;原生动物、枝角类、十足类、涟虫类、毛颚类、被囊类各1种,各占浮游动物总种数的2.4%;各种浮游动物幼虫11种,占浮游动物总种数的26.8%;浮游动物生物量(湿重)的波动范围在16.9~112.2 mg/m³,个体密度的波动范围在115.57~22 170.57个/m³。2021年4月调查共鉴定出浮游动物17种,其中桡足类8种,占种类组成的47.1%;原生动物、十足类、端足类、毛颚类各1种,各占种类组成的5.9%;各种浮游动物幼虫5种,占种类组成的29.4%;浮游动物生物量(湿重)的波动范围在31.8~110.2 mg/m³,个体密度的波动范围在1 015.56~27 849.47个/m³。

底栖生物:2020年9月共鉴定大型底栖动物4种,其中环节动物、节肢动物各1种,各占底栖生物总种数的25%;软体动物2种,占底栖生物总种数的50%;在鉴定到大型底栖生物的站位中大型底栖生物栖息密度在10~30个/m²,平均值为18个/m²,生物量在0.11~0.56 g/m²,平均值为0.20 g/m²。2021年4月共获底栖生物10种,其中环节动物3种、软体动物4种、节肢动物1种、棘皮动物2种,分别占总种数的30%、40%、10%、20%;在鉴定到大型底栖生物的站位中底栖生物生物量变化范围在0.00~31.25 g/m²。

鱼卵、仔稚鱼:春季调查获得鱼卵、仔稚鱼9种,鱼卵包括斑鰶、鳀、小带鱼、绯鳉、梭鱼、多鳞鱚、短吻红舌鳎等7种;仔稚鱼包括斑鰶、鲕、梭鱼、鳀、矛尾虾虎鱼等5种。春季调查鱼卵平均密度为0.270粒/m³,仔稚鱼的平均密度为0.201尾/m³。秋季调查期间非产卵盛期,12个站位均未出现鱼卵和仔稚鱼。

渔业资源:春季调查海域共捕获鱼类22种,隶属于4目12科,鱼类的优势种为矛尾虾虎鱼、方氏锦鳚、绯衔和短吻红舌鳎。其中,暖水性鱼类有7种,暖温性鱼类有15种;按栖息水层分,底层鱼类有16种,中上层鱼类有6种;按越冬场分,渤海地方性鱼类有12种,长距离洄游性鱼类有10种;按经济价值分,经济价值较高的有8种,经济价值一般的有5种,经济价值较低的有9种。秋季调查海域共捕获鱼类29种,隶属于6目15科,鱼类的优势种为六丝矛尾鰕虎鱼和矛尾鰕虎鱼。其中,暖水性鱼类有14种,暖温性鱼类有14种,冷温性鱼类有1种;按栖息水层分,底层鱼类有21种,中上层鱼类有8种;按越冬场分,渤海地方性鱼类有13种,长距离洄游性鱼类有16种;按经济价值分,经济价值较高的有11种,经济价值一般的有11种,经济价值较低的有7种。

3.4.2   潍坊港中港区3.5万吨级航道维护性疏浚物临时性海洋倾倒区

3.4.2.1   倾倒区概况

潍坊港中港区3.5万吨级航道维护性疏浚物临时性海洋倾倒区由原国家海洋局于2016年9月30日批准设立,该倾倒区是由119°31′46″E、37°25′06″N,119°33′06″E、37°25′06″N,119°33′06″E、37°24′16″N,119°31′46″E、37°24′16″N四点围成的海域,面积为3.0 km²,2021年10月水深10.5~11.3 m,水深最深处位于东北角,为11.3 m,最浅处位于中间区域,为10.5 m;2022年倾倒区年控量为450万立方米,倾倒区日最大倾倒量不得超过5.5万立方米,若倾倒区水深低于7.55 m则停止倾倒;仓容5 000 m³以上倾倒船在水深不足情况下可进潮倾倒。

3.4.2.2   倾倒区周边海洋功能区

根据《山东省海洋功能区划(2011—2020年)》,该倾倒区位于潍坊港特殊利用区(A7-4),该功能区的海域使用管理要求是该区域基本功能为特殊利用功能。对环境的影响应符合《海水水质标准》的相应要求,对倾废活动要加强监视、监测,控制倾倒强度;当不宜继续倾倒时,应经过论证依法予以关闭。环境保护要求为禁止倾倒超过规定标准的有毒、有害物质,避免对毗邻海洋敏感区、亚敏感区产生影响,海水水质不劣于四类水质标准,海洋沉积物质量和海洋生物质量不劣于三类标准。

该倾倒区周边功能区见表3-27。

表 3-27　潍坊港中港区 3.5 万吨级航道维护性疏浚物临时性海洋倾倒区周边功能区登记表

序号	代码	功能区名称	功能区类型	面积/km²	岸段长度/m	海域使用管理要求	海洋环境保护要求
1	A7-4	潍坊港特殊利用区	特殊利用区	11.91	0	用途管制:该区域基本功能为特殊利用,对环境的影响应符合《海水水质标准》的相应要求,对倾废活动要加强监视、监测,控制倾倒强度;当不宜继续倾倒时,应经过论证依法予以关闭。 用海方式:允许适度改变海域自然属性;严格控制倾倒范围	环境保护要求:禁止倾倒超过规定标准的有毒、有害物质;避免对毗邻海洋敏感区、亚敏感区产生影响;海水水质不劣于四类水质标准,海洋沉积物质量和海洋生物质量不劣于三类标准
2	A1-4	莱州湾农渔业区	农渔业区	2 622.92	82.19	用途管制:该区域基本功能为农渔业,兼容矿产与能源、旅游休闲娱乐、港口航运、工业与城镇用海等功能;在船舶习惯航路和依法设置的锚地、航道及两侧缓冲区水域禁止养殖;如要建设保护区可依法设置;加强渔业资源养护,控制捕捞强度;保障河口行洪安全;保护生物多样性; 用海方式:严格限制改变海域自然属性,鼓励开放式用海。 海域整治:该区域可进行沿海防潮堤坝建设,鼓励对人工岸线进行生态化改建	生态保护重点目标:广利河口贝类种质资源,潍坊单环刺螠、近江牡蛎和梭子蟹种质资源;传统渔业资源的产卵场、索饵场、越冬场、洄游通道等。 环境保护要求:加强海洋环境质量监测;防止渔港环境污染,加强环境综合治理;河口实行陆源污染物入海总量控制,进行减排防治;水产种质资源保护区、捕捞区海水水质、海洋沉积物质量和海洋生物质量均不劣于一类标准;渔业设施建设区海水水质、海洋沉积物质量、海洋生物质量均不劣于二类标准;其他海域水质质量不劣于二类标准,海洋沉积物质量和海洋生物质量均不劣于一类标准
3	A6-5	黄河三角洲海洋保护区	海洋保护区	1 716.27	115.34	用途管制:该区域基本功能为海洋保护,实验区兼容旅游功能;保障黄河三角洲国家级自然保护区和东营黄河口生态国家级海洋特别保护区用海,按照《中华人民共和国自然保护区条例》和《海洋自然保护区管理办法》进行管理;需符合黄河河口综合治理规划和黄河入海流路规划,满足黄河沉沙的需求;保障河口行洪安全。 用海方式:核心区和缓冲区禁止改变海域自然属性,实验区严格限制改变海域自然属性。 海域整治:保持自然岸线形态、长度和邻近海域底质类型的稳定;对侵蚀岸段进行合理整治	生态保护重点目标:原生性湿地生态系统及珍禽。 环境保护要求:严格执行国家关于海洋环境保护的法律、法规和标准,加强海洋环境质量监测;维持、恢复、改善海洋生态环境和生物多样性,保护自然景观;海水水质、海洋沉积物质量和海洋生物质量均执行一类标准

序号	代码	功能区名称	功能区类型	面积/km²	岸段长度/m	海域使用管理要求	海洋环境保护要求
4	A6-6	东营莱州湾海洋保护区	海洋保护区	230.87	0	用途管制:该区域基本功能为海洋保护功能。保障东营莱州湾蛏类生态国家级海洋特别保护区用海,按照《海洋特别保护区管理办法》进行管理;生态保护区除进行必要的调查、科研和管理活动外,禁止进行其他无关的活动;资源恢复区、环境整治区和开发利用区内除特别保护期可兼容渔业功能;特别保护区内工程建设、矿产能源用海应当报当地有审批权限的海洋行政主管部门批准,进行严格的海洋环境影响评价,并采取严格的生态保护措施。用海方式:生态保护区禁止改变海域自然属性,资源恢复区严格限制改变海域自然属性,开发利用区和环境整治区允许适度改变海域自然属性	生态保护重点目标:蛏类(小刀蛏、大竹蛏、缢蛏)为主的底栖贝类。环境保护要求:严格执行国家关于海洋环境保护的法律、法规和标准,加强海洋环境质量监测;维持、恢复、改善海洋生态环境和生物多样性;海水水质不劣于二类标准,海洋沉积物质量和海洋生物质量不劣于一类标准
5	A2-5	潍坊港口航运区	港口航运区	46.18	0	用途管制:该区域基本功能为港口航运功能,在基本功能未利用时允许兼容农渔业等功能;保障港口航运用海,航道及两侧缓冲区内禁止养殖。用海方式:允许适度改变海域自然属性,港口内工程用海鼓励采用多突堤式透水构筑物方式	生态保护重点目标:港口水深地形条件。环境保护要求:加强海洋环境质量监测,避免溢油等污染事故发生;港口区海域海水水质不劣于四类标准,海洋沉积物质量和海洋生物质量均不劣于三类标准;航道及锚地海域海水水质不劣于三类标准,海洋沉积物质量和海洋生物质量不劣于二类标准
6	A2-6	下营港口航运区	港口航运区	18.82	0	用途管制:该区域基本功能为港口航运,在基本功能未利用时允许兼容农渔业等功能;保障港口航运用海,航道及两侧缓冲区内禁止养殖。用海方式:允许适度改变海域自然属性,港口内工程用海鼓励采用多突堤式透水构筑物方式	生态保护重点目标:港口水深地形条件。环境保护要求:加强海洋环境质量监测,避免溢油等污染事故发生;港口区海域海水水质不劣于四类标准,海洋沉积物质量和海洋生物质量均不劣于三类标准;航道及锚地海域海水水质不劣于三类标准,海洋沉积物质量和海洋生物质量不劣于二类标准
7	A2-7	莱州太平湾港口航运区	港口航运区	147.07	11.48	用途管制:该区域基本功能为港口航运,在基本功能未利用时允许兼容农渔业、矿产与能源等功能;保障港口航运用海,航道及两侧缓冲区内禁止养殖;加强管理。用海方式:允许适度改变海域自然属性,港口内工程用海鼓励采用多突堤式透水构筑物方式	生态保护重点目标:港口水深地形条件。环境保护要求:防止海庙渔港环境污染,加强环境综合治理;港口区海域海水水质不劣于四类标准,海洋沉积物质量和海洋生物质量均不劣于三类标准;航道及锚地海域海水水质不劣于三类标准,海洋沉积物质量和海洋生物质量均不劣于二类标准

3.4.2.3　倾倒区周边生态红线区

根据《山东省渤海海洋生态红线区划定方案(2013—2020年)》,该倾倒区不在禁止开发区和限制开发区内,但周围生态红线区较为密集,附近禁止开发区主要有莱州湾渔业海域限制区、东营莱州湾禁止区、莱州浅滩海洋资源限制区等。

该倾倒区周边生态红线区见表3-28。

表 3-28　潍坊港中港区 3.5 万吨级航道维护性疏浚物临时性海洋倾倒区周边生态红线区登记表

序号	所在行政区域	代码	类别	类型	名称	覆盖区域		生态保护目标	管控措施
						面积/km²	岸线长度/km		
1		XZ5-7	限制开发区	重要渔业海域	莱州湾渔业海域限制区	126.36	0.00	海洋自然生态系统和重要渔业资源,产卵场、索饵场、越冬场和洄游通道	管控措施:加强渔业资源养护,控制捕捞强度;在保证海域环境不受污染的前提下,可允许符合港口规划的航道用海和码头建设。环境保护要求:保护区周边海域环境杜绝影响该海域的点面源污染,禁止排污、倾倒废弃物等不利于环境保护与资源恢复行为;海水水质、海洋沉积物质量和海洋生物质量均不劣于一类标准
2	东营	JZ2-4	禁止开发区	海洋特别保护区	东营莱州湾禁止区	35.55	0.00	蛏类为主的底栖贝类及海洋生态	管控措施:按照《海洋特别保护区管理办法》进行管理;加强渔业资源养护,控制捕捞强度;该区域内不得建设任何生产设施,除进行必要的调查、科研活动外,禁止进行其他活动。环境保护要求:邻近河口实行陆源污染物入海问题控制,进行减排防治,至2020年减少15%;保护区周边海域环境杜绝影响该海域的点面源污染,禁止排污、倾倒废弃物等不利于环境保护与资源恢复行为;海水水质、海洋沉积物质量和海洋生物质量均不劣于一类标准
3	烟台	XZ2-7	限制开发区	海洋特别保护区	莱州浅滩海洋资源限制区	43.84	0.00	浅滩地貌资源、浅滩海洋生态系统、鲈鱼种质资源的产卵育幼场	管控措施:按照《海洋特别保护区管理办法》进行管理;在确保海洋生态系统安全的前提下,可适度进行生态旅游开发,可允许符合港口规划的航道用海和码头建设。环境保护要求:保护区周边海域环境,杜绝影响该海域的点面源污染,禁止倾倒、采砂等不利于环境保护与资源恢复行为,保持莱州浅滩的地形、海洋动力与海洋生态环境基本稳定;海水水质、海洋沉积物质量和海洋生物质量均不劣于一类标准

3.4.2.4　倾倒区所在海域开发利用现状

预选倾倒区周边主要的生态敏感区有保护区、锚地、航道、人工鱼礁、扇贝养殖、开放式养殖等,周边无海底电缆、管道等。该倾倒区周围主要有潍坊港中港区 3.5 万吨级航道及 1# 锚地近期锚地。

3.4.2.5 倾倒区周边自然地理概况

1. 区域概况

潍坊港中港区地处莱州湾南岸、白浪河入海口西侧,陆上距潍坊市主城区约 60 km,水上距天津港 139 海里、烟台港 142 海里、大连港 180 海里。

潍坊港中港区所在莱州湾是渤海三大海湾之一,面积 6 966.93 km²,海岸线长 319.06 km,位于渤海南部,山东半岛北部,西起黄河口,东至龙口的屺角,有黄河、小清河、潍河等注入,是山东省重要的渔盐生产基地。

潍坊港所在潍坊市位于山东半岛的中部,是山东省下辖地级市,与青岛、日照、淄博、烟台、临沂等地相邻,地扼山东内陆腹地通往半岛地区的咽喉,胶济铁路横贯市境东西,是半岛城市群地理中心;地处黄河三角洲高效生态经济区、山东半岛蓝色经济区两大国家战略经济区的重要交汇处;属于中国新二线城市,是中国最具投资潜力和发展活力的新兴经济强市。

2. 气象状况

该地区采用位于港区以西约 20 km 处的羊口盐场气象站的长期实测资料进行统计分析。

1)气温

根据长期资料,年平均气温为 12.8 ℃,极端最高气温为 40.8 ℃(1982 年 5 月 25 日),极端最低气温为 -17.4 ℃(1985 年 12 月 9 日)。

2)风

根据羊口盐场气象站逐时风速、风向观测资料统计,该区常风向为 SSE 向,次常风向为SE、S 向,出现频率分别为 14.76%、11.74%、11.70%;强风向为 NE 向,次强风向为 NNE 向,该向 ≥7 级风出现频率分别为 1.10%、0.83%。

3)降水

据统计的特征值,年平均降水量为 486.5 mm,年平均降水日数为 68.6 天,年平均大雨、暴雨降水日数为 4.9 天。降水多集中在 6—8 月,约占年降水量的 66%;而 12 月至次年 2 月降水最少,仅占年降水量的 2.8%。

4)雾

能见度小于 1 km 的大雾平均每年实际出现 9.8 天,大雾天多出现于冬季的 11 月至次年1 月。

3. 水文状况

1)潮汐

采用潍坊北港码头南侧 1990 年 4 月 16 日—1991 年 4 月 15 日一年的潮位观测资料进行统计分析,该港区属不规则半日潮海区,多年平均海平面为 1.23 m,平均高潮位为 1.96 m,平均低潮位为 0.36 m,平均潮差为 1.60 m,最高潮位为 3.47 m,最低潮位为 -0.63 m。

2)波浪

交通运输部天津水运工程科学研究所于莱州湾海区 -10 m 水深处设置了 1 个波浪观测站,根据统计结果,该海区常浪向为 NE 向,出现频率为 25.27%;次常浪向为 NNE 向,出现频率为 17.35%;强浪向为 NNE 向。

3)潮流

该海区为规则的半日潮流区,潮流呈往复流性质,涨潮流向为 SW 向,落潮流向为 NE 向。

河口以内流速较大,河口以外流速较小,潮段平均流速仅为 0.15 m/s,涨落潮流最大垂线平均流速分别为 0.44 m/s 和 0.26 m/s。最大涨潮流速为 0.60 m/s,最大落潮流速为 0.61 m/s,该海区余流流速较小。

4)海冰

在正常年份,小清河口至胶莱河口沿海每年 12 月中旬出现海冰,次年 2 月下旬终冰,冰期约为 75 天,其中初冰期约为 30 天,盛冰期约为 30 天,融冰期约为 15 天。莱州湾近岸海域滩缓水浅,冬季固定冰宽度为 2~4 km,海冰最大范围出现在 1 月下旬至 2 月中旬,流冰最大外缘线离湾底 25~35 km。冬季在向岸风的长时间作用下,流冰会流向湾底,并在浅滩处堆积,甚至出现局部短时的冰封现象;在离岸风的长时间作用下,海冰会流向外海,正常年份海冰对港口运营和水工建筑物不会构成危害。由于莱州湾纬度偏南,其冰情较渤海湾西南岸和黄海北部要轻。

3.4.2.6　倾倒区附近海域环境质量现状

1. 海水水质现状

该倾倒区附近海域内表、底层水质监测各要素中,无机氮、镉均出现不同程度的超标现象,其他要素如 pH 值、硫化物、COD、油类、磷酸盐、铜、铅、锌、砷、汞等未超标。根据《2014 年山东省海洋环境公报》,2014 年春季、夏季和秋季,山东省劣于第四类海水水质标准的海域主要分布在莱州湾、丁字湾和渤海湾南部等近岸区域。近岸海域主要污染要素为无机氮,这与入海河流和沿岸养殖等带来的陆源性污染有关。

2. 沉积物现状

根据 2015 年调查结果,该区沉积物中值粒径在 0.009 0~0.180 3 mm,平均中值粒径为 0.046 4 mm,沉积物总体上显示出由近岸向外海逐渐变细的沉积特征。该区沉积物的分选系数在 0.34~1.71,平均分选系数为 1.11。该倾倒区海域沉积物类型主要为粉砂、砂质粉砂和粉砂质砂,沉积物各监测要素不存在超标现象。

3. 生物生态现状

叶绿素 a:倾倒区附近海域叶绿素 a 含量变化幅度不大,变化范围在 0.89~1.52 mg/m³,平均值为 1.14 mg/m³。

浮游植物:调查共鉴定浮游植物 21 种,其中硅藻 20 种、甲藻 1 种;各站位浮游植物种类在 8~17 种,平均为 12 种;总细胞密度在(6.41~63.24)× 10⁴ 个 /m³,平均值为 28.75 × 10⁴ 个 /m³。

浮游动物:调查共鉴定浮游动物 19 种,其中原生类 1 种、节肢类 12 种、毛颚类 1 种、浮游幼虫 5 种;各站位浮游动物种类在 6~12 种,平均为 10 种;总个体密度在 106.15~2 306.67 个 /m³,平均值为 606.86 个 /m³,总生物量在 8.4~82.2 mg/m³,平均值为 37.4 mg/m³。

底栖生物:调查共鉴定大型底栖动物 15 种,其中扁形动物 1 种、环节动物 7 种、软体动物 6 种、脊索动物 1 种。调查海域大型底栖动物种类和栖息密度较高,分布相对较均匀,各站位种类在 4~8 种,平均为 5 种;栖息密度在 40~100 个 /m²,平均值为 70 个 /m²。

鱼卵、仔稚鱼:调查期间共采获鱼卵 18 250 粒、仔稚鱼 612 尾,经分析鉴定所采获样品共 14 个品种,隶属于 5 目 11 科 14 种,其中鲈形目 6 种、鲱形目 3 种、鲉形目 1 种、鲻形目 1 种、鲽形目 3 种。

渔业资源:调查共出现渔业资源种类 51 种,其中鱼类 28 种,占总种类数的 54.90%;甲壳类 19 种,占 37.25%;头足类 4 种,占 7.84%。

3.5　北黄海山东段

3.5.1　烟台疏浚物临时性海洋倾倒区

3.5.1.1　倾倒区概况

烟台疏浚物临时性海洋倾倒区由生态环境部于 2019 年 2 月 13 日批准设立,该倾倒区是由 121° 06′ 00.30″ E、38° 03′ 33.00″ N,121° 07′ 23.00″ E、38° 03′ 33.00″ N,121° 07′ 23.00″ E、38° 02′ 41.40″ N,121° 06′ 00.30″ E、38° 02′ 41.40″ N 四点围成的海域,面积为 3.2 km²。2021年 3 月水深 19.6~24.7 m,平均水深 22.7 m。该倾倒区日最大倾倒量不超过 1.5 万立方米;为保护渔业资源,尽量避免在 4—6 月倾倒,若必须在 4—6 月施工,日最大倾倒量不超过 0.75 万立方米。

综合预选倾倒区水深条件和对周围敏感目标的影响,倾倒顺序按照 2、1、3、4 分区按顺序依次倾倒。当倾倒区平均水深小于 12 m,建议关闭该倾倒区。

3.5.1.2　倾倒区周边海洋功能区

该倾倒区所在海域不在《山东省海洋功能区划(2011—2020 年)》的区划范围之内。根据《全国海洋功能区划(2011—2020 年)》,该倾倒区位于山东半岛东北部海域,该区域主要包括蓬莱角至威海成山头毗邻海域。该区的主要功能定位为渔业、港口航运、旅游休闲娱乐和海洋保护。该倾倒区的设立主要为港口航道及海洋工程建设和运营服务,与全国海洋功能区划的功能定位相一致。与该倾倒区相邻和相近的海洋功能区主要有农渔业区、港口航运区、海洋保护区等。

该倾倒区周边海洋功能区见表 3-29。

表 3-29　烟台疏浚物临时性海洋倾倒区周边海洋功能区登记表

功能区名称代码	面积/km²	岸段长度/km	海域使用管理要求	海洋环境保护要求
港口航运区				
B2-1蓬莱—烟台近海港口航运区	332.41	0	用途管制:该区域基本功能为港口航运,在基本功能未利用时允许兼容农渔业功能;保障港口航运用海,锚地、航道及两侧缓冲区、军事区内禁止养殖。用海方式:允许适度改变海域自然属性,禁止建设与港口功能不符的永久性设施	生态保护重点目标:港口水深地形条件。环境保护要求:加强海域污染防治和环境质量监测;航道及锚地海域海水水质执行三类标准,海洋沉积物质量和海洋生物质量均执行二类标准
B2-2烟台西港区北港口航运区	12.84	0	用途管制:该区域基本功能为港口航运,在基本功能未利用时允许兼容农渔业功能;保障港口航运用海,锚地、航道及两侧缓冲区内禁止养殖。用海方式:严格限制改变海域自然属性,禁止建设与港口功能不符的永久性设施	生态保护重点目标:港口水深地形条件。环境保护要求:加强海域污染防治和监测;航道及锚地海域海水水质执行三类标准,海洋沉积物质量和海洋生物质量均执行二类标准

续表

功能区名称代码	面积 /km²	岸段长度 /km	海域使用管理要求	海洋环境保护要求
B2-3 烟台西港区东北港口航运区	40.64	0	用途管制:该区域基本功能为港口航运,在基本功能未利用时允许兼容农渔业功能;保障港口航运用海,锚地,航道及两侧缓冲区内禁止养殖。 用海方式:严格限制改变海域自然属性,禁止建设与港口功能不符的永久性设施	生态保护重点目标:港口水深地形条件。 环境保护要求:加强海域污染防治和监测;航道及锚地海域海水水质执行三类标准,海洋沉积物质量和海洋生物质量均执行二类标准
农渔业区				
B1-1 烟台—威海北近海农渔业区	2 449.24	0	用途管制:该区域基本功能为农渔业功能;适宜开发贝类底播增殖和筏式养殖,允许发展海水养殖业和捕捞业;在船舶习惯航路和依法设置的锚地,航道及两侧缓冲区水域禁止养殖;加强渔业资源养护,控制捕捞强度;军事区内禁止养殖。 用海方式:严格限制改变海域自然属性,鼓励开发开放式用海,允许小规模以透水构筑物形式用海。 海域整治:控制养殖密度,严格执行休渔制度	生态保护重点目标:传统渔业资源的产卵场,索饵场,洄游通道等;刺参,紫石房蛤,皱纹盘鲍及其产卵场;烟台地留星岛刺参资源;苏山岛石鲽,宽体舌鳎,石花菜,羊栖菜,牡蛎,刺参等种质资源。 环境保护要求:加强海域污染防治和环境质量监测;水产种质资源保护区海水水质,海洋沉积物质量和海洋生物质量均执行一类标准;其他海域海水水质不劣于二类标准,海洋沉积物质量和海洋生物质量均执行一类标准
A1-12 长岛北农渔业区	953.58	0	用途管制:该区域基本功能为农渔业,兼容矿产与能源,旅游休闲娱乐,连岛工程等;在船舶习惯航路和依法设置的锚地,航道及两侧缓冲区水域禁止养殖;加强渔业资源养护,控制捕捞强度;军事区内禁止养殖。 用海方式:严格限制改变海域自然属性,鼓励开放式用海,允许小规模透水构筑物形式用海	生态保护重点目标:长岛皱纹盘鲍,光棘球海胆国家级水产种质资源;传统渔业资源的产卵场,索饵场,洄游通道等。 环境保护要求:加强海域污染防治和监测,确保海岛生态系统不受破坏,避免连岛工程等工程用海对海域环境的影响;水产种质资源保护区,捕捞区海水水质,海洋沉积物质量和海洋生物质量均不劣于一类标准;其他海域海水水质不劣于二类标准,海洋沉积物质量和海洋生物质量均不劣于一类标准
海洋保护区				
A6-17 长岛砣矶岛海洋保护区	539	0	用途管制:该区域基本功能为海洋保护,兼容旅游休闲娱乐,农渔业,连岛工程等;优先保障海洋保护区用海,按照《水生动植物自然保护区管理办法》和《海洋特别保护区管理办法》进行管理。 用海方式:生态保护区禁止改变海域自然属性,资源恢复区严格限制改变海域自然属性,开发利用和环境整治区允许适度改变海域自然属性。 海域整治:保持海岛岸线自然风貌	生态保护重点目标:鹰,隼,蝮蛇和斑海豹和海岛生态系统。 环境保护要求:严格执行国家关于海洋环境保护的法律,法规和标准,加强海洋环境质量监测;维持,恢复,改善海洋生态环境和生物多样性,保护自然景观;海水水质,海洋沉积物质量和海洋生物质量均不劣于一类标准

3.5.1.3　倾倒区周边生态红线区

根据《山东省黄海海洋生态红线区划定方案(2013—2020 年)》,该倾倒区不在禁止开发区和限制开发区内,距离生态红线控制区较远,倾倒作业基本不会对其产生影响。该倾倒区距离大竹山岛禁止区最近,边缘距离约为 12.5 km。

3.5.1.4　倾倒区所在海域开发利用现状

该倾倒区附近海域的主要功能区有自然保护区、养殖区、捕捞区、航道、港口、锚地、通信电缆、通信光缆等,附近无军事区和增养殖活动。该倾倒区附近有蓬莱至旅顺航道和烟台至登州水道沿岸航路两条航道,烟台港西港区第四、五、六、七引航检疫锚地,以及蓬莱至旅顺通信电缆、烟台至大连通信光缆两条民用电缆。

3.5.1.5　倾倒区周边自然地理概况

1. 区域概况

烟台港西港区位于开发区大季家办事处东北方向海域,占地面积 50 km²,其中港口作业区陆域面积约为 24 km²,临港工业区和物流园区占地面积约为 26 km²。该港区东侧岸线是从东岛嘴、五哥石起向北,经芦洋湾、初旺湾至龙洞嘴,全长约 8 km;北侧岸线是从龙洞嘴,绕过山后李家北侧的障子峰山,向西至九曲河,全长约 9 km,占用岸线总长约 17 km。

烟台是全国首批 14 个沿海对外开放城市之一,是国家重点开发的环渤海地区的重要城市。烟台市地处山东半岛东部,位于东经 119° 34′~121° 57′、北纬 36° 16′~38° 23′,东连威海,西接潍坊,西南与青岛毗邻,北濒渤海、黄海;东西陆域最大横距 214 km,南北岛屿纵距 235 km,辖芝罘、福山、莱山、牟平四区,长岛县和莱州、招远、龙口、蓬莱、海阳、莱阳、栖霞 7 个县级市,以及国家级烟台经济技术开发区,陆域总面积 13 745.74 km²,其中市区面积 2 643.6 km²,总人口近 650 万人,其中区划陆域包括除栖霞市外 12 个县级市区的 50 个沿海乡镇、办事处。

2. 气象状况

烟台港西港区尚未进行系统的气象要素的观测,故采用烟台海洋站 1998—2012 年观测资料进行统计分析。烟台海洋站气象观测场位于芝罘岛上,地理坐标为北纬 37° 33.3′、东经 121° 23.5′,海拔高度为 74.3 m,风速仪距地面高度为 10.4 m。

1)气温

年平均气温为 13.4 ℃,平均最高气温为 17.7 ℃,平均最低气温为 11.1 ℃,极端最高气温为 37.1 ℃,极端最低气温为 -11.7 ℃。

2)降水量

年平均降水量为 425.1 mm,年最大降水量为 616.7 mm,一日最大降水量为 76.5 mm;年平均降水日数为 95.6 天,降水强度≥中雨的年降水日数为 13.4 天,降水强度≥大雨的年降水日数为 4.2 天;降水强度≥暴雨的年降水日数为 0.2 天;该区降水有显著的季节变化,雨量多集中于每年的 6、7、8 月,这三个月降水量为年降水量的 53%,冬季降水量最少,12 月至翌年 2 月降水量仅为年降水量的 9%。

3)风

根据多年每日 24 次风速、风向资料统计,该区常风向为 N 向,出现频率为 13.3%;次常风向为 NW、W 向,出现频率分别为 12.12%、11.55%;强风向为 NW 向,该向≥7 级风出现频率为 0.46%;次强风向为 N 向。

4)雾

多年平均年大雾日为 29.0 天,大雾多出现于每年的 4—7 月,为全年雾日的 65%,而每年的 8 月以后,大雾日显著减少。平均每年大雾实际出现天数为 10.9 天。

5）灾害性天气

该区灾害性天气过程主要为台风（含热带风暴、强热带风暴）、寒潮。根据多年资料统计，影响烟台附近海域的台风每年有 1~2 个，一般多出现于 7—9 月。每当台风路经该区时，将出现大风、大浪、暴潮和暴雨。如 8509 号台风时，烟台出现 33.3 m/s、SSE 向大风，最高潮位达 3.73 m；受 9216 号台风影响，烟台港风速达 18~30 m/s，出现 1949 年以来最高历史潮位（4.03 m）。

根据多年资料统计，每年 11 月至翌年 3 月为寒潮出现季节，平均每年 3.2 次，受寒潮影响该海区出现偏 N 向大风，风速可达 9~10 级，且有偏 N 向的大浪，持续时间可达 3~4 天。

3. 水文状况

1）潮汐

国家海洋局第一海洋研究所对烟台套子湾西海岸海区建港条件进行了调查和部分水文要素的短期观测，完成了《烟台初旺湾—芦洋湾自然环境调查报告》。其附近海域为正规半日潮，最高高潮位为 3.67 m，最低低潮位为 -0.77 m，平均高潮位为 2.10 m，平均低潮位为 0.61 m，平均潮差为 1.49 m，平均潮面为 1.33 m。

2）波浪

该区常波向为 NNW、NW 向，出现频率分别为 8.20%、8.19%；次常波向为 N、NNE 向，出现频率分别为 5.91%、5.77%；强波向为 NNW 向，次强波向为 N 向，这两个方向 H4% > 1.5 m 出现频率分别为 3.07%、2.45%。

3）海流

该海域为不规则半日潮流，潮流运动形式为往复流，涨潮流流向主要集中出现在 SW 向，落潮流流向主要集中出现在 NW 向，该海域余流不大。

3.5.1.6　倾倒区附近海域环境质量现状

1. 海水水质现状

该倾倒区水质现状调查在 2012 年与 2014 年进行，监测项目包括 pH 值、溶解氧、盐度、悬浮物、化学耗氧量、硝酸盐、亚硝酸盐、铵盐、磷酸盐、石油类、铜、铅、镉、铬、汞、砷。

该倾倒区附近个别站位表、底层水质监测各要素中的无机氮、铅、汞等出现不同程度超一类水质标准的现象，部分站位底层水质中无机氮测值超二类水质标准（符合三类水质标准）。

2. 沉积物现状

根据 2012 年和 2014 年调查资料统计，倾倒区附近海域所有沉积物站位的各项监测要素的测值符合一类海洋沉积物标准，沉积物质量表现良好。

3. 生物生态现状

叶绿素 a：2014 年 9 月调查结果显示调查海域叶绿素 a 含量变化幅度不大，变化范围在 3.3~18.8 mg/m³，平均值为 8.1 mg/m³。

浮游植物：2014 年 9 月调查共鉴定浮游植物 39 种，其中硅藻 28 种、甲藻 10 种、金藻 1 种；各站位浮游植物种类在 17~26 种，平均为 22 种；总细胞数在（1.30~2.94）× 10⁶ 个 /m³，平均值 1.87 × 10⁶ 个 /m³。

浮游动物：2014 年 9 月调查共鉴定浮游动物 38 种，其中节肢类 16 种、毛颚类 1 种、水母类 6 种、幼虫幼体类 13 种、仔鱼 1 种、原生动物 1 种；各站位浮游动物种类在 12~26 种，平均为

17 种;总个体数在 12.50~83.59 个 /m³,平均值为 35.73 个 /m³;总生物量在 3.3~10.2 mg/m³,平均值 7.47 mg/m³。

底栖生物:2014 年 9 月调查共鉴定大型底栖动物 22 种,其中环节动物 9 种、软体动物 6 种、节肢动物 4 种,扁形动物、棘皮动物和纽行动物各 1 种;调查海域大型底栖动物种类和栖息密度都不高,分布相对比较不均匀,各站位种类在 3~12 种,平均为 7 种;栖息密度在 80~400 个 /m²,平均值为 228 个 /m²。

鱼卵、仔稚鱼:2016 年 10 月调查未出现鱼卵,仔稚鱼出现一个品种,为鳀;仔稚鱼每网平均数量为 0.5 尾 / 站,平均密度为 0.001 62 尾 /m³。2017 年 5 月调查共采获鱼卵 477 粒,其中鳀 465 粒,占总数的 97.48%;多鳞鱚 2 粒,占总数的 0.42%;斑鰶 1 粒,占总数的 0.21%;未知种 9 粒,占总数的 1.89%;采获仔稚鱼 5 尾,其中斑鰶 2 尾、赤鼻棱鳀 2 尾、青鳞小沙丁 1 尾。鱼卵每网平均数量为 59.63 粒 / 站,平均密度为 1.55 粒 /m³,鱼卵的各站位数量分布不均匀。

鱼类资源:2016 年 10 月调查共出现渔业资源种类 49 种,其中鱼类 33 种,占总种类数的 67.35%;甲壳类 13 种,占 26.53%;头足类 3 种,占 6.12%。2017 年 5 月调查共出现渔业资源种类 46 种,其中鱼类 25 种,占总种类数的 54.35%;甲壳类 17 种,占 36.96%;头足类 4 种,占 8.70%。2016 年 10 月调查优势种有 3 种,分别为枪乌贼、口虾蛄、长蛇鲻;重要种有 15 种,分别为赤鼻棱鳀、鹰爪虾、日本鼓虾、三疣梭子蟹、绿鳍鱼、长蛸、矛尾虾虎鱼、小带鱼、六丝钝尾虾虎鱼、鲬、泥脚隆背蟹、银姑鱼、中国明对虾、细条天竺鲷、方氏锦鳚。根据扫海面积法计算,调查海域渔业资源尾数密度和重量密度均值分别为 26.36×10³ 尾 /km² 和 139.28 kg/km²。2017 年 5 月调查优势种有 3 种,分别为脊腹褐虾、黄鮟鱇、口虾蛄;重要种有 6 种,依次为方氏锦鳚、大泷六线鱼、黄鲫、绵鳚、六丝钝尾虾虎鱼、日本鼓虾。根据扫海面积法计算,调查海域渔业资源尾数密度和重量密度均值分别为 119.77×10³ 尾 /km² 和 290.40 kg/km²。

3.5.2　烟威疏浚物临时性海洋倾倒区

3.5.2.1　倾倒区概况

烟威疏浚物临时性海洋倾倒区由生态环境部于 2018 年 5 月 28 日批准设立,该倾倒区是由 121°43′04.48″E、37°42′42.29″N,121°43′00.95″E、37°42′09.99″N,121°44′22.27″E、37°42′04.38″N,121°44′25.80″E、37°42′36.68″N 四点连线所围成的海域,面积为 2.0 km²,2021 年 3 月水深 20.1~20.9 m,平均水深 20.4 m。该倾倒区日最大倾倒量不超过 4 万立方米;为保护渔业资源,尽量避免在 4—6 月倾倒,若必须在 4—6 月施工,日最大倾倒量不超过 1.5 万立方米。

综合预选倾倒区水深条件和对周围敏感目标的影响,倾倒顺序按照 P2、P1、P3、P4 分区按顺序依次倾倒。当倾倒区平均水深小于 12 m 时,建议关闭该倾倒区。

3.5.2.2　倾倒区周边海洋功能区

该倾倒区位于烟台市北部海域,根据《山东省海洋功能区划(2011—2020 年)》,与该倾倒区相邻和相近的海洋功能区主要有农渔业区、港口航运区、海洋保护区等,其与周围海洋功能区距离见表 3-30,周边海洋功能区见表 3-31。预选倾倒区与周边海洋功能区距离比较远,不会影响各海洋功能区的主要职能。

表 3-30　烟威疏浚物临时性海洋倾倒区与周围海洋功能区距离

代码	相邻功能区	倾倒区	
		方位	最近距离 /km
B7-2	烟台港外近海特殊利用区	西南	9.94
B7-1	烟台港近海特殊利用区	西南	16.11
A6-24	烟台崆峒列岛海洋保护区	西南	14.61
B1-1	烟台 - 威海北近海农渔业区	西南	1.85
A1-16	牟平 - 威海农渔业区	南	17.13
A5-17	养马岛旅游休闲娱乐区	南	26.92
A6-26	牟平砂质海岸海洋保护区	南	26.48
A5-19	双岛湾外旅游休闲娱乐区	东南	29.27
A6-27	威海小石岛海洋保护区	东南	27.71
B2-1	蓬莱 - 烟台近海港口航运区	西南	14.61

表 3-31　烟威疏浚物临时性海洋倾倒区周边海洋功能区登记表

功能区名称代码	面积 /km²	岸段长度 /km	海域使用管理要求	海洋环境保护要求
港口航运区				
B2-1 蓬莱—烟台近海港口航运区	332.41	0	用途管制:该区域基本功能为港口航运,在基本功能未利用时允许兼容农渔业功能;保障港口航运用海,锚地、航道及两侧缓冲区、军事区内禁止养殖。用海方式:允许适度改变海域自然属性,禁止建设与港口功能不符的永久性设施	生态保护重点目标:港口水深地形条件。环境保护要求:加强海域污染防治和环境质量监测;航道及锚地海域海水质执行三类标准,海洋沉积物质量和海洋生物质量均执行二类标准
农渔业区				
B1-1 烟台—威海北近海农渔业区	2 449.24	0	用途管制:该区域基本功能为农渔业,适宜开发贝类底播增养殖和筏式养殖,允许发展海水养殖业和捕捞业;在船舶习惯航路和依法设置的锚地、航道及两侧缓冲区水域禁止养殖;加强渔业资源养护,控制捕捞强度;军事区内禁止养殖。用海方式:严格限制改变海域自然属性,鼓励开发开放式用海,允许小规模以透水构筑物形式用海。海域整治:控制养殖密度,严格执行休渔制度	生态保护重点目标:传统渔业资源的产卵场、索饵场、洄游通道等;刺参、紫石房蛤、皱纹盘鲍及其产卵场;烟台地留星岛刺参资源;苏山岛岛石鲽、宽体舌鳎、石花菜、羊栖菜、牡蛎、刺参等种质资源。环境保护要求:加强海域污染防治和环境质量监测;水产种质资源保护区海水水质、海洋沉积物质量和海洋生物质量均执行一类标准;其他海域海水水质不劣于二类标准,海洋沉积物质量和海洋生物质量均执行一类标准
A1-16 牟平—威海农渔业区	323.04	0	用途管制:该区域基本功能为农渔业,兼容旅游休闲娱乐等功能;在船舶习惯航路和依法设置的锚地、航道及两侧缓冲区水域禁止养殖;加强渔业资源养护,控制捕捞强度;军事区内禁止养殖。用海方式:严格限制改变海域自然属性,鼓励开放式用海,水面空间可进行筏式养殖	生态保护重点目标:威海小石岛刺参种质资源。环境保护要求:加强海域污染防治和监测;水产种质资源保护区、捕捞区海水水质、海洋沉积物质量和海洋生物质量均不劣于一类标准;其他海域海水水质不劣于二类标准,海洋沉积物质量和海洋生物质量均不劣于一类标准

功能区名称代码	面积/km²	岸段长度/km	海域使用管理要求	海洋环境保护要求
海洋保护区				
A6-24 烟台崆峒列岛海洋保护区	59.75	0	用途管制:该区域基本功能为海洋保护,兼容旅游休闲娱乐、农渔业、连岛工程等;优先保障海洋保护区用海,按照《水生动植物自然保护区管理办法》和《海洋特别保护区管理办法》进行管理。 用海方式:生态保护区禁止改变海域自然属性,资源恢复区严格限制改变海域自然属性,开发利用区和环境整治区允许适度改变海域自然属性。 海域整治:保持海岛岸线自然风貌	生态保护重点目标:鹰、隼、蝮蛇和斑海豹和海岛生态系统。 环境保护要求:严格执行国家关于海洋环境保护的法律、法规和标准,加强海洋环境质量监测;维持、恢复、改善海洋生态环境和生物多样性,保护自然景观;海水水质、海洋沉积物质量和海洋生物质量均不劣于一类标准
A5-17 养马岛旅游休闲娱乐区	53.77	53.19	用途管制:该区域基本功能为旅游休闲娱乐,兼容农渔业等功能;经严格论证可适度进行城镇建设;如要建设保护区可依法设置;控制占用岸线、沙滩和沿海防护林;保障河口行洪安全,河口区围海造地应当符合防洪规划。 用海方式:严格限制改变海域自然属性,科学编制旅游开发规划,保护好旅游生态环境和旅游资源;加强水质监测,合理控制旅游开发强度,严格论证基础设施建设。 海域整治:优化海岸和海洋工程景观设计,改善其自然生态功能	生态保护重点目标:海岛与海湾生态系统、沙滩。 环境保护要求:加强海洋环境质量监测;河口实行陆源污染物入海总量控制,进行减排防治;妥善处理生活垃圾,避免对毗邻海洋生态敏感区、亚敏感区产生影响;该海域文体休闲娱乐区海水水质不劣于二类标准,海洋沉积物质量和海洋生物质量均不劣于一类标准;风景旅游区海水水质不劣于二类标准,海洋沉积物质量和海洋生物质量均不劣于二类标准
A6-26 牟平砂质海岸海洋保护区	15.74	12.96	用途管制:该区域基本功能为海洋保护,兼容农渔业功能;规划建立牟平沙质海岸省级海洋特别保护区,优先保障海洋保护区用海,按照《海洋特别保护区管理办法》进行管理。 用海方式:生态保护区禁止改变海域自然属性,资源恢复区严格限制改变海域自然属性,开发利用区和环境整治区允许适度改变海域自然属性。 海域整治:禁止采砂,保持海岸线自然风貌,对侵蚀岸段进行合理整治	生态保护重点目标:沙滩、海岸线、自然景观。 环境保护要求:严格执行国家关于海洋环境保护的法律、法规和标准,加强海洋环境质量监测;维持、恢复、改善海洋生态环境和生物多样性,保护自然景观;海水水质不劣于二类标准,海洋沉积物质量和海洋生物质量不劣于一类标准
A5-19 双岛湾外旅游休闲娱乐区	6.83	7.95	用途管制:该区域基本功能为旅游休闲娱乐,兼容农渔业等功能;允许建设旅游基础设施,严格控制岸线附近的景区建设工程;严格控制占用岸线、沙滩;保障河口行洪安全,河口区域用海应当符合防洪规划。 用海方式:严格限制改变海域自然属性;保持岸线形态、长度和邻近海域底质类型的稳定;严格控制岸线附近的景区建设工程;治理和保护海域环境,加强水质监测,控制污染损害事故的发生;合理控制旅游开发强度,严格论证基础设施建设。 海域整治:保护砂质岸线,严格限制改变岸线的自然形态,对侵蚀岸段进行合理整治,逐步恢复自然生态环境	生态保护重点目标:自然景观、沙滩、海岸线。 环境保护要求:加强海洋环境质量监测;河口实行陆源污染物入海总量控制,进行减排防治;妥善处理生活垃圾,避免对毗邻海洋生态敏感区、亚敏感区产生影响;该海域文体休闲娱乐区海水水质不劣于二类标准,海洋沉积物质量和海洋生物质量均不劣于一类标准;风景旅游区海水水质不劣于二类标准,海洋沉积物质量和海洋生物质量均不劣于二类标准

续表

功能区名称代码	面积/km²	岸段长度/km	海域使用管理要求	海洋环境保护要求
A6-27 威海小石岛海洋保护区	28.58	18.19	用途管制:该区域基本功能为海洋保护,兼容农渔业功能;保障威海小石岛国家级海洋特别保护区用海,按照《海洋特别保护区管理办法》进行管理。 用海方式:生态保护区禁止改变海域自然属性,资源恢复区严格限制改变海域自然属性,开发利用区和环境整治区允许适度改变海域自然属性。 海域整治:保持海岸线自然风貌	生态保护重点目标:刺参等种质资源和海岛生态系统。 环境保护要求:严格执行国家关于海洋环境保护的法律、法规和标准,加强海洋环境质量监测;维持海洋生态环境和生物多样性;减少保护区周边海域环境点面源污染,保持较好海洋环境质量;海水水质不劣于二类标准,海洋沉积物质量和海洋生物质量不劣于一类标准
A6-22 芝罘岛岛群海洋保护区	46.09	23.14	用途管制:该区域基本功能为海洋保护,兼容旅游休闲娱乐功能;保障芝罘岛岛群国家级海洋特别保护区用海,按照《海洋特别保护区管理办法》进行管理。 用海方式:生态保护区禁止改变海域自然属性,资源恢复区严格限制改变海域自然属性,开发利用区和环境整治区允许适度改变海域自然属性。 海域整治:保持海岸线自然风貌	生态保护重点目标:海岛生态系统、钝吻黄盖鲽。 环境保护要求:严格执行国家关于海洋环境保护的法律、法规和标准,加强海洋环境质量监测;维持、恢复、改善海洋生态环境和生物多样性,保护自然景观;海水水质不劣于二类标准,海洋沉积物质量和海洋生物质量不劣于一类标准
A6-23 烟台山生态海洋保护区	10.54	2.81	用途管制:该区域基本功能为海洋保护,兼容旅游休闲娱乐功能;规划建立烟台山海洋生态省级特别保护区,优先保障海洋保护区用海,按照《海洋特别保护区管理办法》进行管理。 用海方式:生态保护区禁止改变海域自然属性,资源恢复区严格限制改变海域自然属性,开发利用区和环境整治区允许适度改变海域自然属性。 海域整治:保持海岸线自然风貌	生态保护重点目标:自然景观、古迹遗址。 环境保护要求:严格执行国家关于海洋环境保护的法律、法规和标准,加强海洋环境质量监测;维持、恢复、改善海洋生态环境和生物多样性,保护自然景观;海水水质不劣于二类标准,海洋沉积物质量和海洋生物质量不劣于一类标准
特殊利用区				
B7-2 烟台港外近海特殊利用区	3.99	0	用途管制:该区域基本功能为特殊利用;对环境的影响应符合《海水水质标准》(GB 3097—1997)的相应要求,对倾废活动要加强监视、监测,控制倾倒强度;当不宜继续倾倒时,应经过论证依法予以关闭。 用海方式:严格限制改变海域自然属性;严格控制倾倒范围	环境保护要求:禁止倾倒超过规定标准的有毒、有害物质,避免海洋生态环境产生不利影响;海水水质不劣于四类水质标准,海洋沉积物质量和海洋生物质量不劣于三类标准;避免对毗邻海洋敏感区、亚敏感区产生影响
B7-1 烟台港近海特殊利用区	2.05	0	用途管制:该区域基本功能为特殊利用,对环境的影响应符合《海水水质标准》的相应要求,对倾废活动要加强监视、监测,控制倾倒强度;当不宜继续倾倒时,应经过论证依法予以关闭。 用海方式:严格限制改变海域自然属性;严格控制倾倒范围	环境保护要求:禁止倾倒超过规定标准的有毒、有害物质,避免对海洋生态环境产生不利影响;海水水质不劣于四类水质标准,海洋沉积物质量和海洋生物质量不劣于三类标准;避免对毗邻海洋敏感区、亚敏感区产生影响

3.5.2.3 倾倒区周边生态红线区

该倾倒区距离生态红线区位置较远,距离烟台崆峒列岛禁止区最近距离为 15.05 km。

3.5.2.4　倾倒区所在海域开发利用现状

该倾倒区周围主要分布有烟台港近海特殊利用区、烟台港外近海特殊利用区,附近还有位于崆峒岛北方的第二引航检疫锚地等。

3.5.2.5　倾倒区周边自然地理概况

1.区域概况

该倾倒区位于烟台和威海之间,养马岛北部海域,辐射范围从烟台港芝罘湾港区至华能山东石岛湾核电厂大件码头工程海域,预选倾倒区距离烟台港最近约为 24.03 km,距离威海港最近约为 41.62 km。烟台是全国首批 14 个沿海对外开放城市之一,是国家重点开发的环渤海地区的重要城市。烟台市地处山东半岛东部,位于东经 119° 34′~121° 57′、北纬 36° 16′~38° 23′,东连威海,西接潍坊,西南与青岛毗邻,北濒渤海、黄海,东西陆域最大横距为 214 km,南北岛屿纵距为 235 km。

（2）气象状况

1）气温

该区年平均气温为 13.4 ℃,平均最高气温为 17.7 ℃,平均最低气温为 11.1 ℃,极端最高气温为 37.1 ℃,极端最低气温为 -11.7 ℃。

2）降水量

该区年平均降水量为 425.1 mm,年最大降水量为 616.7 mm,一日最大降水量为 76.5 mm,年平均降水量日数为 95.6 天,降水强度 ≥ 中雨的年降水日数为 13.4 天,降水强度 ≥ 大雨的年降水日数为 4.2 天,降水强度 ≥ 暴雨的年降水日数为 0.2 天,该区降水有显著的季节变化,雨量多集中于每年的 6、7、8 月,这三个月降水量占年降水量的 53%;冬季降水量最少,12 月至翌年 2 月降水量仅占年降水量的 9%。

3）风

根据多年每日 24 次风速、风向资料统计,该区常风向为 N 向,出现频率为 13.3%,次常风向为 NW、W 向,出现频率分别为 12.12%、11.55%;强风向为 NW 向,该向 ≥ 7 级风出现频率为 0.46%,次强风向为 N 向。

4）雾

该区多年平均每年大雾日为 29.0 天,大雾多出现于每年的 4—7 月,占全年雾日的 65%,而每年的 8 月以后,大雾日显著减少,平均每年大雾实际出现天数为 10.9 天。

5）灾害性天气

该区灾害性天气过程主要为台风(含热带风暴、强热带风暴)、寒潮。根据多年资料统计,影响烟台附近海域的台风每年有 1~2 个,一般多出现于 7—9 月。每当台风路经该区时,将出现大风、大浪、风暴潮和暴雨。如 8509 号台风时,烟台出现 33.3 m/s、SSE 向大风,最高潮位达 3.73 m;受 9216 号台风影响,烟台港风速达 18~30 m/s,出现 1949 年以来最高历史潮位（4.03 m）。

根据多年资料统计,每年 11 月至翌年 3 月为寒潮出现季节,平均每年 3.2 次,受寒潮影响该海区出现偏 N 向大风,风速可达 9~10 级,且有偏 N 向的大浪,持续时间可达 3~4 天。

3. 水文状况

1）潮位

利用芝罘湾烟台港多年的水位观测资料,依据《海港水文规范》的规定进行统计分析,得出该海区的潮汐为正规半日潮,潮汐类型指标值为 0.35。潮汐周期为 12 h25 min,涨潮历时为 6 h15 min,落潮历时为 6 h10 min。

2）波浪

该区常波向为 NNW、NW 向,出现频率分别为 8.20%、8.19%;次常波向为 N、NNE 向,出现频率分别为 5.91%、5.77%;强波向为 NNW 向,次强波向为 N 向,这两个方向 H4% > 1.5 m 出现频率分别为 3.07%、2.45%。

3）海流

该区各层平均流速均出现在表层,流速基本上由表至底逐渐减小,流向在垂线上的分布比较一致。

3.5.2.6　倾倒区附近海域环境质量现状

1. 海水水质现状

根据对该倾倒区附近海域两次水质调查可知,2015 年 5 月预选倾倒区附近海域内表、底层水质监测各要素中的无机氮、铅、汞等出现不同程度超一类水质标准的现象,除个别站位无机氮超二类水质标准外,其余各评价因子均符合二类水质标准。2012 年 12 月倾倒区附近海域内水质监测各要素中的无机氮、铅、悬浮物、石油等出现不同程度超一类水质标准的现象,除无机氮不同站位出现不同程度超二类水质标准外,其余各评价因子均符合二类水质标准。

2. 沉积物现状

预选倾倒区附近海域所有站位沉积物的各项监测要素的测值均符合一类海洋沉积物标准,其周围海域沉积物主要类型为粉砂质砂、砂质粉砂、粉砂。

3. 生物生态现状

叶绿素 a：根据对倾倒区周围叶绿素 a 的监测,附近海水中叶绿素 a 含量变化范围在 0.45~1.16 μg/L,平均值为 0.79 μg/L。

浮游植物：2015 年 5 月调查共鉴定出浮游植物 16 种,其中硅藻 15 种,占种类组成的 93.8%,甲藻 1 种,占种类组成的 6.2%;浮游植物细胞密度波动范围在（4.61~241.82）× 10^4 个 /m^3,平均值为 85.60 × 10^4 个 /m^3;在细胞密度的组成中,硅藻出现的细胞密度占浮游植物总细胞密度的 99.98%。2012 年 12 月调查海域共出现浮游植物 26 种,隶属于硅藻、甲藻和金藻三个植物门,其中硅藻门 18 种,占浮游植物出现种数的 69.2%,甲藻门 7 种,占 26.9%,金藻门 1 种,占 3.8%;浮游植物密度变化范围在（1.0~8.9）× 10^4 个 /m^3,平均密度为 4.8 × 10^4 个 /m^3。

浮游动物：2015 年 5 月调查共鉴定出浮游动物 13 种,其中节肢动物 9 种,占种类组成的 69.2%,浮游幼虫 3 种,占种类组成的 23.1%,毛颚动物 1 种,占种类组成的 7.7%;浮游动物生物量（湿重）的波动范围在 0.8~10.6 mg/m^3,个体密度的波动范围在 7.75~208.07 个 /m^3。2012 年 12 月调查海域共出现大型浮游动物 18 种,其中桡足类 7 种,占种类组成的 38.9%,糠虾类、端足类、毛颚类各 2 种,占种类组成的 11.1%,幼虫幼体类 3 种,占 16.7%,磷虾类、仔鱼各 1 种,占种类组成的 5.6%;浮游动物生物量（湿重）变化范围在 13.1~190.0 mg/m^3,平均生物量为 68.9 mg/m^3;生物密度波动范围在 7.0~68.2 个 /m^3,平均密度为 41.8 个 /m^3。

底栖生物：2015 年 5 月调查共获底栖生物 13 种，其中环节动物 7 种，占底栖生物总种数的 53.8%，软体动物 3 种，占总种数的 23.1%，节肢动物 2 种，占总种数的 15.4%，纽形动物 1 种，占总种数的 7.7%；底栖生物的生物量平均值为 3.78 g/m²，各站间生物量变化范围在 0.42~2.48 g/m²；底栖生物的栖息密度平均值为 110.9 个/m²，变化范围在 80~140 个/m²。2012 年 12 月调查共获底栖生物 34 种，其中多毛类和甲壳类的种类数最多，均为 14 种，均占底栖生物种类组成的 41.2%，软体动物 2 种，占底栖生物种类组成的 5.9%，棘皮动物 3 种，占种类组成的 8.8%，纽形动物均出现 1 种，占种类组成的 2.9%；底栖生物生物量变化范围在 0.05~53.4 g/m²，平均值为 14.8 g/m²；底栖生物栖息密度变化范围在 5.0~205.0 个/m²，平均值为 65.0 个/m²。

鱼卵、仔稚鱼：2014 年 10 月秋季非鱼类产卵盛期，此时温度较低，绝大部分游泳动物已开始游向深水区域越冬，故调查未捕获鱼卵及仔稚鱼。2015 年 5 月共采获鱼卵 4 532 粒，均为鳀卵；共采获仔稚鱼 16 尾，其中 15 尾为细纹狮子鱼，1 尾为虾虎鱼科鱼类；鱼卵每网平均数量为 377.67 粒/站，平均密度为 1.22 粒/m³，仔稚鱼每网平均数量为 1.33 尾/站，平均密度为 0.004 尾/m³。

鱼类资源：调查共出现渔业资源 68 种，其中鱼类 47 种，占总种类数的 69.1%；甲壳类 17 种，占总种数的 25.0%；头足类 4 种，占总种数的 5.9%。根据扫海面积法计算，调查海域渔业资源尾数密度和重量密度均值分别为 47.51 × 10³ 尾/km² 和 854.55 kg/km²。其中，优势种有 5 种，分别为枪乌贼、口虾蛄、黄鮟鱇、六丝钝尾虾虎鱼、绿鳍鱼；重要种有 17 种，依次为三疣梭子蟹、斑鰶、长蛸、长蛇鲻、短蛸、矛尾虾虎鱼、绯鲻、大泷六线鱼、许氏平鲉、细条天竺鲷、鲬、日本鼓虾、鹰爪虾、鳀、赤鼻棱鳀、高眼鲽、银姑鱼。

3.5.3　烟台港附近海域三类疏浚物倾倒区

3.5.3.1　倾倒区概况

烟台港附近海域三类疏浚物倾倒区由国务院于 1988 年 1 月 7 日批准设立，该倾倒区是由 121°31′45″ E、37°37′12″ N，121°31′45″ E、37°38′06″ N，121°33′15″ E、37°38′06″ N，121°33′15″ E、37°37′12″ N 四点连线所围成的海域，2021 年 3 月水深 7.7-19.1 m，平均水深 15.4 m。

3.5.3.2　倾倒区周边海洋功能区

该倾倒区周边海洋功能区划。

3.5.3.3　倾倒区周边生态红线区

该倾倒区设立较早，距离烟台崆峒列岛禁止区较近，最近距离仅为 2.0 km。

3.5.3.4　倾倒区所在海域开发利用现状

此部分相关内容见 3.5.2.4 章节。

3.5.3.5　倾倒区周边自然地理概况

此部分相关内容见 3.5.2.5 章节。

3.5.3.6　倾倒区附近海域环境质量现状

此部分相关内容见 3.5.2.6 章节。

3.5.4　石岛国核示范工程疏浚物临时性海洋倾倒区

3.5.4.1　倾倒区概况

石岛国核示范工程疏浚物临时性海洋倾倒区位于威海市桑沟湾东南部海域,2016 年由原国家海洋局批准设立,该倾倒区是由 122°54′16.40″E、37°00′44.00″N,122°54′56.90″E、37°00′44.00″N,122°54′56.90″E、36°59′39.20″N,122°54′16.50″E、36°59′39.20″N 四点围成的海域。该倾倒区为 1.0 km×2.0 km 的矩形区域,面积为 2.0 km²,离岸最近距离约为 29.59 km。2022 年倾倒区倾倒量不超过 200 万立方米,倾倒区日最大倾倒量为 3.2 万立方米,4—6 月禁止倾倒。该倾倒区共分为 2 个分区,分别为 1#、2#。

3.5.4.2　倾倒区周边海洋功能区

该倾倒区位于威海市桑沟湾东南部海域,倾倒区所在海域不在《山东省海洋功能区划(2011—2020 年)》的区划范围内。根据《全国海洋功能区划(2011—2020 年)》,该倾倒区位于山东半岛南部海域,该海域的功能为海洋保护、旅游休闲娱乐、港口航运和工业与城镇用海。目前,我国海洋倾倒物质主要是清洁疏浚物,因此实际倾倒期间倾倒活动对生态环境的影响主要为悬浮泥沙对海水水质的影响。疏浚物倾倒为间歇性活动,活动终止后,海水中悬浮物浓度能够在短时间内恢复到本底水平,不会对海洋环境造成较大影响。此外,倾倒区临海工程配套服务于临海工业,符合海洋功能区划的要求。该区域附近主要功能区有农渔业区、保留区、旅游休闲娱乐、港口航运、工业与城镇用海和特殊利用区,主要包括千里岩南保留区、荣成苏山岛西侧特殊利用区、乳山汇岛海洋保护区、乳山东南港口航运区、南海—银滩旅游休闲娱乐区、前岛近海港口航运区、靖海湾港口航运区、人和工业与城镇用海区、荣成二山岛海洋保护区、荣成苏山岛海洋保护区、荣成朱口港口航运区、文登—乳山—海洋农渔业区、威海—青岛东近海农渔业区、乳山口外特殊利用区、乳山汇岛海洋保护区、前岛特殊利用区等,海洋功能区登记见表3-32。

表 3-32　石岛国核示范工程疏浚物临时性海洋倾倒区所在海域海洋功能区登记表

代码	名称	面积/km²	岸段长度/km	与倾倒区的距离/km	海域使用管理要求	海洋环境保护要求
A2-21	荣成港口航运区	65.67	10.1	28.4	用途管制:该区域基本功能为港口航运,在基本功能未利用时允许兼容农渔业等功能;保障港口航运用海,航道及两侧缓冲区内禁止养殖。 用海方式:允许适度改变海域自然属性,港口内工程用海鼓励采用多突堤式透水构筑物方式	生态保护重点目标:港口水深地形条件。 环境保护要求:加强海域污染防治和监测;港口区海域海水质量不劣于四类标准,海洋沉积物质量和海洋生物质量均不劣于三类标准;航道及锚地海域海水质量不劣于三类标准,海洋沉积物质量和海洋生物质量均不劣于二类标准

续表

代码	名称	面积/km²	岸段长度/km	与倾倒区的距离/km	海域使用管理要求	海洋环境保护要求
A2-22	荣成东港口航运区	5.06	0	24.2	用途管制:该区域基本功能为港口航运,在基本功能未利用时允许兼容农渔业等功能;保障港口锚地用海,航道及两侧缓冲区内禁止养殖。 用海方式:严格限制改变海域自然属性	生态保护重点目标:港口水深地形条件。 环境保护要求:加强海域污染防治和监测;航道及锚地海域海水水质不劣于三类标准,海洋沉积物质量和海洋生物质量均不劣于二类标准
B8-1	荣成东近海保留区	2 053.5	0	5.4	用途管制:该区域功能待定,为保留区;有待通过科学论证确定具体用途;加强管理,不得影响军事活动。 用海方式:严格限制改变海域自然属性;调整时需经科学论证,调整保留区的功能,并按程序报批	生态保护重点目标:海洋自然生态系统。 环境保护要求:保持现状
A1-21	桑沟湾—莫铘岛农渔业区	301.34	53.44	29.7	用途管制:该区域基本功能为农渔业,兼容旅游休闲娱乐、港口航运等功能;在船舶习惯航路和依法设置的锚地、航道及两侧缓冲区水域禁止养殖;严禁有损领海基点的用海行为;加强渔业资源养护,控制捕捞强度;保护生物多样性。军事区内禁止养殖、捕捞。 用海方式:严格限制改变海域自然属性,鼓励开放式用海,石岛湾内严格控制利用水面进行筏式养殖。 海域整治:保护自然岸线,禁止破坏其自然形态,鼓励对人工岸线进行生态化建设	生态保护重点目标:威海桑沟湾魁蚶、荣成鼠尾藻、大叶藻种质资源、领海基点。 环境保护要求:加强海域污染防治和监测;渔业设施建设区海水水质不劣于二类标准(渔港区执行不劣于现状海水水质标准),海洋沉积物质量和海洋生物质量均不劣于二类标准;水产种质资源保护区、捕捞区海水水质、海洋沉积物质量和海洋生物质量均不劣于一类标准;其他海域海水水质不劣于二类标准,海洋沉积物质量和海洋生物质量均不劣于一类标准
A3-17	荣成宁津工业与城镇用海区	12.88	5.55	30.8	用途管制:该区域基本功能为工业和城镇用海,在基本功能未利用时兼容农渔业等功能;控制围填海规模,并接受围填海计划指标控制。 用海方式:允许适度改变海域自然属性,领海基点及周围海域禁止开发。 海域整治:优化围填海海岸景观设计	生态保护重点目标:领海基点。 环境保护要求:加强海洋环境质量监测;严格控制温排水范围,减少温排水对海域生态系统的影响;海域开发前基本保持所在海域环境质量现状水平;开发利用期执行海水水质不劣于三类标准,海洋沉积物质量、海洋生物质量不劣于二类标准
A3-18	荣成黑泥湾工业与城镇用海区	0.79	5.23	30.8	用途管制:该区域基本功能为工业和城镇用海,在基本功能未利用时兼容农渔业等功能;控制围填海规模,并接受围填海计划指标控制。 用海方式:允许适度改变海域自然属性。 海域整治:优化围填海海岸景观设计	生态保护重点目标:海湾湿地生态系统。 环境保护要求:加强海洋环境质量监测;严格控制温排水范围,减少温排水对海域生态系统的影响;海域开发前基本保持所在海域环境质量现状水平;开发利用期执行海水水质不劣于三类标准,海洋沉积物质量、海洋生物质量不劣于二类标准

续表

代码	名称	面积 /km²	岸段长度/km	与倾倒区的距离/km	海域使用管理要求	海洋环境保护要求
A1-20	荣成湾农渔业区	217.44	35.07	30.4	用途管制:该区域基本功能为农渔业,兼容旅游休闲娱乐等功能;在船舶习惯航路和依法设置的锚地、航道及两侧缓冲区水域禁止养殖;加强渔业资源养护,控制捕捞强度;保障河口的行洪安全;军事区内禁止养殖、捕捞。用海方式:严格限制改变海域自然属性,鼓励开放式用海。海域整治:保护自然岸线,禁止破坏其自然形态,鼓励对人工岸线进行生态化建设	生态保护重点目标:栉江珧、光棘球海胆及海带裙带菜等大型藻类种质资源。环境保护要求:加强海洋环境质量监测;河口实行陆源污染物入海总量控制,进行减排防治;渔业设施建设区海水质不劣于二类标准(渔港区执行不劣于现状海水水质标准),海洋沉积物质量和海洋生物质量均不劣于二类标准;水产种质资源保护区、捕捞区海水水质、海洋沉积物质量和海洋生物质量均不劣于一类标准;其他海域海水水质不劣于二类标准,海洋沉积物质量和海洋生物质量均不劣于一类标准
B7-5	俚岛湾特殊利用区	14.97	0	31	用途管制:该区域基本功能为特殊利用,对环境的影响应符合《海水水质标准》(GB 3097—1997)的相应要求,对倾废活动要加强监视、监测,控制倾倒强度;当不宜继续倾倒时,应经过论证依法予以关闭。用海方式:严格限制改变海域自然属性;严格控制倾倒范围	环境保护要求:禁止倾倒超过规定标准的有毒、有害物质,避免对海洋生态环境产生不利影响;海水水质不劣于四类水质标准,海洋沉积物质量和海洋生物质量不劣于三类标准;避免对毗邻海洋敏感区、亚敏感区产生影响
A7-19	镆铘岛外特殊利用区	1.48	0	29.7	用途管制:该区域基本功能为特殊利用,对环境的影响应符合《海水水质标准》的相应要求,对倾废活动要加强监视、监测,控制倾倒强度;当不宜继续倾倒时,应经过论证依法予以关闭。用海方式:允许适度改变海域自然属性;严格控制倾倒范围	生态保护重点目标:海洋自然生态系统;海洋水动力条件。环境保护要求:禁止倾倒超过规定标准的有毒、有害物质,避免对海洋生态环境产生不利影响;海水水质不劣于四类水质标准,海洋沉积物质量和海洋生物质量不劣于三类标准;避免对毗邻海洋敏感区、亚敏感区产生影响
A8-13	镆铘岛保留区	11.72	0	33.6	用途管制:该区域功能待定,为保留区;有待通过科学论证确定具体用途。用海方式:严格限制改变海域自然属性;调整时需经科学论证,调整保留区的功能,并按程序报批	生态保护重点目标:领海基点、海岛自然生态系统。环境保护要求:保持现状

3.5.4.3　倾倒区周边生态红线区

该倾倒区不在《山东省黄海海洋生态红线划定方案(2016—2020 年)》中确定的生态红线区中,距离石岛国核倾倒区最近的生态红线区有重要渔业海域楮岛藻类渔业海域限制区(代码 37-Xe07)和重要滨海旅游区楮岛滨海旅游限制区(代码 37-Xj11),与石岛国核倾倒区的距离均大于 25 km。

3.5.4.4 倾倒区所在海域开发利用现状

该倾倒区附近海域渔业资源丰富,盛产对虾、鹰爪虾、黄花鱼、牙鲆、扇贝、海带、裙带菜等鱼虾贝藻类海产品 100 多种,其中海参、鲍鱼、海胆、真鲷、牙鲆、石花菜等海珍品以营养丰富、味道鲜美而享誉海内外。此外,荣成市倾倒区积极开展海参、大菱鲆、扇贝、魁蚶、虾类、鱼类、蟹类等苗种繁育,育苗量达 200 亿单位以上;探索推进生态养殖浮漂更新和筏式标准化养殖,并在海洋牧场、种质保护区等 39 个点位开展定期海洋环境监测,取得数据 3 000 余个,打造升级版"海上粮仓"。

3.5.4.5 倾倒区周边自然地理概况

1. 区域概况

威海市地处山东半岛最东端,三面环海,一面接陆,北、东、南三面濒临黄海,东及东南与朝鲜半岛和日本列岛隔海相望,北与辽东半岛成犄角之势。威海市山清水秀,风光迤逦,环境优美,气候宜人,为全国著名的"海上花园城"。

威海市现辖 3 个县级市、1 个行政区和 2 个国家级开发区,陆地总面积 5 797 km²,人口约 254 万,近岸海域面积 11 449 km²,其中 -20 m 以上浅海域总面积为 3 482.6 km²,占总面积的 30.4%,海岸线长 986 km,占山东省的 1/3、全国的 1/18;500 m² 以上的海岛 98 个,岛岸线长 102.8 km,岛陆面积 13.2 km²,主要岬角 20 多个,重要海湾 22 个。

2. 气象状况

1)气温

该地区属于海洋暖湿季风性气候,四季气温变化明显。根据 2014 年威海市统计年鉴,工程区 2013 年平均气温为 20.1 ℃。气温年变化具有明显的季节特征:冬季各月平均气温为 -0.9 ℃,其中 1 月份为 -2.5 ℃,是全年最低的月份。夏季各月平均气温在 23.8 ℃之间,7、8 月为全年气温最高月份,平均达 26.1 ℃。

2)降水

根据《2014 年威海市统计年鉴》,工程区 2013 年平均降水量为 667.9 mm,全年中的降水量主要集中在夏半年(4—9 月),6 个月的平均降水量之和为 550.8 mm,占年降水量的 83%,而冬半年的 6 个月降水量之和为 117.1 mm,仅占年降水量的 17%。

3)雾

工程区以平流雾为主,多年平均雾日为 31.1 天,各月都有出现,但主要集中在 4—7 月,占全年的 73%。

4)风

根据《2014 年威海市统计年鉴》,工程区多年平均风速为 3.8 m/s,春季平均风速最大,冬季次之,秋末最小;历年年最大风速为 21.3 m/s,风向为 WSW 向(1977 年 10 月 30 日),各月最大风速出现的风向多为 WNW 至 N 向,次之为 ESE 至 WSW 向,多年平均风力 ≥6 级的大风日数为 50 天。

全年各向平均风速以 NW 至 NNE 向最大(6.3~7.3 m/s),其中 NNW 向风速最大,为 7.3 m/s,S 至 WSW、WNW、NE 向次之(5.0~6.3 m/s),其中 SW 向风速最大,为 6.3 m/s,E 和 ESE 向风速最小,均为 3.6 m/s。

全年各向风出现频率以 NNW 向最多,达 17%;其次为 SW 向,出现频率为 16%;ESE 向风最少,出现频率为 1%。

5)主要灾害性天气

寒潮大风:寒潮是秋、冬季主要大风天气系统。此类大风强度大,一般在 7~8 级,海上最大可达 9~10 级;持续时间长,一般在 2~3 天以上,影响范围极大。寒潮入侵时,造成大风、阵雪和气温急降天气。统计近 10 年资料,影响靖海湾的寒潮共有 32 次,其中 8 级以上大风 17 次,占 53.2%;其中以 NNW 和 N 向风最多,出现 11 次,占 64.7%,其次为 NNE 向风,占 22%。寒潮造成的 48 h 降温范围一般在 15 ℃以内。大风会引起沿岸增水或减水,就该区来讲,寒潮大风基本为离岸风,在近岸海域一般不会造成具有破坏性的大浪;在远海,在持续大风的作用下,往往会形成长周期的涌浪与风浪相互叠加的大波浪。

气旋大风:气旋大风是春季主要大风天气系统,由蒙古至东北地区的气旋发展而造成的西南大风,强度一般在 6~8 级,最大可达 9~10 级,持续时间一般在 1~3 天。当气旋东移后,转偏北向大风,风力常小于气旋前部的西南大风,故春季有"南风不欺北风"之说。

台风:影响工程区附近海域的台风主要出现在夏季和初秋,平均每年约一次。当台风中心穿过山东半岛或在半岛以东横海穿过时,其风力可达 8~12 级,狂风暴雨危害甚大。另外,受浙江至苏北登陆北上台风外围影响,常形成 6~8 级的大风。台风在南黄海中部时,其风向多为偏南向,随着台风中心向半岛区移动,台风方向逐渐向偏东向转移(多为 ESE、E 或 ENE 向),当台风跨过山东半岛进入渤海或北黄海时,台风方向通常转偏东北向(即为 NE 和 NNE 向)。此时,工程区一带海域往往产生偏南向涌浪与偏东北向风浪相叠加的混合浪。台风过境时所产生的风、涌混合浪对海岸工程具有极大的破坏力,往往造成港口码头或防波堤破坏,所产生的风暴潮淹没近海养殖池、农田和海岸区工农业设施,对沿海产业及人民的生命财产带来极大威胁和破坏。

3.水文状况

1)潮汐

该区无长期实测潮位资料,现根据成山头、石岛长期观测和俚岛湾附近的短期潮位资料进行统计分析,其结果基本可以代表预选倾倒区的潮汐概况。

大洋的潮波传入中国东部近岸后,受地理条件的影响,潮汐性质发生改变,在黄海形成两支左旋的潮波系统。由于成山头外 M2 分潮无潮点的影响,潮汐地域变化急剧。其中潮汐类型的划分取决于分潮振幅之比,当全日分潮 O1 和 K1 振幅之和 H_1 与半日潮 M2 振幅 H_2 之比为 0.5~4 时为混合潮,其中 0.5~2 为混合不规则半日潮,根据已有模型的计算结果,预选倾倒区第二类分潮特征值小于 2,属于不规则半日潮(基本具有半日潮的特性,但在一个太阴日内有两个高潮和低潮,受浅海、河口地区水下地形影响,一天中两次高潮位、两次低潮位不等,涨落潮历时也不等的半日潮)。

潮位特征值如下(根据成山头、石岛长期观测和俚岛湾附近的短期潮位资料,从 85 高程起算,以下同)。

历年最高潮位:0.92 m。

历年最低潮位:-1.83 m。

平均高潮位:0.43 m。

平均低潮位:-0.39 m。

平均潮位:0.14 m。

平均潮差:0.91 m。

设计水位如下。

设计高水位:0.93 m。

设计低水位:-0.77 m。

极端高潮位:1.67 m。

极端低潮位:-1.97 m。

2）海流

通过潮流观测可知,倾倒区附近海域潮流以往复流为主,主流向为 NE 至 SW 向,涨潮为 SW 向,落潮为 NE 向;最大涨潮流速表层为 85 cm/s、中层为 84 cm/s、底层为 45 cm/s,最大落潮流速表层为 78 cm/s、中层为 95 cm/s、底层为 44 cm/s。

3）波浪

该海区属于以风浪为主、涌浪为辅的混合浪海域,其中风浪出现频率为 99.75%,涌浪出现频率为 26.7%;风浪频率年变化不太,而涌浪频率随季节变化在 66.5%~94%,变化差较大,而且夏季明显大于秋、冬季。该海域的主浪向为偏 SSE 至 S 向,累年各月最大波高出现在 SSE 向,为 5.0 m;其次为 NNE 向,最大波高为 4.0 m。

该海域最大的波高分级为 4.5~4.7 m,出现在 SSE 向,累年大于 1.8 m 的波高均发生在 SE、S、SW 向几个方位内;该海域的强浪向为 SE、SSB、S 向,即该海域的强浪向与主浪向基本上是一致的。

3.5.4.6　倾倒区附近海域环境质量现状

1. 海水水质现状

2014 年航次各站位结果与对照站位差别不大,调查的所有评价因子均未出现超标现象,标准指数都在 0.5 以下,符合二类水质标准。2014 年航次监测数据评价表明,该海域水质状况良好。

2. 沉积物现状

沉积物各指标大部分没有较大变化。汞、油类、有机物变化相对较大,但均符合一类沉积物质量标准,表明该海域沉积物质量良好,倾倒活动对海域沉积物影响较小。

3. 生物生态现状

叶绿素 a:调查海域海水中叶绿素 a 的含量变化范围为 1.40~2.28 µg/L,平均值为 1.77 µg/L,各站位叶绿素 a 含量的分布较均匀。

浮游植物:航次调查海域共获浮游植物 18 种,隶属于硅藻门和甲藻门,其中硅藻门 12 种,占浮游植物总种类数的 66.7%;甲藻门 6 种,占总种类数的 33.3%;硅藻在调查海域浮游植物种类组成上占有绝对优势。调查海域各站浮游植物细胞密度变化范围为（1.44~22.23）× 10^4 个 /m³,平均值为 9.51 × 10^4 个 /m³,在细胞数量组成上,硅藻门细胞密度占总细胞密度的 8.4%,甲藻门占 91.6%,甲藻在调查海域浮游植物数量组成上占有绝对优势。

从站位出现频率和细胞密度看,调查海域浮游植物的优势种为斯氏扁甲藻（Pyrophacus steinii）,占个体总密度的 88.35%。在调查海域中,该种的站位出现频率为 100%,个体密度为 50.38 × 10^4 个 /m³。调查海域浮游植物多样性指数介于 0.54~2.05,平均值为 1.09;均匀度指数介于 0.15~0.73,平均值为 0.36;丰度指数介于 0.33~0.57,平均值为 0.45;优势度指数介于 0.76~0.96,平均值为 0.88。

浮游动物:调查海域共获浮游动物 20 种,包括节肢动物 7 种、各种浮游幼虫 11 种、毛颚动物 1 种、腔肠动物 1 种,各占种类组成的 55%、35%、5%、5%,各站浮游动物的生物量在 2.6~12.9 mg/m³,平均值为 8.27 mg/m³。

底栖生物:航次调查共获底栖生物 6 种,隶属于节肢、环节、棘皮动物等 3 个动物门,其中节肢动物 4 种、环节动物 1 种、棘皮动物 1 种,分别占总种数的 66.6%、16.7%、16.7%。调查共设 5 个站位,其中 C1H056 号站未获底栖生物。在获得底栖生物的站位中,底栖生物的生物量变化范围在 0.84~4.20 g/m²,平均值为 2.42 g/m²。在获得底栖生物的站位中,底栖生物的栖息密度变化范围在 20~100 个 /m²,平均值为 52 个 /m²。密度组成以环节动物最多,栖息密度为 120 个 /m²,占总密度的 42.8%;其次是棘皮动物和节肢动物,栖息密度均为 80 个 /m²,均占总密度的 28.6%。

3.5.5　石岛湾外远海临时性海洋倾倒区

3.5.5.1　倾倒区概况

石岛湾外远海临时性海洋倾倒区位于威海南部海域,2020 年 6 月由生态环境部批准设立,该倾倒区是由 122° 21′ 18.9″ E、36° 23′ 27.7″ N, 122° 21′ 18.9″ E、36° 22′ 39.1″ N, 122° 22′ 39.9″ E、36° 23′ 27.7″ N, 122° 22′ 39.9″ E、36° 22′ 39.1″ N 四点围成的海域,面积为 3.0 km²。离岸最近距离约 40.29 km, 2022 年度倾倒区年控量为 500 万立方米,倾倒区日最大倾倒量不得超过 3 万立方米,渔业资源敏感期(4—6 月)日最大倾倒量不得超过 1.5 万立方米。

该倾倒区共分为 4 个分区,分别为 P1、P2、P3、P4,如图 3-5 所示。

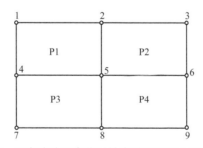

图 3-5　石岛湾外远海临时性海洋倾倒区分区示意图

3.5.5.2　倾倒区周边海洋功能区

该倾倒区附近海域主要的功能区及敏感区有农渔业区、保留区、开放式养殖。由于预选倾倒区附近海域有权属养殖较多,未一一列举,仅选择距离预选区较近的养殖进行距离量算,见表 3-33。

表3-33　石岛湾外远海临时性海洋倾倒区与邻近海洋生态敏感区和利用不相容功能区相对位置统计表

名　称	与预选倾倒区的位置	到预选倾倒区的距离
千里岩南保留区（B8-3）	西部	最近距离15.5 km
威海—青岛东近海农渔业区（B1-2）	西北部	最近距离14.2 km
山东荣成农村商业银行股份有限公司海水养殖	西北部	最近距离16.3 km
荣成市城建投资开发有限公司底播养殖	西北部	最近距离16.7 km
荣成市财鑫投资有限公司底播养殖	西北部	最近距离17.0 km

　　分布于该倾倒区附近的农渔业区分别是威海—青岛东近海农渔业区（B1-2）、文登—乳山—海阳农渔业区（A1-25）和石岛—人和农渔业区（A1-22），具体见表3-34。

表3-34　石岛湾外远海临时性海洋倾倒区附近的农渔业区概况及环境保护要求

名称	面积/km²	管理措施与环境保护要求
威海—青岛东近海农渔业区（B1-2）	6 661.3	用途管制：该区域基本功能为农渔业，兼容港口航运、矿产与能源等功能；适宜开发贝类底播增养殖和筏式养殖，允许发展海水养殖业和捕捞业；在船舶习惯航路和依法设置的锚地、航道及两侧缓冲区水域禁止养殖；加强渔业资源养护，控制捕捞强度；军事区内禁止养殖。用海方式：严格限制改变海域自然属性，鼓励开发开放式用海。海域整治：控制养殖密度，严格执行休渔制度。生态保护重点目标：传统渔业资源的产卵场、索饵场、越冬场、洄游通道等。环境保护要求：加强海域污染防治和监测；海域海水水质不劣于二类标准，海洋沉积物质量和海洋生物质量均执行一类标准
文登—乳山—海阳农渔业区（A1-25）	1 028.48	用途管制：该区域基本功能为农渔业，兼容旅游休闲娱乐等功能；在船舶习惯航路和依法设置的锚地、航道及两侧缓冲区水域禁止养殖；加强渔业资源养护，控制捕捞强度；保障河口行洪安全。用海方式：严格限制改变海域自然属性，鼓励开放式用海。海域整治：保护自然岸线，禁止破坏其自然形态，鼓励对人工岸线进行生态化建设。生态保护重点目标：传统渔业资源的产卵场、索饵场、洄游通道等。环境保护要求：加强海洋环境质量监测；河口实行陆源污染物入海总量控制，进行减排防治；渔业设施建设区海水水质不劣于二类标准（渔港区执行不劣于现状海水水质标准），海洋沉积物质量和海洋生物质量均不劣于二类标准；其他海域海水水质不劣于二类标准，海洋沉积物质量和海洋生物质量均不劣于一类标准
石岛—人和农渔业区（A1-22）	337.63	用途管制：该区域基本功能为农渔业，兼容矿产与能源、旅游休闲娱乐等功能；在船舶习惯航路和依法设置的锚地、航道及两侧缓冲区水域禁止养殖；加强渔业资源养护，控制捕捞强度；保障河口行洪安全；军事区内禁止养殖、捕捞。用海方式：严格限制改变海域自然属性，鼓励开放式用海。海域整治：合理控制湾内养殖密度，改善海湾生态环境。生态保护重点目标：松江鲈鱼及其产卵场、越冬场和索饵场。环境保护要求：加强海洋环境质量监测；河口实行陆源污染物入海总量控制，进行减排防治；防止渔港环境污染，加强环境综合治理；渔业设施建设区海水水质不劣于二类标准（渔港区执行不劣于现状海水水质标准），海洋沉积物质量和海洋生物质量均不劣于二类标准；其他海域海水水质不劣于二类标准，海洋沉积物质量和海洋生物质量均不劣于一类标准

续表

名称	面积 /km²	管理措施与环境保护要求
靖海湾农渔业区（A1-23）	94.1	用途管制：该区域基本功能为农渔业，兼容矿产与能源、旅游休闲娱乐等功能；在船舶习惯航路和依法设置的锚地、航道及两侧缓冲区水域禁止养殖；加强渔业资源养护，控制捕捞强度；保障河口行洪安全。保护生物多样性。 用海方式：严格限制改变海域自然属性，鼓励开放式用海。 海域整治：合理控制湾内养殖密度，改善海湾生态环境。 生态保护重点目标：松江鲈鱼及其产卵场、越冬场和索饵场、靖海湾自然生态系统。 环境保护要求：加强海洋环境质量监测；河口实行陆源污染物入海总量控制，进行减排防治；防止渔港环境污染，加强环境综合治理，渔业设施建设区海水水质不劣于二类标准（渔港区执行不劣于现状海水水质标准），海洋沉积物质量和海洋生物质量均不劣于二类标准；水产种质资源保护区、捕捞区海水水质、海洋沉积物质量和海洋生物质量均不劣于一类标准；其他海域海水水质不劣于二类标准，海洋沉积物质量和海洋生物质量均不劣于一类标准
五垒岛湾农渔业区（A1-24）	66.35	用途管制：该区域基本功能为农渔业，兼容工业与城镇用海等功能；保障河口行洪安全，河口区域围海造地应当符合防洪规划。 用海方式：严格限制改变海域自然属性，鼓励开放式用海。 海域整治：鼓励对人工岸线进行生态化建设，改善海湾生态环境，注重五垒岛湾湾内生物多样性的保护。 生态保护重点目标：五垒岛湾自然生态系统。 环境保护要求：加强海域污染防治和监测；海域海水水质不劣于二类标准，海洋沉积物质量和海洋生物质量均不劣于一类标准

3.5.5.3　倾倒区周边生态红线区

山东省黄海海洋生态红线区划定范围涉及海域总面积 31 011 km²，海岸线总长 2 414 km，具体范围为北起山东半岛蓬莱角东沙河口，与渤海生态红线区衔接，南至绣针河口，向陆至山东省人民政府批准的海岸线，向海至领海外部界线，即为除渤海生态红线区划定范围外的山东省管理海域。

山东省黄海海洋生态红线区分为禁止开发区和限制开发区，具体划分为 2 类禁止开发区和 9 类限制开发区。该倾倒区距离荣成苏山岛群海岛限制区（代码 37-Xf05，见表 3-35）较近，约为 40 km。

表 3-35　荣成苏山岛群海岛限制开发区信息一览表

代码	名称	类型	生态保护目标	管控措施与环保要求
37-Xf05	荣成苏山岛群海岛限制区	特殊保护海岛	领海基点、岛屿生态系统、刺参、比目鱼类、鲍鱼、羊栖菜、石花菜	管控措施：按《领海基点保护范围选划与保护办法》管理和保护领海基点；区内禁止炸礁、围填海、填海连岛、采挖海砂等可能造成海岛生态系统破坏的用海活动。 环境保护要求：保护领海基点及相关的岩礁等地形地貌、生物资源和海岛生态系统不受破坏；该海域海水水质、海洋沉积物质量和海洋生物质量均不劣于一类标准

3.5.5.4　倾倒区所在海域开发利用现状

该倾倒区海域东侧为石岛渔场，优势种有宽纹虎鲨、扁头哈那鲨、长尾鲨、阴影绒毛鲨、白斑星鲨、皱唇鲨、阔口真鲨、槌头双髻鲨、法氏角鲨、锯鲨、扁鲨、许氏犁头鳐、中国团扇鳐、史氏鳐、孔鳐、赤魟、日本燕魟、银鲛、鳓、太平洋鲱、青鳞鱼、远东拟沙丁鱼、斑鰶、鳀、赤鼻棱鳀、黄鲫、鯮、大银鱼、长蛇鲻、鳗鲡、海鳗、星鳗、鄂针鱼、鱵、燕鳐、鳕、海龙、海马、油魣、鲻、梭鱼、鲈、鳝、竹荚鱼、沟鲹、鲯鳅、乌鲳、黑鳃梅童鱼、棘头梅童鱼、大黄鱼、小黄鱼、鮸、白姑鱼、黄姑鱼、叫姑鱼、海鲫、网纹螣、云鳚、长绵鳚、玉筋鱼、带鱼、小带鱼、鲐、蓝点鲅、银鲳、虾虎鱼类、黑鳂、绿鳍鱼、鲬、狮子鱼类、鲆类、鲽属、油鲽属、石鲽属、舌鳎属、鳎属、三刺鲀、马面鲀、东方鲀属和黄鮟鱇等。

无脊椎动物有日本枪乌贼、火枪乌贼、针乌贼、金乌贼、曼氏无针乌贼、双喙耳乌贼、玄妙微鳍乌贼、鱿鱼、长蛸、口虾蛄、中国对虾、细巧仿对虾、周氏新对虾、戴氏赤虾、鹰爪虾、中国毛虾、日本毛虾、太平洋磷虾、鲜明鼓虾、日本鼓虾、秀丽白虾、褐虾、脊腹褐虾、关公蟹、三疣梭子蟹、日本鲟等。

该倾倒区附近地方性渔港主要有张家埠商港和张家埠渔港、前岛渔港、长会口渔港等。

张家埠港位于靖海湾北部张家埠,分为张家埠商港和张家埠渔港两部分,水域面积平潮时约 300 ha,航道纵长 13.6 km,其中港内航道约 8 km,航道宽 300~400 m,航道水深 4~7 m,口门在长会口,面向西南,宽约 800 m,主航道与荣成为界,航道两侧是大片沙泥,口门有一拦门沙埂,千吨级船舶需乘潮进港。

张家埠商港现有码头泊位线长 220 m,1 000 吨级泊位 3 个,年吞吐能力 50×10⁴ t。该港经济腹地以威海市为主,主要进口货物为煤炭、化肥、石油、粮食、非金属矿石及其他,主要出口货物有矿建材料、粮食、水产品及其他。货物主要流向为青岛、烟台、大连等地。

张家埠渔港紧临商港,现有渔业码头 4 个,船厂坞道、舾装码头 3 个,占用岸线 1 366 m,水深 4.5~5.0 m,紧接航道,掩护好,陆路交通方便,一般可停靠 400 马力以下渔轮。该港距渔场较近,有烟威、渤海湾、连石青、舟外、对马海峡等渔场,山东省及外地渔船都可到该港卸鱼补给,进港渔船高峰时达 1 000 艘·次/年。

长会口渔港现有渔业码头 4 个,船厂坞道、舾装码头 2 个,占用岸线 966 m,水深 3.0~7.0 m,紧接航道,掩护好,陆路交通方便。

前岛渔港现有渔业码头 1 个,船厂坞道 1 个,占用岸线 672 m,水深 3.0~6.0 m,距航道较远,掩护较好,陆路交通方便。

好当家渔港位于预选倾倒区西侧,始建于 20 世纪 50 年代,最初是由当地政府集资兴建;自建成以来,港口存在疏运交叉、密集、港地、航道回淤严重,严重影响港区集疏运畅通;港口基础配套设施没有落实到位并已陈旧、落后,而且渔、商港相连,现有规模已不能适应当前形势发展的需要,为了加快现代渔业经济区的建设,目前正处在扩建过程中。北端起于正在申请的山东好当家海洋发展股份有限公司围海养殖区东南角,向西南延伸建设 1 134 m 的引堤,然后往南接 381 m 的码头兼防波堤,后向东南转角 90° 建设 504 m 码头防波堤和 226 m 防波堤。

威海市千里黄金海岸旅游资源丰富,山、海、石、花、鸟、寺等要素遍布其间。成山头国家重点风景名胜区素有“中国好望角”之称;神雕山野生动物园是中国第一家村办放养式野生动物园;世界四大天鹅栖息地之一的天鹅湖、全真教发祥地九顶铁槎山、五虎圈羊地圣水观、中日韩三国友好象征的赤山法华院以及鬼斧神工的花斑彩石让国内外游客流连忘返。

赤山名胜风景区位于山东半岛最东端、荣获首届国家魅力城市的荣成市境内,方圆 12.8 km²,东面隔黄海与韩国遥遥相望,被誉为“佛教圣地”“森林公园”“大明圣境”“海岛民俗”的旅游胜地,每年都吸引了大批的中外游人。2002 年,山东斥山水产集团接管经营景区以来,积极实施大投入、大开发战略,先后投资 3.2 亿元,按照以赤山法华院为主线,以海文化为依托,贯穿崇自然、浸文化的特色主题,把赤山景区打造成为空间序列清晰、功能完备,具有浓郁地域特色的国际一流景区和中、日、韩三国文化交流的平台。目前,景区有法华院、赤山明神、张保皋传记馆、赤山禅院、民俗馆、极乐菩萨广场、法华塔、天门潭、天后宫、仙居山庄等十大景观区,共计三十六处景点。

石岛湾海水浴场海上游乐园是建于石岛海滨的一个大型综合项目,集海边运动、娱乐、商贸、科普探险、度假为一体,深入发挥海洋文化、渔家民俗风情文化。石岛湾万米海水浴场,水清浪柔,沙细滩缓,潮迹线下 150 m 以内最深处不足 1.6 m,是一处老幼皆宜的优良天然海水浴场,海水中荡漾着船型图书馆和别具一格的石器园、蟹、贝、水母、海螺等海生动物造型的娱乐休闲场所、健身中心、冲浪室,还有特色浓郁的四合院、茅草房、别具异国情调的海边别墅,近期根据专家设计方案建设海上活动中心,开辟海上飞机、海上滑水、水上摩托、沙滩排球、动力伞、垫气球等一些参与性强、挑战性高、娱乐性浓的海边文化活动,可以让旅游休疗者充分享受在海边海澡、听海潮的乐趣。

3.5.5.5　倾倒区周边自然地理概况

1. 区域概况

威海是山东省地级市,位于山东半岛东端,北、东、南三面濒临黄海,北与辽东半岛相对,东与朝鲜半岛隔海相望,西与山东烟台接壤,东西最大横距 135 km,南北最大纵距 81 km,海岸线长 985.9 km,面积 5 797.74 km²,其中市区面积 2 606.65 km²,辖环翠区、文登区、荣成市、乳山市。

2. 气象状况

1）气温

该地区属于海洋暖湿季风性气候,四季气温变化明显。根据《2018 年威海市统计年鉴》,工程区 2017 年平均气温为 13.2 ℃。气温年变化具有明显的季节特征,冬季各月平均气温为 0.27 ℃,其中 1 月为 -2.5 ℃,是全年最低的月份;夏季各月平均气温在 24.7 ℃,8 月为全年气温最高月份,平均达 26.4 ℃。

2）降水

根据《2018 年威海市统计年鉴》,2017 年平均降水量为 535.3 mm,全年中的降水量主要集中在 4—10 月,7 个月的平均降水量之和为 415.5 mm,占年降水量的 77.6%。

3）雾

工程区以平流雾为主,多年平均雾日为 31.1 天,各月都有出现,但主要集中在 4—7 月,占全年的 73%。

4）风

工程区多年平均风速为 3.8 m/s,春季平均风速最大,冬季次之,秋末最小;历年年最大风速为 21.3 m/s,风向为 WSW 向(1977 年 10 月 30 日),各月最大风速出现的风向多为 WNW 至 N 向,次之为 ESE 至 WSW 向,多年平均风力 ≥6 级的大风日数为 50 天。

全年各向平均风速以 NW 至 NNE 向最大(6.3~7.3 m/s),其中 NNW 向风速最大,为 7.3 m/s;S 至 WSW、WNW、NE 向次之(5.0~6.3 m/s),其中 SW 向风速最大,为 6.3 m/s;E 和 ESE 向风速最小,均为 3.6 m/s。

全年各向风出现频率以 NNW 向最多,达 17%;其次为 SW 向,出现频率 16%,ESE 向风最少,出现频率为 1%。

3. 水文状况

此部分相关内容见 3.5.4.5 章节。

3.5.5.6　倾倒区附近海域环境质量现状

1. 海水水质现状

根据对倾倒区附近海域水质调查现状可知,倾倒区附近海域内表、底层水质监测各要素中铅超标明显, 30 个水样共 20 个超标,超标率为 66.7%;其余各评价因子均符合一类水质标准。故该倾倒区附近海域水质均较好。

2. 沉积物现状

该倾倒区附近海域所有沉积物站位的各项监测要素的测值的污染指数均小于 1,均符合一类海洋沉积物标准,沉积物质量较好。

3. 生物生态现状

叶绿素 a:2018 年倾倒区附近监测站位平均叶绿素 a 含量为 0.79 μg/L,所有调查站位营养状态指数(TSI)均小于 37,属于贫营养型,说明该海域水质状况良好。

浮游植物:根据 2018 年 5 月中国海洋大学的调查资料,调查共鉴定出浮游植物 42 种,其中硅藻门 38 种、甲藻门 4 种,优势种为印度翼根管藻和夜光藻;浮游植物细胞密度平均值为 0.296×10^4 个 /m³,多样性指数为 2.17,均匀度指数为 0.64,丰度为 0.65。

浮游动物:根据 2018 年 5 月中国海洋大学的调查资料,调查共鉴定出浮游动物 38 种,其中甲壳类 24 种、浮游幼虫 10 种、原生动物 2 种、水螅水母和毛颚动物各 1 种,优势种为夜光藻、强额拟哲水蚤和克氏纺锤水蚤,浮游动物细胞密度平均值为 0.198×10^4 个 /m³,多样性指数为 1.10,均匀度指数为 0.32,丰度为 0.83。

底栖生物:根据 2018 年 5 月中国海洋大学的调查资料,调查共鉴定出底栖生物 11 种,其中环节动物 5 种、软体动物 3 种以及棘皮动物、节肢动物、钮形动物各 1 种;底栖生物密度平均值为 50 个 /m²,多样性指数为 1.35,均匀度指数为 0.67,丰度为 3.44。

鱼卵、仔稚鱼:调查海域渔业资源尾数密度和重量密度均值分别为 35.53×10^3 尾 /km² 和 274.51 kg/km²。其中,鱼类资源尾数密度最高的为六丝钝尾虾虎鱼,达 $1\,199.45 \times 10^3$ 尾 /km²;甲壳类最高的为日本褐虾,达 $1\,966.06 \times 10^3$ 尾 /km²;头足类最高的为双喙耳乌贼,达 59.97×10^3 尾 /km²。鱼类资源重量密度最高的为六丝钝尾虾虎鱼,达 1 921.14 kg/km²;甲壳类最高的为日本褐虾,达 2 305.77 kg/km²;头足类最高的为长蛸,达 287.90 kg/km²。

3.5.6　青岛崂山疏浚物临时性海洋倾倒区

3.5.6.1　倾倒区概况

青岛崂山疏浚物临时性海洋倾倒区位于山东青岛女岛港特殊利用区,2018 年 5 月由生态环境部批准设立,该倾倒区是由 121° 0′ 55.86″ E、36° 14′ 58.68″ N, 121° 0′ 55.86″ E、36° 13′ 54.78″ N, 121° 2′ 27.43″ E、36° 13′ 54.78″ N, 121° 2′ 27.43″ E、36° 14′ 58.68″ N 四点围成的海域,面积为 4.5 km²,离岸最近距离约 18.13 km。2022 年倾倒区年控量为 350 万立方米,

倾倒区日最大倾倒量为 1.32 万立方米。

该倾倒区共分为 4 个分区,分别为 A、B、C、D 区,如图 3-6 所示。

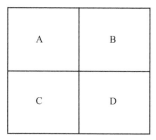

图 3-6　青岛崂山疏浚物临时性海洋倾倒区分区示意图

3.5.6.2　倾倒区周边海洋功能区

该倾倒区位于青岛市崂山湾东南部海域,倾倒区所在海域为《山东省海洋功能区划（2011—2020 年）》中的女岛港特殊利用区,功能代码为 B7-8。

该倾倒区所在海域海洋功能区见表 3-36。

表 3-36　青岛崂山疏浚物临时性海洋倾倒区所在海域海洋功能区登记表

代码	功能区名称	地区	功能区类型	面积 /km²	岸段长度 /km	海域使用管理要求	海洋环境保护要求	距离 /km
B7-8	女岛港特殊利用区	青岛	特殊利用区	4.50	0.00	用途管制:该区域基本功能为特殊利用;对环境的影响应符合《海水水质标准》（GB 3097—1997）的相应要求,对倾废活动要加强监视、监测,控制倾倒强度;当不宜继续倾倒时,应经过论证依法予以关闭。 用海方式:严格限制改变海域自然属性;严格控制倾倒范围	环境保护要求:禁止倾倒超过规定标准的有毒、有害物质,避免对海洋生态环境产生不利影响;海水水质不劣于四类水质标准,海洋沉积物质量和海洋生物质量不劣于三类标准;避免对毗邻海洋敏感区、亚敏感区产生影响	在其内
B6-2	长门岩岛群海洋保护区	青岛	海洋保护区	5.53	0.00	用途管制:该区域基本功能为海洋保护;保障长门岩岛群海洋特别保护区用海;按照《海洋特别保护区管理办法》进行管理。 用海方式:生态保护区禁止改变海域自然属性,环境整治区和开发利用区允许适度改变海域自然属性	生态保护重点目标:耐冬、鸟类、海珍品资源。 环境保护要求:维持、恢复、改善海洋生态环境和生物多样性,保护自然景观;海水水质不劣于二类标准,海洋沉积物质量和海洋生物质量不劣于一类标准	7.5

续表

代码	功能区名称	地区	功能区类型	面积/km²	岸段长度/km	海域使用管理要求	海洋环境保护要求	距离/km
A1-29	崂山湾-沙子口农渔业区	青岛	农渔业区	472.02	58.01	用途管制:该区域基本功能为农渔业;兼容旅游休闲娱乐等功能;在船舶习惯航路和依法设置的锚地、航道及两侧缓冲区水域禁止养殖;加强渔业资源养护,控制捕捞强度;保障河口行洪安全。 用海方式:严格限制改变海域自然属性,鼓励开放式用海。 海域整治:保护优良的基岩岸线	生态保护重点目标:海湾自然生态系统、海珍品资源。 环境保护要求:加强海洋环境质量监测;河口实行陆源污染物入海总量控制,进行减排防治;渔业设施建设区海水水质不劣于二类标准(渔港执行不劣于现状海水水质标准),海洋沉积物质量和海洋生物质量均不劣于二类标准;其他海域海水水质不劣于二类标准,海洋沉积物质量和海洋生物质量均不劣于一类标准	12.6
B1-2	威海-青岛东近海农渔业区	威海-烟台-青岛	农渔业区	6 661.30	0.00	用途管制:该区域基本功能为农渔业,兼容港口航运、矿产与能源等功能;适宜开发贝类底播增养殖和筏式养殖,允许发展海水养殖业和捕捞业;在船舶习惯航路和依法设置的锚地、航道及两侧缓冲区水域禁止养殖;加强渔业资源养护,控制捕捞强度。 用海方式:严格限制改变海域自然属性,鼓励开发开放式用海。 海域整治:控制养殖密度,严格执行休渔制度	生态保护重点目标:传统渔业资源的产卵场、索饵场、越冬场、洄游通道等。 环境保护要求:加强海域污染防治和监测;海域海水水质不劣于二类标准,海洋沉积物质量和海洋生物质量均执行一类标准	0
A5-40	田横岛旅游休闲娱乐区	青岛	旅游休闲娱乐区	30.38	0.49	用途管制:该区域基本功能为旅游休闲娱乐,兼容农渔业等功能;允许旅游基础设施建设;军事区内禁止养殖和地方船只抛锚,如进行旅游设施建设,需征求军方意见。 用海方式:严格限制改变海域自然属性,科学编制旅游开发规划,加强水质监测,合理控制旅游开发强度,严格论证基础设施建设	生态保护重点目标:海岛生态系统。 环境保护要求:妥善处理生活垃圾,避免对毗邻海洋生态敏感区、亚敏感区产生影响;海域文体休闲娱乐区海水水质不劣于二类标准,海洋沉积物质量和海洋生物质量均不劣于一类标准;风景旅游区海水水质不劣于二类标准,海洋沉积物质量和海洋生物质量均不劣于二类标准	17.5
A5-43	小管岛旅游休闲娱乐区	青岛	旅游休闲娱乐区	2.97	0	用途管制:该区域基本功能为旅游休闲娱乐,兼容农渔业等功能;允许旅游基础设施建设,禁止破坏海岛自然景观。 用海方式:严格限制改变海域自然属性,科学编制旅游开发规划,加强水质监测,合理控制旅游开发强度	生态保护重点目标:海岛生态系统、海珍品资源。 环境保护要求:妥善处理生活垃圾,避免对毗邻海洋生态敏感区、亚敏感区产生影响;海域文体休闲娱乐区海水水质不劣于二类标准,海洋沉积物质量和海洋生物质量均不劣于一类标准;风景旅游区海水水质不劣于二类标准,海洋沉积物质量和海洋生物质量均不劣于二类标准	26.0

续表

代码	功能区名称	地区	功能区类型	面积/km²	岸段长度/km	海域使用管理要求	海洋环境保护要求	距离/km
A2-32	鳌山湾港口航运区	青岛	港口航运区	133.19	22.91	用途管制:该区域基本功能为港口航运,在基本功能未利用时允许兼容农渔业等功能;保障港口航运用海,航道及两侧缓冲区内禁止养殖;军事区内禁止养殖及地方船只抛锚。用海方式:允许适度改变海域自然属性,港口内工程用海鼓励采用多突堤式透水构筑物方式;应合理配置和统筹规划岸线资源,严格限制填海,港口建设确需填海的,须经科学论证	生态保护重点目标:港口水深地形条件。环境保护要求:加强海域污染防治和监测;港口区海域海水水质不劣于四类标准,海洋沉积物质量和海洋生物质量均不劣于三类标准;航道及锚地海域海水水质不劣于三类标准,海洋沉积物质量和海洋生物质量均不劣于二类标准;避免对毗邻海洋敏感区、亚敏感区产生影响	15.4
A7-25	崂山特殊利用区	青岛	特殊利用区	0.66	0	用途管制:该区域基本功能为特殊利用;应充分论证,合理规划,科学确定用海的位置和范围;严格按照国家相关法规设置排放设施,减少对附近旅游区的影响。用海方式:严格限制改变海域自然属性;调整时需经科学论证	生态保护重点目标:海洋自然生态系统、海洋水动力条件。环境保护要求:海水水质不劣于四类水质标准,海洋沉积物质量和海洋生物质量不劣于三类标准;避免对毗邻海洋敏感区、亚敏感区产生影响	17.1
B5-1	大管岛旅游休闲娱乐区	青岛	旅游休闲娱乐区	3.38	0	用途管制:该区域基本功能为旅游休闲娱乐,兼容农渔业功能;可适度开发岛屿生态旅游、渔村度假旅游等旅游项目,允许旅游基础设施建设;如要建设保护区,可依法设置。用海方式:严格限制改变海域自然属性;科学编制旅游开发规划,保护好旅游生态环境和旅游资源;加强水质监测,合理控制旅游开发强度,严格论证基础设施建设	生态保护重点目标:耐冬、海珍品资源。环境保护要求:加强海域污染防治和监测;妥善处理生活垃圾,避免对毗邻海洋生态敏感区、亚敏感区产生影响;海域海水水质执行二类标准,海洋沉积物质量和海洋生物质量均执行一类标准	21.0

3.5.6.3　倾倒区周边生态红线区

山东省黄海海洋生态红线区分为禁止开发区和限制开发区,具体划分了 2 类禁止开发区和 9 类限制开发区。该倾倒区不在《山东省黄海海洋生态红线划定方案(2016—2020 年)》中确定的生态红线区中,距离青岛崂山疏浚物临时性海洋倾倒区最近的为 7.5 km 外的长门岩岛群海岛限制区(代码 37-Xf07),见表 3-37。

表 3-37　卡门岩岛群海岛限制开发区信息一览表

序号	名称	代码	类型	生态保护目标	管控措施与环保要求
1	长门岩岛群海岛限制区	37-Xf07	特殊保护海岛	岛屿生态系统、耐冬、鸟类、海珍品生物资源	管控措施:规划建立长门岩岛群海洋特别保护区,参照《海洋特别保护区管理办法》进行管理;禁止实施破坏耐冬等岛上特有珍稀植物和鸟类栖息环境的活动,禁止炸礁、围填海、填海连岛等可能造成海岛生态系统破坏及自然地形、地貌改变的活动。 环境保护要求:保护耐冬等本岛特有的珍稀植物和鸟类栖息环境,保持海岛原生态海洋生态系统;海水水质、海洋沉积物质量和海洋生物质量均不劣于一类标准

3.5.6.4　倾倒区所在海域开发利用现状

青岛海区岸线曲折,港湾众多,滩涂广阔,浅海水质肥沃,浮游生物繁多,是多种洄游鱼类索饵、产卵、育幼的理想场所,尤其是胶州湾一带泥沙底质岸段,是发展贝类、藻类养殖的优良海区。该海区的浮游生物、底栖生物、经济无脊椎动物、潮间带藻类等资源也很丰富。沿岸水域水流平缓,水质清新,藻类茂盛,盛产鲍鱼、海参、扇贝、海水鱼等名贵海珍品。海洋生物资源丰富,其中鱼类资源占 80%,虾、蟹及头足类资源约占 20%。青岛邻近海域栖息的鱼类有 100余种,主要品种有比目鱼、黄姑鱼、青鳞鱼、鲈、鲜鲽、带鱼、鳗、黄鲫、矛尾刺虾虎鱼、凤尾鱼、章鱼、墨鱼、对虾、白虾、杂虾、梭子蟹、海蟹等。底栖生物资源有菲律宾蛤仔、西施舌、刺参、石花菜、皱纹盘鲍等珍贵海产品和藻类等。

3.5.6.5　倾倒区周边自然地理概况

1. 区域概况

该倾倒区海域隶属于青岛海域,青岛位于山东半岛南端(北纬 35°35′~37°09′、东经119°30′~121°00′)、黄海之滨。全市海岸线(含所属海岛岸线)总长为 870 km,其中大陆岸线730 km,占山东省岸线的 1/4。全市总面积 11 282 km²,其中市区(市南、市北、李沧、城阳、崂山、黄岛等六区)面积 3 293 km²,所辖胶州、即墨、平度、莱西四市面积为 7 989 km²。

青岛空气湿润、雨量充沛、温度适中、四季分明,红瓦、绿树、碧海、蓝天辉映出青岛美丽的身姿,赤礁、细浪、彩帆、金沙滩构成青岛亮丽的海滨风景线,历史、宗教、民俗、乡情、节日庆典赋予青岛丰富的内涵。2008 年奥帆赛的成功举办更加速了青岛市人文环境的建设,极大地提升了青岛城市文明程度,加快了青岛城市民主进程,全面改善了青岛城市的生活环境,并留下了丰富的奥运文化遗产。

2. 气象状况

该区属温带季风气候区,冬半年(11月至翌年 4月)处于中纬度西风带东亚大槽控制之下,受冷空气和气旋活动的频繁侵袭常有大风降温天气出现;夏半年(5—10月)为北太平洋副热带高压的势力范围,4—7 月南方的暖湿气流常导致该区海雾连绵,7—9月为该海区雨季,降水量占全年的一半以上。

利用小麦岛海洋站 1983 年 1 月—2014 年 12 月的风、降水、雾观测资料,对工程海区的风、降水、雾等海洋气象特征进行统计分析,并加以描述。

1）风

全年以 E、NW、NNW 向风为主,三向风出现频率之和为 35.0%;静风最少,出现频率为 1.9%;NNE 向次之,出现频率为 2.9%。

冬季（12 月至翌年 2 月）NW 和 NNW 向风占主导地位,静风最少,SSE、SE 向风也很少出现。其代表月为 1 月,以 NW 和 NNW 向风出现频率最高,分别为 20.3%、21.1%;其次是 N 向风,出现频率为 10.8%;静风最少,出现频率为 1.1%;SSE 向风也很少,出现频率为 1.5%。春季（3—5 月）是由冬季向夏季过渡的季节。与冬季相比,春季的风向比较分散,且偏北风明显减少,偏南风明显增多,E 向为主导风向。其代表月为 4 月,以 E 向风出现频率最高,为 19.5%;其次是 ENE 向风,出现频率为 10.9%;静风和 NNE 向风较少,出现频率分别为 1.5% 和 1.9%。夏季（6—8 月）各月与冬季相反,风向多集中在 ENE 至 SE 各向,其代表月为 7 月,以 ENE 至 SE 风出现频率最高,分别为 12.8%、20.1%、11.6% 和 8.9%;NNE 向风最少,出现频率为 1.8%;WSW~WNW 向各向风也很少,出现频率均在 3% 以下。秋季（9—11 月）和夏季相比,偏北风和偏西风明显增多,SE 至 ENE 向风明显减少,9、10 月风向相对分散一些,11 月已接近冬季风特征。其代表月为 10 月,以 NNW 向风出现频率最高,为 19.8%;NW 向风次之,出现频率为 17.1%;静风最少,出现频率为 1.4%;NE 和 ENE 各向风也很少,出现频率分别为 2.3% 和 2.0%。

2）气温

该区属于季风显著的海洋性气候。小麦岛海洋站累年年平均气温为 12.9 ℃。该区 8 月平均气温最高,为 25.3 ℃;1 月最低,为 0.2 ℃;平均气温年较差为 25.1 ℃。极端最高气温为 40.2 ℃,出现在 2002 年 7 月 15 日;极端最低气温为 -11.6 ℃,出现在 1985 年 12 月 9 日。

3）降水

根据小麦岛海洋站 1990 年 1 月—2014 年 12 月的日降水观测记录,小麦岛站降水量的年际变化很大,最大年降水出现在 1996 年,为 1 289.6 mm,最小年降水仅有 294.5 mm,出现在 1992 年,变幅高达 995.1 mm。该海域最大降水量日极值为 226.9 mm,出现在 2011 年 7 月 3 日。田横站最大月降水 373.8 mm,出现在 2014 年 7 月,最少降水仅有 0.1 mm,出现在 2014 年的 8 月和 9 月。日最大降水 210.9 mm,出现在 2014 年 7 月 25 日。

自 1990 年以来,该海域尚未出现特大暴雨（以日降水量为准）。降水日数的季节变化与降水量相似,即冬季最少,夏季最多。小麦岛站夏季 6—8 月平均月降水日数为 13.6 天,其中 7 月最多,为 15.4 天;冬季 12 月至翌年 2 月平均月降水日数为 4 天,1 月最少,为 3.6 天。

4）雾

根据小麦岛海洋站 1990 年 1 月—2014 年 12 月的海雾观测记录,该海区一年四季都有雾出现,但多集中在春夏季的 4—7 月,其中 7 月雾日最多,多年平均为 9.3 天;6 月次之,为 9.2 天。4—7 月平均雾日之和为 27.7 天,占全年有雾日数的 72%。多年平均全年有雾日数为 38.3 天,1996 年雾日最多,为 72 天;2006 年和 2001 年次之,分别为 61 和 60 天;1997 年和 1989 年雾日最少,仅出现 17 天,1992 年次之,为 19 天。

资料统计表明,60% 的年份,有雾日数多于 35 天;16% 的年份,有雾日数少于 25 天。在雾日出现较多的 4—7 月,雾日的年际变化也很大。个别年份有雾日数特别多,可能对港口生产造成严重影响,应引起重视。

3. 水文状况

1）潮汐

潮波系统：该倾倒区附近海域处于山东半岛南岸，这里的潮汐主要受南黄海传来的潮波系统的影响，以半日潮波为主，日潮波较弱。黄海是一个半封闭的长方形浅海，其宽度不大，因此进入黄海的潮波，不管是入射波还是反射波，均为 Kelvin 波。半日潮波在由东海进入黄海后，基本保持前进波的特征，在其向北传播的过程中，一部分首先由山东半岛南岸反射，而后一部分为辽东半岛南岸所反射。如此形成两支强度不同的 Kelvin 波（入射波与反射波）的叠加，分别于成山头外海（约 37° 38′ N、123° 15′ E）和苏北外海（约 34° 51′ N、121° 05′ E）形成两个 M2 分潮无潮点，构成两个左旋潮波系统。影响该海区的主要是后一潮波系统。由于该潮波系统是左旋的，其等潮时线由无潮点向外呈辐射状，所以山东半岛南岸的潮时是由东向西渐次推后。日潮波（K1 分潮）由于波长较长，所以其在黄海上的无潮点较苏北外 M2 分潮无潮点更偏南，即在 33° 41′ N、121° 53′ E 附近，在这里 K1 分潮构成一个左旋日潮波系统。该海区的潮汐主要受制于以上这两个无潮点构成的潮波系统。

潮汐性质：从山东半岛东南，沿半岛南岸绕过海州湾直至苏北沿岸一带海域均为正规半日潮型。由于近岸海域水深很浅，混合效应和底摩擦均较大，致使潮波在这里明显变形，主要半日分潮的非线性相互作用加大，浅海分潮显著，如该海区 M4 分潮的振幅接近 10 cm。由于潮波的严重畸变，致使这一带的涨、落潮历时不等，青岛附近海域的平均涨潮历时较平均落潮历时短约 1 h。

2）潮流

海流按其成因可分为：梯度流、风海流、补偿流和潮流四类，就青岛附近海域而言，由实测资料可知，主要是潮流。

青岛附近海域属于半日潮流，在一个太阴日内，有两次涨潮流和落潮流，而且第一个涨潮流的流速明显大于第二个涨潮流的流速，总的特点是该海域潮流基本为往复流，最大流速方向与海岸线平行，涨潮流流速大于落潮流流速，实测最大涨潮流流速出现在胶州湾口。

3.5.6.6　倾倒区附近海域环境质量现状

1. 海水水质现状

采用第二类海水标准对该倾倒区的站位水质进行评价，各监测站点样品的溶解氧、pH 值、COD、BOD$_5$、无机氮、铜、镉、铅等监测项目均符合第二类海水水质标准；S6 站位表层锌含量超过海水二类标准，S15 站位表层、底层汞含量超过海水二类标准。

2. 沉积物现状

调查海域沉积物中有机碳、油类、硫化物、汞、铜、铅、镉、锌均未超过沉积物质量一类标准，各评价因子的标准指数均小于 1；只有 S3 站位的砷，DZ1、S2 站位的铬的标准指数大于 1，超过沉积物质量一类标准。沉积物中砷的平均污染指数最高，其次为铜。总体来看，控制站所在海域沉积物质量能满足功能区主导功能的正常发挥。

3. 生物生态现状

浮游植物：调查共鉴定出浮游植物 38 种，其中硅藻门 29 种，占种类组成的 76.3%，甲藻门 7 种，占种类组成的 18.4%，蓝藻门和金藻门各 1 种，分别占种类组成的 2.6%，表明硅藻在浮游植物群落中占有较大优势；调查海域浮游植物平均密度为 5.55×10^4 个 /m³，各站位波动范围在

（0.28~44.3）×10⁴ 个 /m³,浮游植物细胞数量高值区主要分布在调查海域的西北部,低值区主要分布在东南部海域;浮游植物各类群密度组成百分比分别为硅藻 23.49%、甲藻 24.72%、蓝藻 51.77%、金藻 0.03%,由此可知调查浮游植物组成中蓝藻生物密度占优,硅藻与甲藻持平;调查海域浮游植物优势种有 4 种(优势度≥0.02),具体为夜光藻、印度翼根管藻、窄隙角毛藻、颤藻,其中颤藻的优势度最高,是调查海域浮游植物群落的第一优势种,且在所有测站中出现的频率为 8.33%,平均密度为 34.46×10⁴ 个 /m³,夜光藻为第二优势种;调查浮游植物群落多样性指数平均值为 1.71,物种多样性较差,各站位变化范围为 0.70~3.10;多样性指数低值区主要分布在倾倒区西南部,在倾倒区东部有一低值区,其他海域分布较均匀。

浮游动物:调查共鉴定出浮游动物 5 大类 23 种,其中节肢动物门 13 种,占种类组成的 57%,刺胞动物门 5 种,占种类组成的 22%,毛颚动物门、浮游幼虫各 2 种,均占种类组成的 9%,尾索动物门 1 种,占种类组成的 4%;调查海域浮游动物平均生物量为 487.94 mg/m³,各站位数量波动范围在 87.48~1 671.63 mg/m³,生物量高值区分布在倾倒区东北部海域;调查海域浮游动物平均密度为 1 961.31 个 /m³,各站位波动范围在 47.68~9 922.67 个 /m³,高值区主要分布在倾倒区的东北部海域,其余调查海域较低;浮游动物各类群密度组成百分比分别为节肢动物门占 82.50%,浮游幼虫占 10.48%,毛颚动物门占 4.47%,尾索动物门占 1.95%,刺胞动物门占 0.60%,由此可知节肢动物门是该调查海域浮游动物密度重要的组成部分。调查海域浮游动物优势种有 4 种(优势度≥0.02),具体为中华哲水蚤、拟长腹剑水蚤、强壮箭虫和桡足类幼虫,其中中华哲水蚤的优势度最高,在所有测站中均出现,是调查浮游动物群落的第一优势种,平均密度为 1 129.43 个 /m³,占总密度的 57.6%;拟长腹剑水蚤为第二优势种,平均密度为 679.47 个 /m³,占总密度的 16.8%;桡足类幼虫为第三优势种,平均密度为 202.04 个 /m³,占总密度的 10.3%。调查海域第一、第二优势种占浮游动物总密度比例相差较大,单一优势种较突出。

底栖生物:调查共鉴定出底栖生物 5 大类 50 种,其中环节动物 32 种,占种类组成的 64%;节肢动物 9 种,占种类组成的 18%;软体动物 5 种,占种类组成的 10%;螠虫动物、棘皮动物各 2 种,均占种类组成的 4%。调查海域底栖生物优势种有 1 种(类)(优势度≥0.02),具体为曲强真节虫(Euclymene lombricoides),优势度为 0.067,平均密度为 20.83 个 /m²,站位出现频率为 33.3%,占总密度的 20%。调查海域底栖生物平均密度为 34.72 个 /m²,各站位波动范围在 13.33~86.33 个 /m²,高值区主要分布在调查海域的东南区域。底栖生物各类群密度组成百分比分别为螠虫动物占总密度的 5%,环节动物占 78%,节肢动物占 9%,软体动物占 6%,棘皮动物占 2%,由此可知环节动物是该调查海域底栖生物密度的重要组成部分。调查海域底栖生物生物量平均值为 8.16 g/m²,各站位波动范围在 1.65~20.57 g/m²,底栖生物生物量平面分布趋势与密度不同,高值区集中分布在调查海域的东北区域。底栖生物各类群生物量组成百分比分别为螠虫动物占总生物量的 35.9%,环节动物占 39.5%,节肢动物占 11.8%,软体动物占 12.3%,棘皮动物占 0.5%,由此可知螠虫动物和环节动物是该调查海域底栖生物生物量的重要组成部分。

3.5.7　青岛沙子口南疏浚物临时性海洋倾倒区

3.5.7.1　倾倒区概况

青岛沙子口南疏浚物临时性海洋倾倒区位于沙子口南部海域,2019 年 2 月由生态环境部批准设立,该倾倒区是由 120° 30′ 00″ E、36° 02′ 06″ N,120° 30′ 45″ E、36° 02′ 06″ N,120° 30′ 45″ E、36° 01′ 34″ N,120° 30′ 00″ E、36° 01′ 34″ N 四点围成的海域,面积为 1.1 km,离岸最近距离约 6.23 km,2022 年度倾倒区年控量为 90 万立方米,倾倒区日最大倾倒量不得超过 4.8 万立方米,4—6 月倾倒频率减半。

该倾倒区共分为 4 个分区,分别为 A、B、C、D 区,如图 3-7 所示。

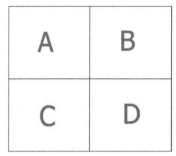

图 3-7　青岛沙子口南疏浚物临时性海洋倾倒区分区示意图

3.5.7.2　倾倒区周边海洋功能区

根据《山东省海洋功能区划(2011—2020 年)》,该倾倒区海域的海洋功能定位为青岛前海保留区(功能代码 A8-16),与该区所在功能区相邻的海洋功能区主要有港口航运区、农渔业区,海洋功能区登记见表 3-38,该倾倒区与周围海洋功能区距离见表 3-39。

表 3-38　青岛沙子口南疏浚物临时性海洋倾倒区相邻海洋功能区登记表

功能区名称代码	面积/km²	岸段长度/km	海域使用管理要求	海洋环境保护要求
港口航运区				
A2-33 南姜港口航运区	1.27	2.41	用途管制:该区域基本功能为港口航运,兼容旅游休闲娱乐功能;在基本功能未利用时允许兼容农渔业等功能;保障港口航运用海,航道及两侧缓冲区内禁止养殖。 用海方式:允许适度改变海域自然属性,港口内工程用海鼓励采用多突堤式透水构筑物方式	生态保护重点目标:港口水深地形条件。 环境保护要求:加强海域污染防治和监测;港口区海域海水水质不劣于四类标准,海洋沉积物质量和海洋生物质量均不劣于三类标准;航道及锚地海域海水水质不劣于三类标准,海洋沉积物质量和海洋生物质量均不劣于二类标准;避免对毗邻海洋敏感区、亚敏感区产生影响

续表

功能区名称代码	面积/km²	岸段长度/km	海域使用管理要求	海洋环境保护要求
B2-5 胶州湾近海港口航运区	1 018.81	0	用途管制:该区域基本功能为港口航运功能,在基本功能未利用时允许兼容农渔业功能;保障港口航运用海,锚地、航道及两侧缓冲区内、军事区禁止养殖。用海方式:允许适度改变海域自然属性,禁止建设与港口功能不符的永久性设施	生态保护重点目标:港口水深地形条件。环境保护要求:加强海域污染防治和监测;航道及锚地海域海水水质执行三类标准,海洋沉积物质量和海洋生物质量均执行二类标准
特殊利用区				
A7-29 姜格庄特殊利用区	0.13	0	用途管制:该区域基本功能为特殊利用;应充分论证、合理规划、科学确定用海的位置和范围;严格按照国家相关法规设置排放设施,减少对附近功能区的影响。用海方式:严格限制改变海域自然属性;调整时需经科学论证	生态保护重点目标:海洋自然生态系统、海洋水动力条件。环境保护要求:海水水质不劣于四类水质标准,海洋沉积物质量和海洋生物质量不劣于三类标准;避免对毗邻海洋敏感区、亚敏感区产生影响
A7-30 麦岛特殊利用区	0.87	0	用途管制:该区域基本功能为特殊利用;应充分论证、合理规划、科学确定用海的位置和范围;严格按照国家相关法规设置排放设施,减少对附近功能区的影响。用海方式:严格限制改变海域自然属性;调整时需经科学论证	生态保护重点目标:海洋自然生态系统、海洋水动力条件。环境保护要求:海水水质不劣于四类水质标准,海洋沉积物质量和海洋生物质量不劣于三类标准;避免对毗邻海洋敏感区、亚敏感区产生影响
保留区				
A8-16 青岛前海保留区	62.32	0	用途管制:该区域功能待定,为保留区;有待通过科学论证确定具体用途;军事区如明确具体功能时,需征求军方意见。用海方式:严格限制改变海域自然属性;调整时需经科学论证,调整保留区的功能,并按程序报批	生态保护重点目标:海洋自然生态系统。环境保护要求:保持现状
海洋保护区				
B6-3 青岛文昌鱼海洋保护区	39.58	0	用途管制:该区域基本功能为海洋保护;保障青岛文昌鱼水生野生动物自然保护区用海;按照《中华人民共和国自然保护区条例》和《海洋自然保护区管理办法》进行管理。用海方式:核心区和缓冲区禁止改变海域自然属性,实验区严格限制改变海域自然属性	生态保护重点目标:文昌鱼及其栖息环境。环境保护要求:维持、恢复、改善海洋生态环境和生物多样性,保护自然景观;海水水质、海洋沉积物质量和海洋生物质量均不劣于一类标准
B6-4 青岛大公岛海洋保护区	16.64	0	用途管制:该区域基本功能为海洋保护;保障大公岛岛屿生态系统省级自然保护区用海;按照《中华人民共和国自然保护区条例》和《海洋自然保护区管理办法》进行管理。用海方式:核心区和缓冲区禁止改变海域自然属性,实验区严格限制改变海域自然属性	生态保护重点目标:海洋生物资源;鸟类及其栖息环境。环境保护要求:维持、恢复、改善海洋生态环境和生物多样性,保护自然景观;海水水质、海洋沉积物质量和海洋生物质量均不劣于一类标准
旅游休闲娱乐区				

功能区名称代码	面积/km²	岸段长度/km	海域使用管理要求	海洋环境保护要求
A5-44 青岛海滨风景旅游休闲娱乐区	36.48	38.05	用途管制：该区域基本功能为旅游休闲娱乐，兼容农渔业等功能；允许建设旅游基础设施，严格控制岸线附近的景区建设工程；不得破坏自然景观，严格控制占用岸线；如要建设保护区可依法设置；军事区如进行旅游开发，需征求军方意见。 用海方式：严格限制改变海域自然属性；保护自然岸线，严格控制岸线附近的景区建设工程；治理和保护海域环境，加强水质监测，控制污染损害事故的发生；合理控制旅游开发强度，严格控制陆源污染。 海域整治：加强海岸景观设计；改善其自然生态功能	生态保护重点目标：礁石、沙滩、海蚀柱。 环境保护要求：妥善处理生活垃圾，避免对毗邻海洋生态敏感区、亚敏感区产生影响；海域文体休闲娱乐区海水水质不劣于二类标准，海洋沉积物质量和海洋生物质量均不劣于一类标准；风景旅游区海水水质不劣于二类标准，海洋沉积物质量和海洋生物质量均不劣于二类标准
A5-46 凤凰岛海洋文化旅游休闲娱乐	43.78	55.76	用途管制：该区域基本功能为旅游休闲娱乐，兼容农渔业等功能；允许建设旅游基础设施，严格控制岸线附近的景区建设工程；控制围填海规模，不得破坏自然景观，严格控制占用岸线；军事区内禁止养殖和地方船只抛锚，如进行旅游设施建设，需征求军方意见。 用海方式：允许适度改变海域自然属性；保护自然岸线，推行人工岛、多突堤和区块组团式用海；治理和保护海域环境，加强水质监测，控制污染损害事故的发生；合理控制旅游开发强度，严格论证基础设施建设。 海域整治：加强海岸景观设计；改善其自然生态功能	生态保护重点目标：礁石、沙滩。 环境保护要求：妥善处理生活垃圾，避免对毗邻海洋生态敏感区、亚敏感区产生影响；海域文体休闲娱乐区海水水质不劣于二类标准，海洋沉积物质量和海洋生物质量均不劣于一类标准；风景旅游区海水水质不劣于二类标准，海洋沉积物质量和海洋生物质量均不劣于二类标准
农渔业区				
A1-29 崂山湾-沙子口农渔业区	472.02	58.01	用途管制：该区域基本功能为农渔业，兼容旅游休闲娱乐等功能；在船舶习惯航路和依法设置的锚地、航道及两侧缓冲区水域禁止养殖；加强渔业资源养护，控制捕捞强度；保障河口行洪安全；军事区及缓冲区内禁止养殖、捕捞及地方船只抛锚，如进行旅游开发，需征求军方意见。 用海方式：严格限制改变海域自然属性，鼓励开放式用海。 海域整治：保护优良的基岩岸线	生态保护重点目标：海湾自然生态系统、海珍品资源。 环境保护要求：加强海洋环境质量监测；河口实行陆源污染物入海总量控制，进行减排防治；渔业设施建设区海水水质不劣于二类标准（渔港区执行不劣于现状海水水质标准），海洋沉积物质量和海洋生物质量均不劣于二类标准；其他海域海水水质不劣于二类标准，海洋沉积物质量和海洋生物质量均不劣于一类标准
A1-31 黄岛-胶南农渔业区	393.19	39.26	用途管制：该区域基本功能为农渔业，兼容旅游休闲娱乐、特殊利用等功能；在船舶习惯航路和依法设置的锚地、航道及两侧缓冲区水域禁止养殖；加强渔业资源养护，控制捕捞强度；保障河口行洪安全；军事区及缓冲区内禁止养殖、捕捞，如进行旅游开发，需征求军方意见，禁止地方船只抛锚，军用港区、航道及锚地的功能区划性质及范围由海军确定。 用海方式：严格限制改变海域自然属性，鼓励开放式用海。 海域整治：保护良好的基岩岸线和砂质岸线	生态保护重点目标：皱纹盘鲍、刺参等。 环境保护要求：加强海洋环境质量监测；河口实行陆源污染物入海总量控制，进行减排防治；渔业设施建设区海水水质不劣于二类标准（渔港区执行不劣于现状海水水质标准），海洋沉积物质量和海洋生物质量均不劣于二类标准；其他海域海水水质不劣于二类标准，海洋沉积物质量和海洋生物质量均不劣于一类标准

表 3-39　该倾倒区与周围海洋功能区距离

相邻功能区	预选区	
	方位	距离 /km
A8-16 青岛前海保留区	其内	0
A1-29 崂山湾 - 沙子口农渔业区	东	0.4
A5-44 青岛海滨风景旅游休闲娱乐区	南	5.3
A2-33 南姜港航运区	南	5.4
A7-31 麦岛特殊利用区	西北	5.5
B2-5 胶州湾近海港口航运区	南	2.5
B6-3 青岛文昌鱼水生野生动物自然保护区	西北	8.0
B6-4 青岛大公岛海洋保护区	西北	6.5

3.5.7.3　倾倒区周边生态红线区

　　山东省黄海海洋生态红线区分为禁止开发区和限制开发区,具体划分了 2 类禁止开发区和 9 类限制开发区。禁止开发区指海洋生态红线区内禁止一切开发活动的区域,主要包括自然保护区的核心区和缓冲、海洋特别保护区的重点保护区和预留区。限制开发区指海洋生态红线区内除禁止开发区以外的其他红线区,主要包括自然保护区的实验区、海洋特别保护区的适度利用区和生态与资源恢复区、重要渔业海域、重要砂质岸线及邻近海域、重要河口生态系统、重要滨海湿地、特殊保护海岛、自然景观与历史文化遗迹和重要滨海旅游区等。

　　根据山东省黄海海洋生态红线控制图,该倾倒区附近主要生态红线区的相对位置及距离见表 3-40。

表 3-40　青岛沙子口南疏浚物临时性海洋倾倒区与生态红线区的相对位置及距离

代码	名称	类别	类型	与倾倒区的位置及距离 /km
37-Ja08	青岛文昌鱼禁止区	禁止开发区	自然保护区	西南 7.7
37-Xa06	青岛文昌鱼限制区	限制开发区	自然保护区	西南 6.8
37-Xa07	青岛大公岛限制区	限制开发区	自然保护区	南 6.0
37-Xj24	石老人滨海旅游限制区	限制开发区	重要滨海旅游区	北 4.6
37-Xh10	石老人砂质岸线限制区	限制开发区	重要砂质岸线及邻近海域	北 5.7
37-Xf09	大福岛海岛限制区	限制开发区	特殊保护海岛	东北 7.7

3.5.7.4　倾倒区所在海域开发利用现状

　　青岛海区岸线曲折,港湾众多,滩涂广阔,浅海水质肥沃,浮游生物繁多,是多种洄游鱼类索饵、产卵、育幼的理想场所。尤其是胶州湾一带泥沙底质岸段是发展贝类、藻类养殖的优良海区。该海区的浮游生物、底栖生物、经济无脊椎动物、潮间带藻类等资源也很丰富。沿岸水域水流平缓,水质清新,藻类茂盛,盛产鲍鱼、海参、扇贝、海水鱼等名贵海珍品。海洋生物资源丰富,其中鱼类资源占 80%,虾、蟹及头足类资源约占 20%。青岛邻近海域栖息的鱼类有 100 余种,主要品种有比目鱼、黄姑鱼、青鳞鱼、鲈、鲜鲽、带鱼、鳗、黄鲫、矛尾刺虾虎鱼、凤尾鱼、章鱼、墨鱼、对虾、白虾、杂虾、梭子蟹、海蟹等。底栖生物资源中有菲律宾蛤仔、西施舌、刺参、石花菜、皱纹盘鲍等珍贵海产品和藻类等。

根据青岛港总体规划,青岛港将形成以胶州湾港口综合运输枢纽为核心,鳌山湾港区和董家口港区为两翼,地方小型港站为补充的多层次港口发展体系。

胶州湾港口综合运输核心枢纽主要包括前湾港区、黄岛港区、老港区,承担青岛港国际集装箱干线运输,铁矿石、原油、煤炭等大宗货物中转运输,钢铁、粮食、化肥等较大批量散杂货转运,是港口综合物流服务、专项物流服务的主体。胶州湾北翼重点发展鳌山湾港区,是青岛港综合运输核心枢纽未来可持续发展的接续性港区;南翼重点发展董家口港区。

该倾倒区周围主要有文昌鱼水生野生动物自然保护区、大公岛岛屿生态系统自然保护区。

青岛滨海旅游资源丰富,浮山湾水上运动旅游区、奥林匹克帆船中心、奥帆赛场、五四广场、石老人国家旅游度假区、竹岔岛旅游休闲区等构成了一条独特的滨海旅游和水上休闲群。

青岛是重要的海防前哨,军事区在青岛近海占据重要位置,军事利用区为禁航区,预选倾倒区与军事利用区距离为 5.9 km。

3.5.7.5 倾倒区周边自然地理概况

1. 区域概况

该倾倒区海域隶属于青岛海域,青岛位于山东半岛南端(北纬 35° 35′~37° 09′,东经 119° 30′~121° 00′)、黄海之滨。全市海岸线(含所属海岛岸线)总长为 870 km,其中大陆岸线 730 km,占山东省岸线的 1/4。全市总面积 11 282 km²,其中 7 个市辖区,代管 3 个县级市。青岛是全国首批沿海开放城市、中国海滨城市、国家历史文化名城、全国文明城市、国家卫生城市、国家园林城市、国家森林城市。青岛作为世界啤酒之城、世界帆船之都,是国务院批准的山东半岛蓝色经济区规划核心区域龙头城市。

青岛空气湿润、雨量充沛、温度适中、四季分明,红瓦、绿树、碧海、蓝天辉映出青岛美丽的身姿,赤礁、细浪、彩帆、金沙滩构成青岛亮丽的海滨风景线,历史、宗教、民俗、乡情、节日庆典赋予青岛丰富的内涵。2008 年奥帆赛的成功举办更加速了青岛市人文环境的建设,极大地提升了青岛城市文明程度,加快了青岛城市民主进程,全面改善了青岛城市的生活环境,并留下了丰富的奥运文化遗产。2018 年上海合作组织成员国元首理事会第十八次会议在青岛成功举办,也让青岛这座城市在世界舞台上展现了独特的魅力。

2. 气象状况

此部分内容见 3.5.6.5 章节。

3. 水文状况

此部分内容见 3.5.6.5 章节。

3.5.7.6 倾倒区附近海域环境质量现状

1. 海水水质现状

在 2018 年 9 月的调查站位中,部分调查站位位于前海保留区、崂山湾 - 沙子口农渔业区(该区域水质应满足国家第二类海水水质标准),部分调查站位位于港口航运区(该区域水质应满足国家第三类海水水质标准）。根据水质评价标准结果，所有调查站位 pH 值、DO、COD、无机氮、磷酸盐、汞、砷、铜、铅、镉、锌、油类均优于第二类海水水质标准，预选倾倒区海域海水水质良好。

2. 沉积物现状

在 2018 年 9 月的调查站位中，部分调查站位位于前海保留区、崂山湾—沙子口农渔业区（该区域沉积物应满足国家第一类海洋沉积物质量标准），部分调查站位位于港口航运区（该区域沉积物应满足国家第二类海洋沉积物质量标准）。根据沉积物评价标准结果，所有调查站位有机碳、油类、铜、铅、总汞、砷、锌、镉、铬、硫化物均优于第一类海洋沉积物质量标准，预选倾倒区海域沉积物质量良好。

3. 海洋生物现状

叶绿素 a：含量在 1.58~2.13 mg/m³。

浮游植物：共鉴定到浮游植物 54 种，以硅藻门为主。调查海域浮游植物细胞数量变化范围在（0.04~12.69）× 10⁵ 个 /m³，平均值为 3.16×10^5 个 /m³

浮游动物：共鉴定到浮游动物 31 种，以节肢动物为主。调查海域浮游动物生物量（湿重）平均值为 152.4 mg/m³，变化范围在 63.5~210.2 mg/m³。

底栖生物：共鉴定到 26 种大型底栖生物，以环节动物为主。调查海域底栖生物生物量变化范围在 0.18~12.47 g/m²，平均值为 6.25 g/m²。

鱼卵、仔稚鱼：2017 年 9 月调查共采获鱼卵 97 粒，为短吻红舌鳎和鳀两个品种，其中鳀 94 粒。鱼卵每网平均数量为 8.08 粒 / 站，平均密度为 0.026 粒 /m³；仔稚鱼每网平均数量为 0.083 尾 / 站，平均密度为 0.000 26 尾 /m³。调查共出现渔业资源 47 种，其中鱼类 26 种、甲壳类 16 种、头足类 5 种。调查海域平均渔获重量为 34.55 kg/h，各站位渔获重量范围为 3.67~273.05 kg/h。

渔业资源：根据扫海面积法计算，调查海域渔业资源尾数密度和重量密度均值分别为 178.29 × 10³ 尾 /km² 和 1 069.36 kg/km²。共捕获鱼类 26 种，幼鱼的尾数为 1 031 尾 /h，生物量为 4.27 kg/h；成体渔业资源的平均渔获量分别为 31 尾 /h，0.51 kg/h；鱼类平均渔获量分别为 1 062 尾 /h，4.77 kg/h；经换算，9 月鱼类成体平均资源密度为 21.27 kg/km²，幼鱼平均资源密度为 41 787 尾 /km²。调查共捕获甲壳 16 种，甲壳类幼体的尾数为 1 732 尾 /h，生物量为 4.12 kg/h，成体渔业资源的平均渔获量为 653 尾 /h，22.41 kg/h。甲壳类成体平均资源密度为 630.24 kg/km²，幼体平均资源密度为 70 839 尾 /km²。调查共捕获头足类 5 种，足类幼体的尾数为 1 032 尾 /h，生物量为 3.20 kg/h；成体渔业资源的平均渔获量为 0.17 尾 /h，41.91 g/h。头足类平均渔获量为 1 032.17 尾 /h，3.24 kg/h；头足类成体平均资源密度为 1.17 kg/km²，幼体平均资源密度为 46 218 尾 /km²。

3.5.8　琅琊湾外临时性海洋倾倒区

3.5.8.1　倾倒区概况

琅琊湾外临时性海洋倾倒区位于青岛董家口附近海域，2021 年 8 月 20 日由生态环境部批准设立，位于董家口港区东南方向约 10 km 位置，为由 119° 52′ 28″ E、35° 33′ 27″ N，119° 52′ 28″ E、35° 32′ 23″ N，119° 54′ 19″ E、35° 33′ 16″ N，119° 54′ 19″ E、35° 33′ 27″ N 四点

连成的海域,面积为 3.23 km²,离岸最近距离约 6.61 km,2022 年倾倒区年控量为 334 万立方米。限制倾倒船舶为 1 500 m³ 及以下抛泥船,且倾倒区日最大倾倒量不得超过 1.26 万立方米;倾倒区在水深小于 14 m 时应进行评估是否可继续使用。

该倾倒区共分为 4 个分区,分别为一、二、三、四区,如图 3-8 所示。

3.5.8.2 倾倒区周边海洋功能区

该倾倒区周围海洋功能区主要有琅琊台旅游休闲娱乐区(A5-50)、黄岛—胶南农渔业区

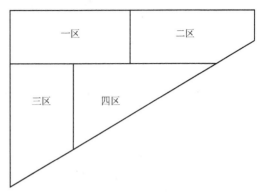

图 3-8   琅琊湾外临时性海洋倾倒区分区示意图

(A1-31)、杨家洼湾旅游休闲娱乐区(A5-56)、胡家山南特殊利用区(B7-10)、董家口港口航运区(A2-36)、董家口嘴特殊利用区(A7-41)、董家口南港口航运区(B2-6)、董家口保留区(B8-2)、棋子湾保留区(A8-20)、横河西工业与城镇用海区(A3-38)、日照两城河河口海洋保护区(A6-43)、日照市西施舌海洋保护区(A6-44)、日照两城滨海旅游休闲娱乐区(A5-51)、日照两城河口特殊利用区(A7-42)、日照两城镇外侧农渔业区(A1-32)、日照河山滨海旅游休闲娱乐区(A5-52)。预选倾倒区在农渔业区内,紧邻港口航运区,在倾倒时要注意调度,不得影响港口航运活动。

该倾倒区所在海域及附近海域海洋功能区划见表 3-41。

表 3-41   琅琊湾外临时性海洋倾倒区所在海域及附近海域海洋功能区划登记表

代码	功能区名称	地区	功能区类型	面积 /km²	岸段长度 /km	海域使用管理要求	海洋环境保护要求	距离 /km
B1-4	黄岛—日照东农渔业区	青岛—日照	农渔业区	6 503.36	0.00	用途管制:该区域基本功能为农渔业;适宜开发贝类底播增养殖和筏式养殖,允许发展海水养殖业和捕捞业;在船舶习惯航路和依法设置的锚地、航道及两侧缓冲区水域禁止养殖;加强渔业资源养护,控制捕捞强度。用海方式:严格限制改变海域自然属性,鼓励开发开放式用海,允许小规模以透水构筑物形式用海。海域整治:控制养殖密度,严格执行休渔制度	生态保护重点目标:传统渔业资源的产卵场、索饵场、越冬场、洄游通道等;海州湾大竹蛏水产种质资源;日照金乌贼种质资源;日照文昌鱼水产种质资源;日照栉江珧种质资源;日照东方鲀水产种质资源;日照中国对虾水产种质资源。环境保护要求:加强海域污染防治和监测;水产种质资源保护区海水水质、海洋沉积物质量和海洋生物质量均执行一类标准;其他海域海水水质不劣于二类标准、海洋沉积物质量和海洋生物质量均执行一类标准	0

代码	功能区名称	地区	功能区类型	面积/km²	岸段长度/km	海域使用管理要求	海洋环境保护要求	距离/km
A5-50	琅琊台旅游休闲娱乐区	青岛	旅游休闲娱乐区	15.40	20.96	用途管制:该区域基本功能为旅游休闲娱乐,兼容农渔业等功能;允许建设旅游基础设施,严格控制岸线附近的景区建设工程;不得破坏自然景观,严格控制占用岸线。 用海方式:严格限制改变海域自然属性;保持岸线形态、长度和邻近海域底质类型的稳定;合理控制旅游开发强度,严格控制陆源污染。 海域整治:加强海岸景观设计;改善其自然生态功能	生态保护重点目标:砂质和基岩岸线。 环境保护要求:妥善处理生活垃圾,避免对毗邻海洋生态敏感区、亚敏感区产生影响;海域海水水质不劣于二类标准,海洋沉积物质量和海洋生物质量均不劣于二类标准	6.9
A1-31	黄岛—胶南农渔业区	青岛	农渔业区	393.19	39.26	用途管制:该区域基本功能为农渔业,兼容旅游休闲娱乐、特殊利用等功能;在船舶习惯航路和依法设置的锚地、航道及两侧缓冲区水域禁止养殖;加强渔业资源养护,控制捕捞强度;保障河口行洪安全。 用海方式:严格限制改变海域自然属性,鼓励开放式用海。 海域整治:保护良好的基岩岸线和砂质岸线	生态保护重点目标:皱纹盘鲍、刺参等。 环境保护要求:加强海洋环境质量监测;河口实行陆源污染物入海总量控制,进行减排防治;渔业设施建设区海水水质不劣于二类标准(渔港区执行不劣于现状海水水质标准),海洋沉积物质量和海洋生物质量均不劣于二类标准;其他海域海水水质不劣于二类标准,海洋沉积物质量和海洋生物质量均不劣于一类标准	5.5
A5-56	杨家洼湾旅游休闲娱乐区	青岛	旅游休闲娱乐区	1.15	4.79	用途管制:该区域基本功能为旅游休闲娱乐,兼容农渔业功能;允许建设旅游基础设施,对海湾进行科学规划设计,增加水域面积,严格控制岸线附近的建设工程,严格控制占用岸线。 用海方式:允许适度改变海域自然属性;合理控制旅游开发强度,严格控制陆源污染。 海域整治:加强岸线整治修复力度;改善自然生态功能	生态保护重点目标:海湾湿地生态系统。 环境保护要求:妥善处理生活垃圾,避免对毗邻海洋生态敏感区、亚敏感区产生影响;海水水质、海洋沉积物质量和海洋生物质量均不劣于二类标准	8.3

续表

代码	功能区名称	地区	功能区类型	面积/km²	岸段长度/km	海域使用管理要求	海洋环境保护要求	距离/km
B7-10	胡家山南特殊利用区	青岛	特殊利用区	0.6	0	用途管制:该区域基本功能为特殊利用;用于达标排放混合区,应按相关规定进行充分论证确定混合区范围;严格按照国家相关法规设置排放设施,减少对毗邻功能区的影响。用海方式:严格限制改变海域自然属性;调整时需经科学论证	生态保护重点目标:海洋自然生态系统;海洋水动力条件。环境保护要求:海水水质不劣于四类水质标准,海洋沉积物质量和海洋生物质量不劣于三类标准;避免对毗邻海洋敏感区、亚敏感区产生影响	
A2-36	董家口港口航运区	青岛	港口航运区	60.61	30.11	用途管制:该区域基本功能为港口航运,在基本功能未利用时允许兼容农渔业功能;保障港口航运用海,兼顾临港热电及冷链物流等临港产业用海;航道及两侧缓冲区内禁止养殖;保障河口行洪安全。用海方式:允许适度改变海域自然属性,港口内工程用海鼓励采用多突堤式构筑物方式;应合理配置和统筹规划岸线资源,严格限制填海,港口建设确需填海的,须经科学论证	生态保护重点目标:港口水深地形条件。环境保护要求:加强海洋环境质量监测;河口实行陆源污染物入海总量控制,进行减排防治;港口区海域海水水质不劣于四类标准,海洋沉积物质量和海洋生物质量不劣于三类标准;航道及锚地海域海水水质不劣于三类标准,海洋沉积物质量和海洋生物质量不劣于二类标准;避免对邻近的农渔业区和海洋保护区等海洋敏感区产生不良影响	4.9
A7-41	董家口嘴特殊利用区	青岛	特殊利用区	0.55	0.00	用途管制:该区域基本功能为特殊利用;应充分论证、合理规划、科学确定用海的位置和范围;严格按照国家相关法规设置排放设施,减少对毗邻功能区的影响。用海方式:严格限制改变海域自然属性;调整时需经科学论证	生态保护重点目标:海洋自然生态系统;海洋水动力条件。环境保护要求:海水水质不劣于四类水质标准,海洋沉积物质量和海洋生物质量不劣于三类标准;避免对毗邻海洋敏感区、亚敏感区产生影响	8.3
B2-6	董家口南港口航运区	青岛	港口航运区	129.21	0.00	用途管制:该区域基本功能为港口航运,在基本功能未利用时允许兼容农渔业功能;保障港口航运用海,锚地、航道及两侧缓冲区内禁止养殖。用海方式:允许适度改变海域自然属性,禁止建设与港口功能不符的永久性设施	生态保护重点目标:港口水深地形条件。环境保护要求:加强海域污染防治和监测;航道及锚地海域海水水质执行三类标准,海洋沉积物质量和海洋生物质量均执行二类标准;避免对毗邻海洋敏感区、亚敏感区产生影响	紧邻

续表

代码	功能区名称	地区	功能区类型	面积/km²	岸段长度/km	海域使用管理要求	海洋环境保护要求	距离/km
B8-2	董家口保留区	青岛	保留区	22.47	0.00	用途管制:该区域功能待定,为保留区;有待通过科学论证确定具体用途。 用海方式:严格限制改变海域自然属性;调整时需经科学论证,调整保留区的功能,并按程序报批	生态保护重点目标:海洋自然生态系统。 环境保护要求:保持现状	9.8
A8-20	棋子湾保留区	青岛	保留区	55.18	25.89	用途管制:该区域功能待定,为保留区;有待通过科学论证确定具体用途。 用海方式:严格限制改变海域自然属性;调整时需经科学论证,调整保留区的功能,并按程序报批	生态保护重点目标:海洋自然生态系统。 环境保护要求:保持现状	10.2
A3-38	横河西工业与城镇用海区	青岛	工业与城镇用海区	6.05	5.78	用途管制:该区域基本功能为工业与城镇用海,在基本功能未利用时兼容农渔业等功能;控制填海规模,并接受围填海计划指标控制。 用海方式:允许适度改变海域自然属性,鼓励采用人工岛、多突堤、区块组团等用海方式。 海域整治:优化围填海海岸景观设计	生态保护重点目标:海湾自然生态系统。 环境保护要求:加强海洋环境质量监测;海域开发前基本保持所在海域环境质量现状水平;开发利用期执行海水水质不劣于三类标准,海洋沉积物质量、海洋生物质量不劣于二类标准;避免对毗邻旅游区等海洋敏感区产生不良影响	14.3
A6-43	日照两城河河口海洋保护区	日照	海洋保护区	15.05	15.61	用途管制:该区域基本功能为海洋保护,兼容生态旅游和生态养殖功能;保障两城河口湿地保护区用海;保障河口行洪安全。 用海方式:严格限制改变海域自然属性;保持岸线形态、长度和邻近海域底质类型的稳定。 海域整治:保持海岸自然风貌	生态保护重点目标:河口湿地植被景观和野生动物栖息地。 环境保护要求:严格执行国家关于海洋环境保护的法律、法规和标准,加强海洋环境质量监测;维持、恢复、改善海洋生态环境和生物多样性,保护自然景观;减少保护区周边海域环境点面源污染;海水水质不劣于二类标准,海洋沉积物质量和海洋生物质量不劣于一类标准	18.6

代码	功能区名称	地区	功能区类型	面积/km²	岸段长度/km	海域使用管理要求	海洋环境保护要求	距离/km
A6-44	日照市西施舌海洋保护区	日照	海洋保护区	1.40	0.00	用途管制:该区域基本功能为海洋保护,兼容旅游休闲娱乐和农渔业功能;保障日照市西施舌水产种质资源保护区用海,按照《水生动植物自然保护区管理办法》进行管理。用海方式:严格限制改变海域自然属性,保持海域底质类型的稳定	生态保护重点目标:西施舌等水产种质资源。环境保护要求:严格执行国家关于海洋环境保护的法律、法规和标准,加强海洋环境质量监测;维持、恢复、改善海洋生态环境和生物多样性,保护自然景观,减少保护区周边海域环境点面源污染;海水水质不劣于二类标准,海洋沉积物质量和海洋生物质量不劣于一类标准	14.0
A5-51	日照两城滨海旅游休闲娱乐区	日照	旅游休闲娱乐区	4.23	11.31	用途管制:该区域基本功能为旅游休闲娱乐,兼容农渔业等功能;允许建设旅游基础设施,严格控制岸线附近的景区建设工程;不得破坏自然景观,严格控制占用岸线。用海方式:严格限制改变海域自然属性;保持岸线形态、长度和邻近海域底质类型的稳定;合理控制旅游开发强度,严格控制陆源污染。海域整治:加强海岸景观设计;改善其自然生态功能	生态保护重点目标:河口湿地生态系统。环境保护要求:妥善处理生活垃圾,避免对毗邻海洋生态敏感区、亚敏感区产生影响;海域文体休闲娱乐区海水水质不劣于二类标准,海洋沉积物质量和海洋生物质量均不劣于一类标准;风景旅游区海水水质不劣于二类标准,海洋沉积物质量和海洋生物质量均不劣于二类标准	19.5
A7-42	日照两城河口特殊利用区	日照	特殊利用区	2.26	0.00	用途管制:该区域基本功能为特殊利用,应充分论证、合理规划、科学确定用海的位置和范围;严格按照国家相关法规设置排放设施,减少对毗邻旅游区的影响;逐步恢复河口生态系统,保障河口行洪安全。用海方式:严格限制改变海域自然属性;调整时需经科学论证	生态保护重点目标:河口生态系统。环境保护要求:海水水质不劣于四类水质标准,海洋沉积物质量和海洋生物质量不劣于三类标准;避免对毗邻海洋敏感区、亚敏感区产生影响	17.2
A1-32	日照两城镇外侧农渔业区	日照	农渔业区	114.27	0.00	用途管制:该区域基本功能为农渔业,兼容旅游休闲娱乐等功能;在船舶习惯航路和依法设置的锚地、航道及两侧缓冲区水域禁止养殖。加强渔业资源养护,控制捕捞强度。用海方式:严格限制改变海域自然属性,鼓励开放式用海,限制开发围海养殖。海域整治:合理控制养殖密度,鼓励生态化养殖	生态保护重点目标:西施舌种质资源。环境保护要求:加强海域污染防治和监测;水产种质资源保护区、捕捞区海水水质、海洋沉积物质量和海洋生物质量均不劣于一类标准;其他海域海水水质不劣于二类标准,海洋沉积物质量和海洋生物质量均不劣于一类标准	10.4

续表

代码	功能区名称	地区	功能区类型	面积/km²	岸段长度/km	海域使用管理要求	海洋环境保护要求	距离/km
A5-52	日照河山滨海旅游休闲娱乐区	日照	旅游休闲娱乐区	13.08	7.81	用途管制:该区域基本功能为旅游休闲娱乐,兼容农渔业等功能;允许建设旅游基础设施,严格控制岸线附近的景区建设工程;不得破坏自然景观,严格控制占用岸线。用海方式:严格限制改变海域自然属性;保持岸线形态、长度和邻近海域底质类型的稳定;合理控制旅游开发强度,严格控制陆源污染。海域整治:加强海岸景观设计;改善其自然生态功能	生态保护重点目标:自然景观、砂质岸线。环境保护要求:妥善处理生活垃圾,避免对毗邻海洋生态敏感区、亚敏感区产生影响;海域文体休闲娱乐区海水水质不劣于二类标准,海洋沉积物质量和海洋生物质量均不劣于一类标准;风景旅游区海水水质不劣于二类标准,海洋沉积物质量和海洋生物质量均不劣于二类标准	19.9

3.5.8.3　倾倒区周边生态红线区

根据《山东省黄海海洋生态红线划定方案(2016—2020 年)》,山东省黄海海洋生态红线区分为禁止开发区和限制开发区,具体划分了 2 类禁止开发和 9 类限制开发区。

预选倾倒区附近海域生态红线区为东北侧 3.9 km 的青岛西海岸琅琊台限制区(37-Xb23)、西侧 13.1 km 的日照两城外渔业海域限制区(37-Xe11)、西侧 13.1 km 的日照黄家塘湾禁止区(37-Jb23)、西侧 13.2 km 的日照海洋公园限制区(37-Xb24)、南侧 9.9 km 的日照桥江珧渔业海域限制区(37-Xe12)、东南 16.1 km 的日照东方鲀渔业海域限制区(37-Xe13)。

3.5.8.4　倾倒区所在海域开发利用现状

该倾倒区周围有码头、航道、锚地、开放式养殖、禁航区、禁渔禁锚区等,开发利用现状见表 3-42 和表 3-43 。

表 3-42　琅琊湾外临时性海洋倾倒区周围开发利用现状位置及距离

序号	主要敏感目标	倾倒区 方位	倾倒区 距离/km
1	青岛港董家口港区航道工程	西	6.5
2	青岛港董家口港区航道工程(董家口嘴作业区进港航道)	西南	7.4
3	日照确权养殖	西南	8.7
4	1# 锚地	南	6.5
5	灵山水道	东南	6.1
6	禁航区(一)	东	紧邻
7	禁航区(二)	东南	9.5
8	禁渔禁锚区	东南	10.1

表 3-43　斋堂岛周边养殖情况及与预选倾倒区距离

编号	单位名称	方位及距离/km	确权海域/ha	2020年养殖情况和产出	建设阶段	备注
A	中国银行股份有限公司即墨分行	北 3.4	165	—	—	筏式养殖
B	青岛越洋水产科技有限公司	北 3.8	199.8	无	确权筏式养殖和网箱养殖,未开展生产	
C	青岛斋堂岛海洋生态养殖有限公司	北 4.6	575.628 3	750 亩筏式养殖;2020年海参 20 t,牡蛎 750 t	已经建成,处于资源养护期	2018年创建国家级海洋牧场示范区
D	山东深海冷水团海洋开发有限公司	东北 5.4	629	无	确权开放式养殖,未开展生产	
E	青岛浩然海洋科技有限公司	东北 9.4	399.8	养殖品种鱼类、海参;2020年产海参 0.8 t、鱼类 2 t。	正在建设	2019年创建国家级海洋牧场示范区
F	青岛鑫智航务工程有限公司	东北 11.4	300	无	正在建设	2020年创建国家级海洋牧场示范区

3.5.8.5　倾倒区周边自然地理概况

1. 区域概况

该倾倒区海域隶属于青岛海域,青岛位于山东半岛南端(北纬35°35′~37°09′、东经119°30′~121°00′)、黄海之滨。全市海岸线(含所属海岛岸线)总长为 870 km,其中大陆岸线730 km,占山东省岸线的 1/4。青岛下辖 7 个市辖区,代管 3 个县级市,全市总面积 11 282 km²。

青岛空气湿润、雨量充沛、温度适中、四季分明,红瓦、绿树、碧海、蓝天辉映出青岛美丽的身姿,赤礁、细浪、彩帆、金沙滩构成青岛亮丽的海滨风景线,历史、宗教、民俗、乡情、节日庆典赋予青岛丰富的内涵。2008 年奥帆赛的成功举办更加速了青岛市人文环境的建设,极大地提升了青岛城市文明程度,加快了青岛城市民主进程,全面改善了青岛城市的生活环境,并留下了丰富的奥运文化遗产。

2. 气象状况

该区属温带季风气候区,冬半年(11月至翌年 4 月)处于中纬度西风带东亚大槽控制之下,受冷空气和气旋活动的频繁侵袭常有大风降温天气出现;夏半年(5~10月)为北太平洋副热带高压的势力范围,4~7月南方的暖湿气流常导致该区海雾连绵,6~8月为该海区雨季,降水量占全年的一半以上。

1)风

全年风向以 N 向为最多,出现频率为 12.9%, NNE 向次之,出现频率为 7.7%;静风最少,出现频率为 0.7%。全年有 7 个月以 N 向风出现频率最多,分别是 1—3月和 9—12月,频率值相对较大,基本都在 16% 以上;6—8月以 SE 向风出现频率最多, 4—5月以 S 向风出现频率最多。

冬季(12月至翌年2月)N和NNW向风占主导地位,静风最少,ESE、E向风也很少出现,其代表月为1月,以N和NNW向风出现频率最高,分别为20.5%、11.7%;NNE和W向风出现频率也在10%以上;静风最少,出现频率为0.5%。

春季(3—5月)是由冬季向夏季过渡的季节。与冬季相比,春季的风向比较分散,且偏北风明显减少,南向风明显增多。其代表月为4月,各向风出现频率差异不大,以S向风出现频率最高,为9.5%;其次是NE向风,出现频率为9.2%;静风最少,出现频率为0.8%。

夏季(6—8月)各月与冬季相反,偏S向风明显加强,其代表月为7月,以SE至S向(顺时针)风出现频率最高,分别为12.7%、10.0%、11.6%;WSW至NNW向风出现较少,频率不足3%,静风最小,出现频率为1.1%。

秋季(9—11月)和夏季相比,偏北风和偏西风明显增多,SE至S向风明显减少,9、10月风向相对分散不明显,11月已接近冬季风特征,偏N向风显著增强。其代表月为10月,以N向风出现频率最高,为16.7%,WNW向风次之,出现频率为10.4%;静风最少,出现频率为0.4%。

2)气温

该区属于季风显著的海洋性气候。日照海洋站累年年平均气温为13.4 ℃。该区域8月平均气温最高,为25.9 ℃;1月最低,为0.2 ℃;平均气温年较差为25.7 ℃。极端最高气温为40.1 ℃,出现在2002年7月15日;极端最低气温为−15.6 ℃,出现在2016年1月24日。

3.水文状况

此部分内容见3.5.6.5章节。

3.5.8.6 倾倒区附近海域环境质量现状

1.海水水质现状

2020年11月执行第二类海水水质标准的站位各项调查因子除无机氮、铜外,其他的质量指数均小于1.0;执行第三类海水水质标准的站位各项调查因子除无机氮外,其他的质量指数均小于1.0。

2021年3月执行第二类、第三类海水水质标准的站位各项调查因子质量指数均小于1.0,符合所在海洋功能区的环境质量要求。

2.沉积物现状

2020年11月沉积物监测结果表明,调查海域沉积物执行一类沉积物标准的站位各项调查因子除D08站位铜略超出一类标准外,其他要素质量指数均小于1.0;执行二类沉积物标准的站位各项调查因子质量指数均小于1.0,符合《海洋沉积物质量》(GB 18668—2002)中的二类标准,符合所在海洋功能区的环境质量要求。

3.海洋生物现状

2020年11月调查海域内共出现68种浮游植物,生物密度平均值为8.50×10^5个/m³;共鉴定出浮游动物33种,生物量(湿重)平均值为23.8 mg/m³;共鉴定出85种底栖生物,生物量平均值为22.08 g/m²。

2021年3月调查海域内共出现46种浮游植物,生物密度平均值为5.19×10^4个/m³;共鉴定出浮游动物23种,生物量(湿重)平均值为1 166.9 mg/m³;共鉴定出96种底栖生物,平均值为16.34 g/m²。

2018 年 4 月共采集到鱼卵、仔稚鱼样品 4 粒 3 尾,鱼卵平均密度为 0.11 粒 /m³,仔稚鱼平均密度为 0.08 尾 /m³。调查共出现渔业资源种类 32 种,其中鱼类 12 种、虾类 7 种、蟹类 3 种、头足类 2 种,渔业资源尾数密度和重量密度均值分别为 21.00 × 10³ 尾 /km² 和 119.26 kg/km²。

2020 年秋季鱼卵、仔稚鱼共鉴定出 7 个种类,鱼卵平均密度为 0.05 粒 /m³,仔稚鱼平均密度为 0.02 尾 /m³。共捕获游泳动物 52 种,其中鱼类 26 种、甲壳类 23 种、头足类 3 种,质量资源密度为 718.26 kg/km²,尾数资源密度约为 18 202.25 尾 /km²。

3.5.9　青岛骨灰临时性海洋倾倒区

青岛骨灰临时性海洋倾倒区位于青岛海域,由国家海洋局青岛海洋环境监测中心站选划,为由 120° 24′ 00″ E、36° 00′ 00″ N,120° 24′ 00″ E、36° 02′ 00″ N,120° 26′ 00″ E、36° 02′ 00″ N,120° 26′ 00″ E、36° 00′ 00″ N 四点所围成的海域,离岸最近距离约 2.09 km,无年控量、日控量、水深阈值等条件限制。

人体焚烧后的骨灰属无机物碳酸钙,骨灰倾倒不会改变所在海域的自然属性,不会对所在海域的海水水质、海洋沉积物质量和海洋生物质量造成影响。

3.5.10　日照骨灰倾倒区

日照骨灰倾倒区位于山东省日照市日照港石臼港区北部、万平口南部海域,石臼港区煤炭码头东侧,2018 年 6 月由国家海洋局青岛海洋环境监测中心站选划,为由 119° 36′ 29″ E、35° 20′ 38″ N,119° 37′ 48″ E、35° 20′ 38″ N,119° 36′ 29″ E、35° 21′ 43″ N,119° 37′ 48″ E、35° 21′ 43″ N 四点所围成的海域,面积约 4 km²,离岸最近距离约 4.17 km。

该倾倒区位于生态红线区外,距离日照海洋公园限制区 0.7 km,正常的倾倒行为不会对附近的红线区产生影响。人体焚烧后的骨灰属无机物碳酸钙,骨灰倾倒不会改变所在海域的自然属性,不会对所在海域的海水水质、海洋沉积物质量和海洋生物质量造成影响,不影响石臼港口航运区(A2-37)主导功能的发挥。

第4章　北海海域倾倒区使用需求分析

开展倾倒区使用需求统计分析,有利于海洋倾废主管部门统筹周边可用倾倒区,提前谋划倾倒区控量分配;有利于提高倾倒区使用效能,做好有限倾废资源的合理化利用。同时,根据需求数据,摸清倾倒区供需矛盾突出的海域,有利于主管部门提前谋划组织倾倒区扩容评估、倾倒区选划等,增加相关海域倾倒区容量,切实服务沿海经济高质量发展。

4.1　北海海域港口经济发展现状

倾倒区的设立和使用主要服务于沿海区域经济发展,目前海洋倾倒需求主要来源于沿海港口基建维护、航道港池的疏浚项目等。因此,了解北海海域沿海重点港口经济发展现状与趋势是掌握海区内未来倾废需求的重要途径。

我国沿海地区是世界经济发展最活跃、海洋运输最繁忙、核心城市分布最密集的地区之一,为充分利用该区域的港口优势、发挥港口的辐射带动作用、更深层次地参与国际产业分工创造了得天独厚的条件。沿海港口的大规模建设加速了沿海地区经济的繁荣,为快速城市化和工业化的原材料与能源供应、对外贸易的发展、区域经济发展与中心城市建设提供了强大的基础性支撑。

目前,沿海港口规划、建设和运营状况良好,总体上呈现健康、平稳、持续发展态势,运输需求较为旺盛,港口吞吐量特别是外贸、集装箱吞吐量呈持续高速增长;吞吐量增长点主要集中在管理水平较高的综合性、大型港口,集中在煤炭、原油、矿石和集装箱四大货类上;政府投资正逐步从港口经营性领域退出,投资主体多元化的局面开始形成,港口建设和经营已步入随市场需求变化而自主调整和发展的阶段;港口管理体制改革后,港口企业开始以创新理念和开拓市场的意识逐步改变经营方式,向规模化、集约化和现代化的方向发展。

北海海域主要港口包括丹东港、大连港、营口港、盘锦港、锦州港、葫芦岛港、秦皇岛港、唐山港、天津港、黄骅港、滨州港、东营港、烟台港、青岛港、日照港等。根据《"十四五"现代综合交通运输体系发展规划》,北海海域在"十四五"期间将推进天津北疆与东疆、青岛董家口等集装箱码头工程;推进唐山京唐、黄骅散货港区,日照岚山等矿石码头工程;推进营口仙人岛、黄骅散货港区、烟台西港区、青岛董家口等原油码头工程;推进曹妃甸港区煤炭运能扩容、日照港转型升级工程;推进锦州港、唐山京唐、曹妃甸、日照岚山港等20万吨级及以上航道建设。

4.2　北海海域倾倒区使用需求总体情况

2023年初,为了解年度内北海海域海洋倾废需求,提前谋划倾倒区控量分配、组织倾倒区扩容评估和倾倒区选划,做好有限倾废资源的合理化利用,生态环境部海河北海局组织开展了废弃物海洋倾倒需求上报工作,累计收集沿海各省生态环境厅上报的88个疏浚项目,各省疏浚物累计海洋倾倒需求为20 380万立方米。

　　依省份来看,2023 年辽宁省疏浚物海洋倾倒需求约为 5 436 万立方米,河北省约为 3 508 万立方米,天津市约为 4 090 万立方米,山东省约为 7 346 万立方米。结合各省可用倾倒区容量现状,天津市和山东省现有倾倒区容量难以满足倾倒需求,其中天津市倾倒需求超倾倒区容量 2 倍,山东省倾倒区容量缺口接近 2 800 万立方米。2023 年各省海洋倾废供需情况如图 4-1 所示。

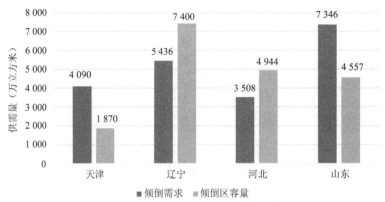

图 4-1　2023 年各省海洋倾废供需情况

　　根据 2023 年各省疏浚项目及北海海域可用倾倒区位置信息,将北海海域划分为北黄海附近海域、大连附近海域、辽东湾北部海域、绥中附近海域、唐山附近海域、渤海湾海域、莱州湾海域、烟台附近海域、威海附近海域、青岛附近海域、日照附近海域 11 个海域。其中,渤海湾海域疏浚物海洋倾倒需求最大为 6 890 万立方米,占比达到 34%;其次为辽东湾北部海域和莱州湾海域,倾倒需求分别为 4 000 万立方米和 3 332 万立方米,占比分别为 20% 和 16%;青岛附近海域倾倒需求为 2 027 万立方米,占比为 10%;烟台附近海域倾倒需求也接近千万级。

　　结合各海域可用倾倒区容量现状,有 7 个海域倾倒区容量不能满足倾废需求。其中,青岛附近海域供需矛盾最为突出,倾废需求超倾倒区容量的 4 倍;其次为渤海湾海域,倾废需求接近倾倒区容量的 2 倍;日照附近海域倾废需求为倾倒区容量的 1.7 倍;烟台附近海域倾废需求为倾倒区容量的 1.5 倍;莱州湾海域倾倒区容量缺口约为 880 万立方米;大连附近海域倾倒区容量缺口约为 160 万立方米,北黄海附近海域倾倒区容量缺口约为 120 万立方米。

　　主要海域海洋倾废供需情况如图 4-2 所示,主要海域海洋倾废需求分布如图 4-3 所示。

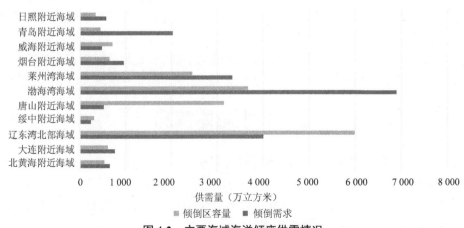

图 4-2　主要海域海洋倾废供需情况

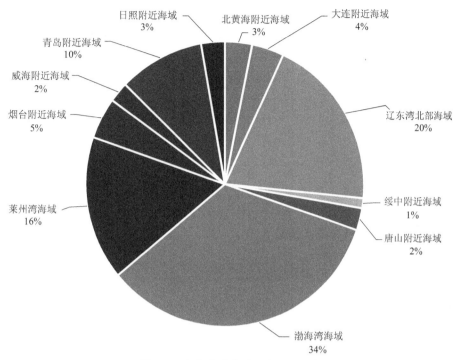

图 4-3　主要海域海洋倾废需求分布

4.3　辽宁省倾倒区使用需求分析

辽宁省上报疏浚项目 14 个,疏浚物倾倒量约 5 436 万立方米。

4.3.1　辽东湾北部海域

辽宁省倾倒需求主要集中在辽东湾北部海域,其中锦州港附近海域约 3 000 万立方米,葫芦岛港附近海域约 800 万立方米;盘锦港附近海域约 200 万立方米。目前,该海域范围内锦州湾外远海临时性海洋倾倒区和盘锦港 25 万吨级航道一期工程临时性海洋倾倒区等 2 个倾倒区容量可以满足以上 3 个港区的倾倒需求。

4.3.2　北黄海附近海域

北黄海附近海域内丹东港倾废需求约 300 万立方米,附近丹东疏浚物海洋倾倒区容量可以满足其倾倒需求;大连庄河市生态修复项目倾倒需求约 304 万立方米,附近距离最近的庄河港区黄圈码头及航道维护性疏浚工程临时海洋倾倒区容量无法满足其倾倒需求,若前往丹东疏浚物海洋倾倒区开展倾倒作业,其项目位置距离倾倒区约 75 km,将极大增加倾倒成本。因此,开展庄河港区黄圈码头及航道维护性疏浚工程临时海洋倾倒区扩容评估或在北黄海附近海域选划新的倾倒区是解决庄河附近海域倾废供需矛盾的主要途径。

4.3.3 大连附近海域

大连附近海域倾倒需求主要集中在长兴岛附近海域,倾倒需求约 650 万立方米,目前该海域附近无可用倾倒区,距离最近的营口疏浚物海洋倾倒区约 83 km,因此有必要在长兴岛附近海域选划新的倾倒区。大连南附近海域倾倒需求约 150 万立方米,附近大连港南海域疏浚物倾倒区容量可以满足其倾倒需求。

4.3.4 绥中附近海域

绥中附近海域倾倒需求涉及绥中县及秦皇岛港疏浚项目,该海域倾倒需求累计约 230 万立方米,附近绥中发电厂二期工程配套码头项目临时性海洋倾倒区距离秦皇岛港约 25 km,该倾倒区可有效满足绥中附近海域倾倒需求。

4.4 河北省和天津市倾倒区使用需求分析

河北省上报疏浚项目 12 个,疏浚物倾倒量约 3 508 万立方米;天津市上报疏浚项目 7 个,疏浚物倾倒量约 4 090 万立方米。

4.4.1 唐山附近海域

唐山附近海域疏浚项目均位于唐山港曹妃甸港区,倾倒需求约 507 万立方米,附近乐亭东部 2# 临时性海洋倾倒区容量可以满足其倾倒需求。

4.4.2 渤海湾海域

渤海湾海域倾废需求主要集中在黄骅港附近海域和天津港大港港区附近海域,倾倒需求分别为 2 800 万立方米和 2 760 万立方米,天津港附近海域倾倒需求约 1 330 万立方米。目前,渤海湾海域有天津疏浚物海洋倾倒区、天津南部倾倒区、黄骅港港区疏浚物临时海洋倾倒区等 3 个可用倾倒区,倾倒区容量累计有 3 670 万立方米,容量缺口达到 3 220 万立方米,3 个倾倒区均无法满足附近项目疏浚物倾倒需求。同时,从该海域水深条件来看,渤海湾近岸海域水深在 8.8~12.8 m 变化,天津疏浚物海洋倾倒区平均水深为 10.08 m,黄骅港港区疏浚物临时海洋倾倒区平均水深仅 8.94 m,天津南部倾倒区为远海倾倒区,水深条件相对较好,平均水深为 13.09 m。因此,结合水深条件及海洋功能区划与海域开发利用现状等自然禀赋条件,未来渤海湾海域选划新的远海倾倒区将是主要选划趋势。

4.5 山东省倾倒区使用需求分析

山东省累计上报疏浚项目 55 个,疏浚物倾倒量约 7 346 万立方米。山东省除个别项目倾倒量超千万级外,其他倾废项目呈现分布广、数量多、单个项目倾倒量小等特点。

4.5.1　莱州湾海域

山东省倾倒需求主要集中在莱州湾海域,占比达到 45%,该海域涉及滨州港、东营港、潍坊港、莱州港、龙口港附近海域疏浚项目。滨州港附近海域倾倒需求约 1 500 万立方米,距离该海域最近的倾倒区为黄骅港港区疏浚物临时海洋倾倒区,考虑该倾倒区容量不仅难以满足黄骅港附近海域倾倒需求,而且涉及跨省倾倒,难以服务于滨州港附近海域倾倒需求。同时,该海域距离黄河口外远海倾倒区约 115 km,距离较远,因此有必要在滨州港附近海域选划新的倾倒区。东营港附近海域倾倒需求约 732 万立方米,附近黄河口外远海倾倒区容量可以满足其倾倒需求。潍坊港及莱州港附近海域倾倒需求累计约 810 万立方米,龙口港附近海域倾倒需求累计约 290 万立方米,以上 3 个海域附近仅有潍坊港中港区 3.5 万吨级航道维护性疏浚物临时性海洋倾倒区,该倾倒区容量无法满足其倾倒需求,同时该倾倒区距离龙口港约 70 km。因此,亟须开展潍坊港中港区 3.5 万吨级航道维护性疏浚物临时性海洋倾倒区扩容评估,或在龙口港附近海域选划新的倾倒区。

4.5.2　烟台附近海域

烟台附近海域倾废需求涉及蓬莱港及烟台港附近海域疏浚项目,其中蓬莱港附近海域倾倒需求约 421 万立方米,烟台港附近海域倾倒需求约 533 万立方米,以上海域附近有烟台疏浚物临时性海洋倾倒区、烟威疏浚物临时性海洋倾倒区、烟台港附近海域三类疏浚物倾倒区 3 个倾倒区,倾倒区容量约为 630 万立方米,难以满足蓬莱港及烟台港附近海域倾倒需求。若在龙口港附近海域新选划适宜倾倒区,即可满足蓬莱港附近海域倾倒需求,同时附近可用的 3 个现有倾倒区容量也可满足烟台附近海域倾倒需求。因此,为同时满足莱州湾东部海域及整个烟台附近海域倾倒需求,在龙口港附近海域选划新的倾倒区势在必行。

4.5.3　威海附近海域

威海附近海域倾倒需求主要集中在石岛湾附近海域,倾倒需求约 430 万立方米,附近石岛湾外远海倾倒区和石岛国核示范工程疏浚物临时性海洋倾倒区容量可以满足其倾倒需求。海阳港附近海域倾倒需求约 40 万立方米,若前往以上两个倾倒区,距离最近的石岛湾外远海倾倒区约 115 km,则可考虑前往南部的青岛崂山疏浚物临时性海洋倾倒区,距离仅约 50 km。然而,青岛附近海域倾倒需求较为旺盛,其附近可用倾倒区容量无法满足其倾倒需求。因此,短期来看,亟须在青岛附近海域选划新的倾倒区,同时解决青岛海域及海阳港海域倾倒需求;长期来看,应提前谋划在海阳港附近海域选划倾倒区,释放该海域倾倒需求。

4.5.4　青岛附近海域

青岛附近海域倾倒需求主要集中在青岛港附近海域,倾倒需求约 2 027 万立方米,附近青岛崂山疏浚物临时性海洋倾倒区和青岛沙子口南疏浚物临时性海洋倾倒区无法满足其倾倒需求,即便考虑南部琅琊湾外临时性海洋倾倒区,3 个倾倒区容量累计也仅为 770 余万立方米,容量缺口仍达 1 257 万立方米。结合 3 个倾倒区管控措施要求来看,开展倾倒区扩容评估存在较大困难,因此在青岛附近海域开展新的倾倒区选划是解决该海域倾倒需求的主要途径。

4.5.5　日照附近海域

日照附近海域倾倒需求主要集中在青岛董家口港附近海域,倾倒需求约 463 万立方米;日照港及日照港岚山港区倾倒需求均 50 万立方米。该海域附近仅有琅琊湾外临时性海洋倾倒区,该倾倒区容量无法满足以上倾倒需求。若是在日照附近海域选划新的倾倒区,不仅可满足该海域倾倒需求,同时可以释放琅琊湾外临时性海洋倾倒区使用压力,配合在青岛附近海域选划倾倒区,可同时解决青岛和日照两个海域的倾倒需求。因此,亟须在日照附近海域选划新的倾倒区。

4.6　倾倒区选划及扩容评估小结

结合北海海域三省一市倾倒区使用需求分析,开展庄河港区黄圈码头及航道维护性疏浚工程临时海洋倾倒区扩容评估或在北黄海附近海域选划新的倾倒区是解决庄河附近海域倾废供需矛盾的主要途径。长兴岛附近海域选划新的倾倒区是解决该海域目前无可用倾倒区的现状和服务港口经济发展的唯一选择。在渤海湾海域选划新的倾倒区并向远海规划倾倒区是解决当前及未来倾废需求的主要路径。为解决滨州港附近海域倾废需求,同时缓解渤海湾海域疏浚物倾倒压力,亟须在滨州港附近海域选划新的倾倒区。为同时满足莱州湾海域及整个烟台附近海域倾倒需求,亟须同步开展潍坊港中港区 3.5 万吨级航道维护性疏浚物临时性海洋倾倒区扩容评估及龙口港附近海域倾倒区选划。在青岛附近海域选划新的倾倒区,可同时解决青岛海域及海阳港海域倾倒需求。若是在日照附近海域选划新的倾倒区,不仅可满足该海域倾倒需求,同时可以释放琅琊湾外临时性海洋倾倒区使用压力,配合在青岛附近海域选划倾倒区,可同时解决青岛和日照两个海域的倾倒需求。因此,亟须在日照附近海域选划新的倾倒区。

第5章 倾倒区发展展望

5.1 我国废弃物海洋倾倒面临的新形势

5.1.1 生态文明建设新理念

党的十八大以来,以习近平同志为核心的党中央深入推进生态文明建设,将生态文明建设作为统筹推进"五位一体"总体布局和协调推进"四个全面"战略布局的重要内容,开展一系列根本性、开创性、长远性工作,提出一系列新理念、新思想、新战略,使生态文明理念日益深入人心,污染治理力度之大、制度出台频度之密、监管执法尺度之严、环境质量改善速度之快前所未有,推动生态环境保护发生历史性、转折性、全局性变化。

生态文明建设是关系中华民族永续发展的根本大计。中华民族向来尊重自然、热爱自然,绵延五千多年的中华文明孕育着丰富的生态文化。在浙江担任中共浙江省委书记期间,习近平同志初步形成了对生态环境保护的规律性认识,对生态环境保护作了多次重要论述,将化解人与自然之间的矛盾与冲突置于现代文明根基的重要地位,强调经济社会发展理念与方式的深刻转变,揭示了现代化进程中生态文明建设的内在规律。

习近平生态文明思想蕴含着丰富的马克思主义立场观点方法,是马克思主义中国化、时代化新的飞跃的重要内容。习近平生态文明思想运用和深化了马克思主义关于人与自然、生产和生态的辩证统一规律,深刻揭示了人与自然是生命共同体、绿水青山就是金山银山等理念,是中国式现代化道路和人类文明新形态的重要内容和重大成果。

习近平同志在地方的丰富经历和实践,对于其本人思考和深化生态环境保护和生态文明建设的规律性认识,具有极其重要的作用。习近平同志在地方工作期间,对生态文明建设和生态环境保护开展了持续不断的理论思考和不懈的实践探索,为创立习近平生态文明思想奠定了深厚的实践基础和充分的理论准备。

海洋生态文明建设是生态文明建设的重要组成部分,建设海洋强国是中国特色社会主义事业的重要组成部分。党的十八大做出了建设海洋强国的重大部署。实施这一重大部署,对推动经济持续健康发展,对维护国家主权、安全、发展利益,对实现全面建成小康社会目标进而实现中华民族伟大复兴都具有重大而深远的意义。海洋事业关系民族生存发展状态,关系国家兴衰安危。

我国是一个海洋大国,海域面积十分辽阔。一定要向海洋进军,加快建设海洋强国。建设海洋强国是实现中华民族伟大复兴的重大战略任务。要推动海洋科技实现高水平自立自强,加强原创性、引领性科技攻关,把装备制造牢牢抓在自己手里,努力用我们自己的装备开发油气资源,提高能源自给率,保障国家能源安全。海洋经济发展前途无量。建设海洋强国,必须进一步关心海洋、认识海洋、经略海洋,加快海洋科技创新步伐。要高度重视海洋生态文明建设,加强海洋环境污染防治,保护海洋生物多样性,实现海洋资源有序开发利用,为子孙后代留下一片碧海蓝天。

海洋对于人类社会生存和发展具有重要意义。海洋孕育了生命、联通了世界、促进了发展。我们人类居住的这个蓝色星球,不是被海洋分割成了各个孤岛,而是被海洋连结成了命运共同体,各国人民安危与共。海洋的和平安宁关乎世界各国的安危和利益,需要共同维护,倍加珍惜。

当前,以海洋为载体和纽带的市场、技术、信息、文化等合作日益紧密,中国提出共建21世纪海上丝绸之路倡议,就是希望促进海上互联互通和各领域务实合作,推动蓝色经济发展,推动海洋文化交融,共同增进海洋福祉。

5.1.2　放管服政策新要求

放管服,就是简政放权、放管结合、优化服务的简称。"放"即简政放权,降低准入门槛;"管"即创新监管,促进公平竞争;"服"即高效服务,营造便利环境。

2015年5月12日,国务院组织召开全国推进简政放权放管结合职能转变工作电视电话会议,首次提出了"放管服"改革的概念。

2017年国家海洋局、国家发展和改革委员会、国土资源部关于印发《围填海管控办法》的通知,要求加强和规范围填海管理,严格控制围填海总量,促进海洋资源可持续利用。

2018年《国务院关于加强滨海湿地保护严格管控围填海的通知》(国发〔2018〕24号)提出,由于长期以来的大规模围填海活动,滨海湿地大面积减少,自然岸线锐减,对海洋和陆地生态系统造成损害。为切实提高滨海湿地保护水平,严格管控围填海活动,除国家重大战略项目外,全面停止新增围填海项目审批。要求新增围填海项目要同步强化生态保护修复,边施工边修复,最大程度避免降低生态系统服务功能。

5.2　疏浚物资源化利用

5.2.1　废弃物的性质

根据国际合约《防止倾倒废弃物及其他物质污染海洋的公约》《〈防止倾倒废弃物及其他物质污染海洋的公约〉1996年议定书》,并结合《中华人民共和国海洋环境保护法》等有关规定,生态环境部于2022年颁布了《海洋可倾倒物质名录(征求意见稿)》,明确了可向海洋倾倒的废弃物有疏浚物、渔业废料、船舶、平台和其他海上人工构造物、惰性无机地质材料、天然有机物、人体骨灰、岛上建筑物料及用于海底地质封存的二氧化碳,共10种。

疏浚物主要为基建性疏浚物、维护性疏浚物及其他类别的疏浚物,疏浚物根据粒径大小可分为砾、砂、粉砂和黏土4种,含水率一般多在80％以上,多为液限含水量的1.2~2.0倍,有机质含量一般为0.10%~4.00%。疏浚泥通常由三种或三种以上砂土组成,河口海区的疏浚泥以粉砂和黏土为主,且有机质含量较高;反之,非河口海区尤其是离入海江河较远的海区,砾砂的比例高,而有机质含量相对较低。

渔业废料是指藻类、甲壳类、贝类和鱼类等水产品加工业产生的废物和其他物质,且其在加工过程中未受到污染。此类物质主要由肉渣、表皮、骨骼、内脏、贝壳或黏液废物组成。

船舶是指任何形式的水上航行工具,包括自动力和无动力的气垫船、潜水船和浮动船艇。

平台是指为生产、加工、储存或为支持矿物资源开采而设计和运行的装置,包括固定式平台、活动式平台,以及管线、电缆、水下生产设施、单点系泊等配套设施和其他浮动工具。其他海上人工构造物是指灯塔、浮标、海上风电设施、海洋牧场平台及其他海上人工设施。

惰性无机地质材料是指矿产开采过程或其他项目建设过程中从山体、礁石中剥离出的或从地下挖掘出的岩土物料。惰性无机地质材料应具备如下特征:①只包括地球固体岩土部分,如岩石和矿石;②地质材料原始状态应未发生改变,如物理与化学过程改变了地质材料原始状态,则与未被改变的材料相比,改变后的地质材料不会对海洋环境产生不同或额外的影响;③对海洋环境的影响仅限于物理影响,且其化学成分不易释放进入海洋环境;④由无机矿物组成,只含有少量的有机物质;⑤在材料源头、后续处理、加工过程未受到污染。

天然有机物是指生物体内合成的有机化合物,主要包括动植物产品,但仅限于下列情况:①货船损坏后需处置其中装载的天然有机物;②因特殊情况需要处置而陆上处置不可行。

人体骨灰是指人体焚化后遗留的固态无机物质。

岛上建筑物料是指产生于与外界隔绝的偏远岛屿等地,由铁、钢、混凝土和类似的无害物质组成的建筑废料,且须同时符合下列情况:①除海洋倾倒外没有其他切实可行的处置方式;②海洋倾倒后仅产生物理影响。

用于海底地质封存的二氧化碳是指通过收集隔离,并利用海底地质结构(如油气层和地下卤水层等)封存的二氧化碳,且须同时符合下列情况:①在海底地质结构中处置;②主要成分为二氧化碳,并允许其含有由原材料引入的其他物质,以及在捕获、储存过程使用的添加物质;③未添加其余以处置为目的的废物和其他物质。

5.2.2　疏浚物资源化利用

自 2018 年围填海政策收紧以来,向海洋倾倒成为疏浚物的主要处置方式。这种处理方式不仅会对水资源和环境造成二次污染,也会造成疏浚土资源的极大浪费。在目前陆地空间资源有限、海洋环境日趋恶劣的情况下,如何安全处理并合理利用日益增长的疏浚土,使之变废为宝,直接关系到人类的生存环境和社会与经济的可持续发展。

疏浚泥含有大量的有机质和滩涂植被生长所需的营养成分,是滨海湿地生态系统重建和修复中潜在的物质基础。疏浚土资源化也有自身的限制因素,其物理性质为高含水量、高孔隙比、高压缩性、低承载力,含水率较高达到 80% 以上、标贯击数在 2 以下、无侧限抗压强度为 50 kN/m² 以下的疏浚泥。另外,工业废物、重金属、油类及放射性物质等污染物排入近海或港口,污染物通过物理、化学等作用进入近海沉积物中,使疏浚土不同程度地受到污染。

我国海洋疏浚物的资源化利用方法与河道、湖库等内陆疏浚泥的资源化处置原理基本相同,主要有物理、化学和热处理三种处理方法。

物理方法是指通过干燥、脱水的方法使疏浚泥固结达到一定的强度而作为一般的填土材料,主要用于围海造地。疏浚泥含水量比较大,而且由于疏浚施工的扰动,其强度非常低,静力触探值小于 200 kN/m²,无侧限抗压强度在 50 kN/m² 以下,因此比较传统和经济的方法是先将疏浚泥回填,然后对形成的地基实施排水、加固等措施,用于改变其高含水量、低强度的性质。但是这种方法存在固结时间长和处理成本高的缺点,在施工技术上也存在机械进入困难等问题。因此,可以在适宜条件下对疏浚泥进行预先处理,先通过改良使其性质适合于工程要求,然后再进行回填施工。

为了使其变为良好的材料,减少含水量是最为直接的方法。自然晾晒是最简单的方法,适于可长期闲置土地的工程,如长江口航道疏浚工程、珠江八大口门整治工程等,杭州西湖的部分疏浚工程就采用了堆泥场自然干化的方法。但由于场地、时间和气候等方面的影响,一般实施较为困难。在国外,最为常见的是机械脱水,就是采用离心脱水机或压滤机进行脱水。较早的机械脱水工厂的工作能力一般较小,难以适应大规模、大量疏浚工程的要求,近几年通过技术开发,已经制造出具有 400 m³/h 脱水能力的机械。但机械脱水处理存在脱水工厂是固定式、一次性投资较高,而且经过脱水处理后的疏浚泥有时仍需要进行二次处理才能满足工程要求的缺点。这种方法对含砂量大、含水量少的疏浚泥比较适用。

化学方法也称为固化处理法,是从传统的地基处理技术发展而来,即在疏浚泥中添加水泥、石灰等固化材料,进行搅拌混合,通过孔隙水与固化材料发生水合反应使孔隙内的自由水变为结合水,且加强了土粒子之间的结合力,提高了疏浚泥的强度。

水泥类固化剂的添加,引起固化剂与水之间发生水合作用,产生 $Ca(OH)_2$ 产物,这些产物又与黏土颗粒发生离子交换并附着在粒子间形成固化物,最终使疏浚泥中的自由水减少,疏浚泥的强度增加。水泥类固化剂除一般使用的普通硅酸盐水泥、高炉硅酸盐水泥外,还有一些特殊水泥以及添加了其他材料的固化剂;其目的都是以最小量的固化剂达到所需的强度指标。

石灰类固化剂加入疏浚泥时会发生各种复杂的反应。一般来说,石灰中的 Ca^{2+} 与黏土颗粒表面的离子进行交换,使土粒子表面处于带电状态而发生凝聚,此后由于水合作用使粒子间的结合力增加。另外,生石灰还具有吸水和发热的作用,具有降低自由水的作用。石灰类固化剂一般有生石灰、消石灰以及加入部分石膏等材料的固化剂。除此之外,还有一些高分子类的固化材料,由于对环境的影响、固化效果及造价方面的原因,一般不在大型工程中使用。

固化处理的过程是首先将疏浚泥用船运至固化工作平台边,其次用卸泥抓斗将疏浚泥送入前处理料斗除去杂物和石块后注入储泥槽,再次将储泥槽的疏浚泥送入固化处理机,加入固化剂进行固化处理,最后将处理后的疏浚泥用车辆或其他输送工具运至填海区。

国外报道向疏浚物中添加价格低廉的赤铁矿或其他零价态的金属有助于减少重金属溶出,进而减少疏浚物的危害,可提高其可利用度。疏浚泥固化技术在国外已投入使用,如日本伏木富山港疏浚填海工程、广岛县宇品内港地区地盘改良工程、新加坡"长基"国际机场第二跑道工程、印尼 P-C 高速道路建设工程等。日本名古屋的人工岛——第 3 Board island 就部分使用了经过固化处理的疏浚泥作为填方材料。另外,日本的中部国际机场的填海工程也将采用名古屋港的疏浚泥 1 000 m³,通过固化后作为填方材料进行使用。固化技术的优点在于适用于大量、大规模的疏浚泥处理,可以广泛用于填海工程;缺点是前期设备投入较大、成本较高,不适合小规模的填海工程,工艺尚需进一步提高。

这种方法对含砂量大的疏浚泥效果比较好。将疏浚泥通过固化处理转化为土工材料,不仅可以解决淤泥废弃对环境的危害问题,还可以将淤泥固化处理产生的土(淤泥固化土)用于道路、堤防、填海工程的填土材料,又可以产生新的土工再生资源,对于社会的可持续发展具有重要意义。

热处理方法是通过加热、烧结的方法将疏浚泥转化为建筑材料。其原理可以分为烧结和熔融两种。烧结是通过加热至 800~1 200 ℃,使疏浚泥脱水、有机成分分解、粒子之间黏结。若疏浚泥的含水量适宜,可以用来制砖,也可作为制造水泥的原材料使用。熔融是通过加热至

1 200~1 500 ℃,使疏浚泥脱水、有机成分分解、无机矿物熔化的方法。熔浆通过冷却处理可以制作成陶粒,烧结所得的陶粒可作为一种新型的建筑骨料,具有质量轻、硬度高、施工方便等优势,它可作为路面材料、轻质砖或代替砂石作为骨料使用,也可以用于建筑物天台绿化、无土栽培营养载体,还可用陶粒做成轻质混合砖替代红砖用作建筑材料,这在禁止生产和使用红砖的地区有着良好的发展前景和产品市场,将会成为建筑业的优先选择产品。这一方法的优点是成品的附加价值大,但其处理能力、对疏浚泥的要求和固定式的处理工厂使其应用具有一定的局限性。这种方法对疏浚泥也有较大的选择性,要求疏浚泥含砂量和含水量要小,而黏土成分和有机质含量要高,比较适用于河口海区的低盐疏浚泥。

生物降解方法是利用微生物完成对疏浚物中天然的或合成的有机物进行破坏或矿化作用,从而提高疏浚物的可利用性。微生物絮凝剂具有高效、无毒、无二次污染的特点,它是一类由微生物产生并分泌到细胞外,具有絮凝活性的代谢产物,一般由多糖、蛋白质、DNA、纤维素、糖蛋白、聚氨基酸等高分子物质构成;分子中含有多种官能团,能使水中胶体悬浮物相互凝聚、沉淀。于荣丽(2012)研究筛选出一株高效的微生物絮凝剂,实现了河道疏浚底泥的快速脱水。张铮(2013)报道生物淋滤过程对处理高污泥浓度的疏浚泥浆中的重金属镉是可行的,同时也能改善淤泥的脱水性能和沉降性能,为后期实现疏浚泥浆快速脱水及资源化利用起到促进作用。

5.3　未来倾倒展望

近年来,随着围填海政策的收紧,港口建设及维护产生的大量疏浚物向海洋倾倒已成为主要的处置方式。同时,随着沿海经济逐渐复苏,我国港口航道也加快了建设的步伐,倾倒总量逐年升高,港口发展步入正轨,国务院发布的《"十四五"现代综合交通运输体系发展规划》中明确了全国主要港口的发展方向,从增加泊位数量到航道承载力上限的规划,都标志着未来多年内疏浚物向海洋倾倒的需求会随之增长。面对这样的局面,不管从国家管理部门还是废弃物向海洋倾倒的主体单位,都要肩负起保护海洋生态环境、降低倾倒对海洋环境影响的巨大责任。

从管理部门的角度出发,在加强审批监管工作的同时,还要保障国家重大项目、国防军事项目以及沿海港口建设的顺利进行,切实做好"六保""六稳"。同时,在政策上积极推进废弃物资源化利用的法律法规、标准规范,在技术上探索更科学、更合理、更适宜的废弃物资源化利用措施。

从废弃物所有者的角度出发,要落实环境保护的主体责任,严格按照管理部门及倾倒区的相关要求开展倾倒活动,科学、合理地安排海域施工活动,减少倾倒活动对海洋生态环境的影响,加强对倾倒活动的跟踪监测,按照相关要求采取积极有效的生态恢复措施。

参考文献

[1] CALMET D, SJOEBLOM K. Inventory of radioactive material entering the marine environment[J]. IAEA Bulletin, 1992, 34: 24-28.

[2] BOCZEK B A. International protection of the Baltic Sea environment against pollution: a study in marine regionalism[J]. The American journal of international law, 1978, 72: 782-814.

[3] FRANZ A. Crimes against water: the rivers and Harbors Act of 1899[J]. Tulane environmental law journal, 2009, 23: 255.

[4] PARSON L E, SWAFFORD R. Beneficial use of sediments from dredging activities in the Gulf of Mexico[J]. Journal of coastal research, 2012, 60: 45-50.

[5] ZENTAR R, ABRIAK N E, DUBOIS V. Beneficial use of dredged sediments in public works[J]. Environmental technology, 2 009, 8(30):841-847.

[6] 曹宏梅,李广楼. 疏浚土综合利用现状及存在问题 [J]. 中国水运,2014(8):88-89.

[7] 陈维春. 国际海洋倾废法律制度的新发展及其对我国之启示 [J]. 华北电力大学学报, 2018(5):1-10.

[8] 程功舜,林赟. 机构改革视野下的海洋倾废监管与执法研究 [J].南方论坛,2021(9): 71-74.

[9] 陈东兴,张亚锋,陈亮鸿,等. 国内外海洋倾废管理的比较与探讨 [J]. 环境保护, 2021 (19):35-39.

[10] 程海峰,刘杰,陈复奎,等. 长江口航道疏浚土"十四五"综合利用研究 [J]. 长江流域资源 与环境,2023(2):331-338.

[11] 范志杰,宋春印. 我国海洋倾废活动的发展历程 [J]. 交通环保,1994(5):19-24.

[12] 方晓明.《1972 伦敦公约》与中国海洋倾废管理 [J]. 海洋开发与管理, 1995, 12(2): 72-75.

[13] 范晓婷. 日本海洋新政策及其对中国的借鉴意义 [J]. 石家庄经济学院学报,2008(4): 67-71.

[14] 付桂,赵德招,程海峰,国内外疏浚土综合利用现状对比分析 [J]. 水运工程,2011(3): 90-96.

[15] 韩庚辰,王菊英,韩建波,等. 惰性无机地质材料海洋倾倒化学筛分标准研究 [J]. 海洋环境科学,2010(6):908-910.

[16] 钱家欢. 土力学 [M]. 江苏:河海大学出版社, 1995.

[17] 全国人大常委会审议批准《〈防止倾倒废物及其他物质污染海洋的公约〉1996 年议定书》 [N]. 中国海洋报,2006-06-30.

[18] 李正宝,倪诚友. 中国海洋倾废历史和现状及对策研究 [J]. 海洋环境科学,1989,8(2): 63-70.

[19] 卢成标,黄亦真,刘干斌.港口疏浚泥在海涂围垦工程中资源化利用研究 [J].海洋技术,2011(30):78-82.

[20] 刘斌.关于疏浚土的综合利用问题分析 [J].城市建设理论研究,2011,16:1-4.

[21] 吕建华.中国海洋倾废管理及其法律规制研究 [D].青岛:中国海洋大学,2013.

[22] 吕建华.美国海洋倾倒区选划原则及其对中国的借鉴 [J].中国海洋大学学报,2013(3):34-38.

[23] 宋淑敏,陈烈芳.利用海泥生产陶粒 [J]粉煤灰,1999(2):18-20.

[24] 生态环境部.2022 年中国海洋生态环境质量公报 [R].2023.

[25] 生态环境部.2021 年中国海洋生态环境质量公报 [R].2022.

[26] 生态环境部.2020 年中国海洋生态环境质量公报 [R].2021.

[27] 生态环境部.2019 年中国海洋生态环境质量公报 [R].2020.

[28] 田海涛,谢健,石萍,等.海洋疏浚泥处置现状及资源化推广探析 [C].中国水利协会 2014 学术年会论文集,2014.

[29] 伍业锋,赵明利,施平.美国海洋政策的最新动向及其对中国的启示 [J].海洋信息,2005(4):29-32.

[30] 王志远,蒋铁民.渤黄海区域海洋管理 [M].北京:海洋出版社,2003.

[31] 王丹,范期锦.日本港口疏浚土综合利用现状及典型案例 [J].水运工程,2009(12):6-9.

[32] 吴华林,赵德招,程海峰.我国疏浚土综合利用存在问题及对策研究 [J].水利水运工程学报,2013(1):8-14.

[33] 杨文鹤.伦敦公约二十五年 [M].北京:海洋出版社,1998.

[34] 于荣丽,孙铁珩,孙丽娜.微生物絮凝剂用于河道疏浚底泥快速脱水的研究 [J].环境污染与防治,2012,5(5):35-42.

[35] 杨振雄,卢楚谦,陶伟,等.新形势下我国海洋倾废管理法规的修订指导思想初探 [J].海洋开发与管理,2015(11):79-82.

[36] 姚俊颖.我国海洋倾废概念范围的不足及完善 [J].湖南社会科学,2016(4):94-98.

[37] 杨文超,王晓萌,孙瑞钧,等.公约履约视角论海洋倾废发展 [J].世界环境,2019(3):19-22.

[38] 张功.二十一世纪海洋倾废国际立法趋势及我国对策 [D]大连:大连海事大学,2000.

[39] 朱伟,张春雷,刘汉龙,等.疏浚泥处理再生资源技术的现状 [J].环境科学与技术,2002,25(4):39-41.

[40] 张和庆.中国海洋倾废历史与管理现状 [J].湛江海洋大学学报,2003(5):15-23.

[41] 张和庆,谢健,朱伟,等.疏浚物倾倒现状与转化为再生资源的研究:中国海洋倾废面临的困难和对策 [J].海洋通报,2004(6):54-60.

[42] 朱伟,冯志超,张春雷,等.疏浚泥固化处理进行填海工程的现场实验研究 [J].中国港湾建设,2005(5):27-30.

[43] 张铮,吴燕,刘禹杨.生物淋滤法对疏浚淤泥中镉去除率及性质的影响 [J].中国环境科学,2013,33(4):685-690.

[44] 周瑜,郑伟安.长江口疏浚土利用的数理优化 [J].中国工程科学,2013,15(6):54-60.

[45] 曾华海.《海洋环境保护法》修订后海洋违法倾废案件办理初探 [N].中国海洋报,2017-04-07(3).